スバラシクよくわかると評判の

合格！数学III・C Part2 新課程

馬場敬之（けいし）

マセマ出版社

◆ はじめに ◆

みなさん，こんにちは。マセマの**馬場敬之（ばばけいし）**です。これから，**数学 III·C**の講義を始めます。数学 III·Cは，高校数学の中でも**最も思考力，応用力が試される**分野が目白押しなんだね。

ここで，これから勉強する数学 III·Cの**主要テーマ**をまず下に示しておこう。

- **平面・空間ベクトル，複素数平面，式と曲線，数列の極限**（数学 III·C Part1）
- **関数の極限，微分法とその応用，積分法とその応用**（数学 III·C Part2）

理系の受験では**「この数学 III·Cを制する者は受験を制する！」**と言われる位，数学 **III·C** は重要な科目でもあるんだよ。この数学 **III·C** を基本から標準入試問題レベルまでスバラシク親切に解説するため，毎日検討を重ねてこの**「合格！数学 III·C Part2 新課程」**を書き上げたんだね。

この本では，**基本から応用へ，単純な解法パターンから複雑な解法パターンへ**と段階を踏みながら，**体系立った分かりやすい解説**で，無理なくスムーズに実力アップが図れるようにしている。また，例題や演習問題は**選りすぐりの良問**ばかりなので，繰り返し解くことにより本物の実力が養えるはずだ。さらに他の参考書にない**オリジナルな解法や決め技**など，豊富な図解とグラフ，それに引き込み線などを使って，丁寧に解説している。

今は難解に思える数学 III·Cでも，本書で体系立ててきちんと勉強していけば，誰でも**短期間に合格できる**だけの実践力を身につけることが出来るんだね。

本書の利用法として，まず本書の**「流し読み」**から入ってみるといい。よく分からないところがあってもかまわないから，全体を通し読みしてみることだ。これで，数学 III·Cの全貌がスムーズに頭の中に入ってくるはずだ。その後は，各章の解説文を**「精読」**してシッカリ理解することだね。そして，自信がついたら，今度は精選された**"例題"**や**"演習問題"**を**「自力で解き」**，さらに納得がいくまで**「繰り返し解いて」**，マスターしていけばいいんだよ。この**「反復練習」**により，本物の数学的な思考力が養えて，これまで難攻不落に思えた本格的な数学 III·Cの受験問題も，面白いように解けるようになるんだよ。頑張ろうね！

以上，本書の利用方法をもう一度ここにまとめておこう。

(Ⅰ) まず，流し読みする。

(Ⅱ) 解説文を精読する。

(Ⅲ) 問題を自力で解く。

(Ⅳ) 繰り返し自力で解く。

この **4** つのステップに従えば，数学 **Ⅲ･C** の基本から本格的な応用まで完璧にマスターできるはずだ。

この **「合格！数学 Ⅲ･C Part2 新課程」** は，教科書はこなせるけれど受験問題はまだ難しいという，**偏差値 50 前後**の人達を対象にしている。そして，この **「合格！数学 Ⅲ･C Part2 新課程」** をマスターすれば，**偏差値を 65 位にまでアップさせる**ことを想定して，作っているんだね。つまりこれで，難関大を除くほとんどの**主要な国公立大，有名私立大にも合格できる**ということだ。どう？やる気が湧いてきたでしょう。

さらに，マセマでは，**数学アレルギーレベルから東大・京大レベルまで，**キミ達の実力を無理なくステップアップさせる**完璧なシステム（マセマのサクセスロード）**が整っているので，やる気さえあれば，この後，**「実力アップ問題集」**シリーズやさらにその上の演習書までこなして，偏差値を **70** 台にまで伸ばすことだって可能なんだね。どう？さらにやる気が出てきたでしょう。

マセマの参考書は非常に読みやすく分かりやすく書かれているけれど，その本質は，大学数学の分野で「**東大生が一番読んでいる参考書！**」として知られている程，**その内容は本格的**なものなんだよ。

（「キャンパス・ゼミ」シリーズ販売実績は，2021 年度大学生協東京事業連合会調べによる。）

そして，**「本書がある限り，理系をあきらめる必要はまったくない！」**キミの多くの先輩たちが学んだ，この定評と実績のあるマセマの参考書で，今度はキミ自身の夢を実現させてほしいものだ。それが，ボク達マセマのスタッフの心からの願いなんだ。**「この本で，キミの夢は必ず叶うよ！」**

マセマ代表　馬場 敬之（けいし）

目次

講義1 関数の極限（数学 III）

講義2 微分法とその応用（数学 III）

講義3 積分法とその応用（数学 III）

講義
Lecture

1 関数の極限
(数学III)

テーマ

- 分数関数と無理関数
- 逆関数と合成関数
- 三角・指数・対数関数の極限
- 関数の連続性，中間値の定理

講義1 関数の極限

さぁ，“**合格！数学Ⅲ·C Part2**”の最初のテーマ“**関数の極限**”の解説に入ろう。ここでは，$\lim_{x\to 0}\frac{\sin 2x}{x}$，$\lim_{x\to 0}\frac{\sqrt{1+x}-\sqrt{1-x}}{x}$ など，さまざまな極限の問題が解けるようになる。でも，その前に，**分数関数**や**無理関数**，また**逆関数**や**合成関数**など，関数の基本について解説しようと思う。

これから，ステップ・バイ・ステップにわかりやすく解説していくから，君達も一つずつ着実にマスターしていってくれ。気が付いたら，関数の極限も，得意分野になっているはずだ。頑張ろう。

§1. 分数関数と無理関数は，平行移動がポイントだ！

● 分数関数の基本形と標準形を押さえよう！

数学Ⅰの2次関数のところでも習っていると思うけれど，関数 $y=f(x)$ を x 軸方向に p，y 軸方向に q だけ平行移動するための公式は次の通りだ。

平行移動の公式

$y=f(x)$ （Ⅰ）基本形 $\xrightarrow[\text{平行移動}]{(p,\ q)\ \text{だけ}}$ $y-q=f(x-p)$ （y の代わりに $y-q$，x の代わりに $x-p$） $\therefore y=f(x-p)+q$ （Ⅱ）標準形

これは，次の**分数関数**の（Ⅰ）**基本形**と（Ⅱ）**標準形**についても当てはまる。下に示すように，（Ⅰ）の基本形を (p,q) だけ平行移動したものが，（Ⅱ）の標準形になる。

（Ⅰ）**基本形**：$y=\frac{k}{x}$ （k：0 以外の定数）

（Ⅱ）**標準形**：$y=\frac{k}{x-p}+q$

分数関数の(Ⅰ)基本形：$y=\dfrac{k}{x}$ は，定数 k の符号により，図1のように，2つに分類できることを，まず頭に入れてくれ。

x が分母にあるので，当然 $x\neq 0$ だね。そして，(ⅰ) $k>0$ のとき，第1，3象限に，(ⅱ) $k<0$ のとき，第2，4象限にグラフが現れる。

図1 分数関数の基本形

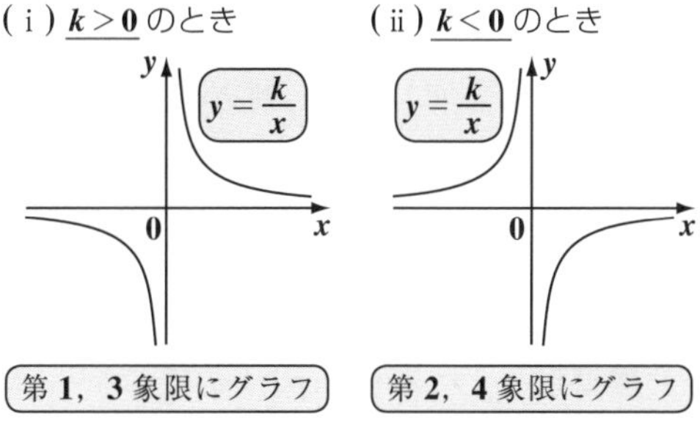

そして，これを x 軸方向に p，y 軸方向に q だけ平行移動させたものが

(y の代わりに $y-q$)

$$y-q=\frac{k}{x-p}$$

(x の代わりに $x-p$)

つまり(Ⅱ)の標準形：

$$y=\frac{k}{x-p}+q$$

となるんだね。(図2)

図2 分数関数の標準形 ($k>0$ のとき)

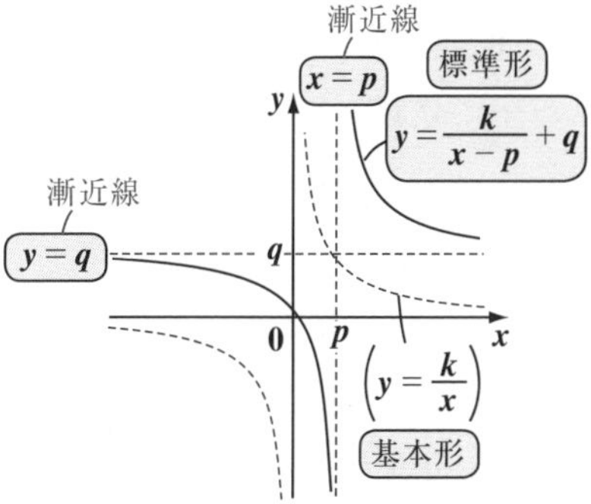

ここで，簡単な例題を1つやっておこう。例として，分数関数 $y=\dfrac{x}{x+2}$ のグラフを描いてみる。これを変形して

$$y=\frac{(x+2)-2}{x+2}=1-\frac{2}{x+2}$$

$$\therefore\ y=\frac{-2}{x+2}+\underline{\underline{1}}$$

($x+2 = x-(-2)$)

より，これは，$y=\dfrac{-2}{x}$ (−) を $(\underset{\sim}{-2},\ \underline{\underline{1}})$ だけ平行移動したものだね。よって，これは，**漸近線** $x=-2$，$y=1$ で，第2，第4象限に当たる部分に現れる図3のような曲線になる。

図3

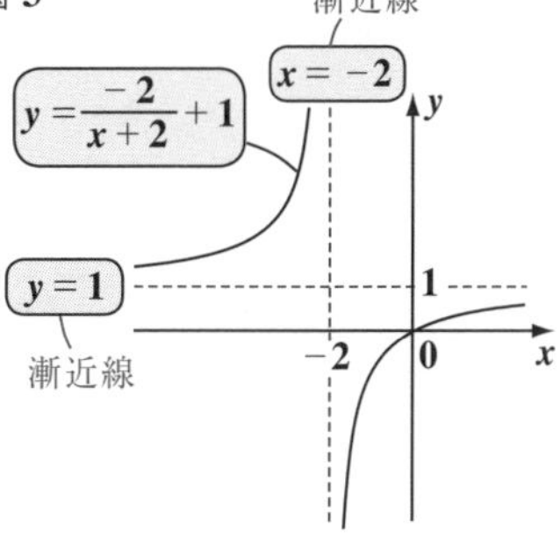

どう？ これで，分数関数のグラフを描く要領もマスターできただろう。それでは次，無理関数についても解説しよう。

● 無理関数 $y=\sqrt{ax}$ の a の符号に注意しよう！

次，**無理関数**に入るよ。無理関数も，(Ⅰ) **基本形**と (Ⅱ) **標準形**があり，基本形を x 軸方向に p，y 軸方向に q だけ平行移動させたものが標準形になる。

(Ⅰ) **基本形**：$y=\sqrt{ax}$　(a：0 以外の定数)

↓ $(p,\ q)$ だけ平行移動

(Ⅱ) **標準形**：$y=\sqrt{a(x-p)}+q$

ここで，(Ⅰ) 基本形：$y=\sqrt{ax}$ のグラフを，(ⅰ) $a>0$，(ⅱ) $a<0$ の 2 つの場合に分類して，図 4 に示すよ。

（$\sqrt{\ }$ 内は 0 以上だ！）

(ⅰ) $a>0$ のとき，$ax \geqq 0$ より $x \geqq 0$ の範囲に，

(ⅱ) $a<0$ のとき，$ax \geqq 0$ より $x \leqq 0$ の範囲に，

グラフが出てくるんだね。

図 4　無理関数の基本形

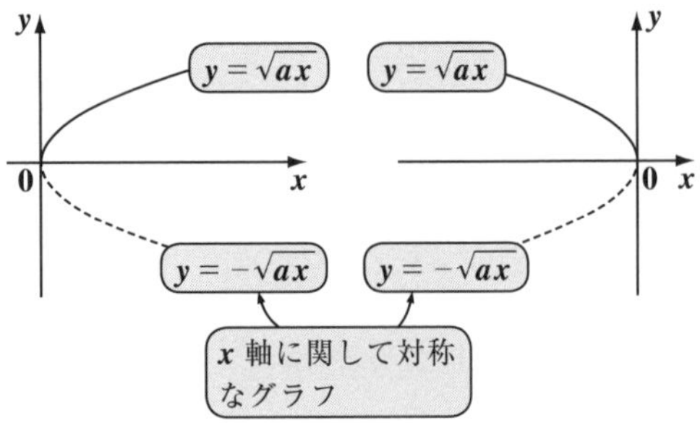

また，$y=\sqrt{ax}$ に対して，$y=-\sqrt{ax}$ は，x 軸に関して対称なグラフとなるのも覚えておこう。$y=-\sqrt{ax}$ のグラフは，図 4 (ⅰ)(ⅱ) それぞれに，破線で示しておいた。

そして，これら基本形を $(p,\ q)$ だけ平行移動したものが，図 5 に示すように，

(Ⅱ) 標準形：$y=\sqrt{a(x-p)}+q$

のグラフとなるんだね。

図 5 では，$a>0$ の場合のグラフを描いている。

図 5　無理関数の標準形

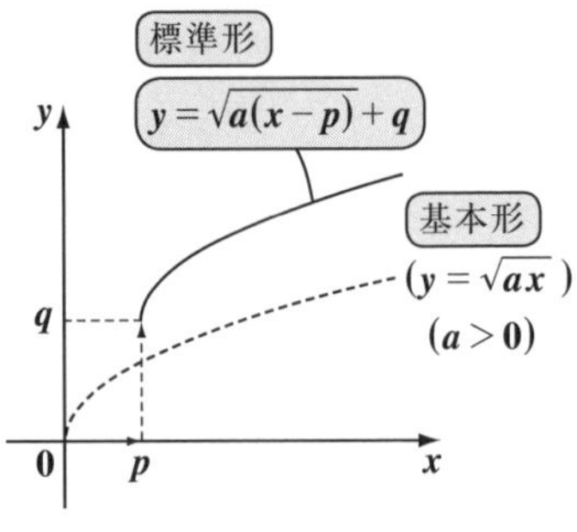

例題として，$y=\sqrt{1-x}-2$ のグラフを描いてみよう。これを変形して，$y=\sqrt{-1\cdot(x-1)}-2$ となるから，これは $y=\sqrt{-1\cdot x}$ （基本形）を，$(1,\ -2)$ だけ平行移動したものになる。よって，図 6 の実線で示したようなグラフになるね。

図 6

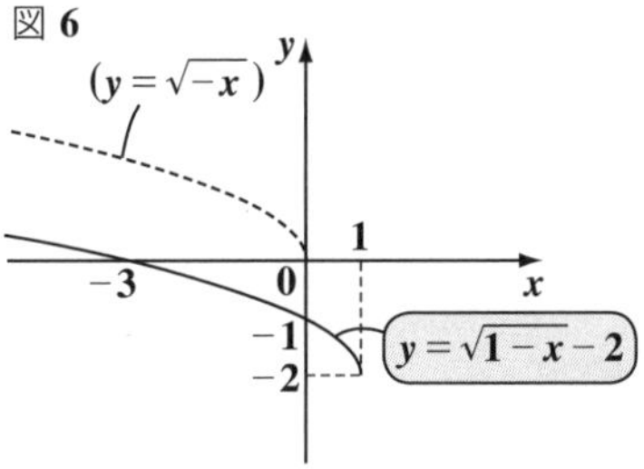

● 逆関数では，x と y を入れ替えよう！

関数 $y=f(x)$ が与えられたとき，図 7 (ⅰ) のように，1 つの y の値 (y_1) に対して，1 つの x の値 (x_1) が対応するとき，この関数を，**1 対 1 対応**の関数という。

図 7

(ⅰ) 1 対 1 対応　　(ⅱ) 1 対 1 対応ではない

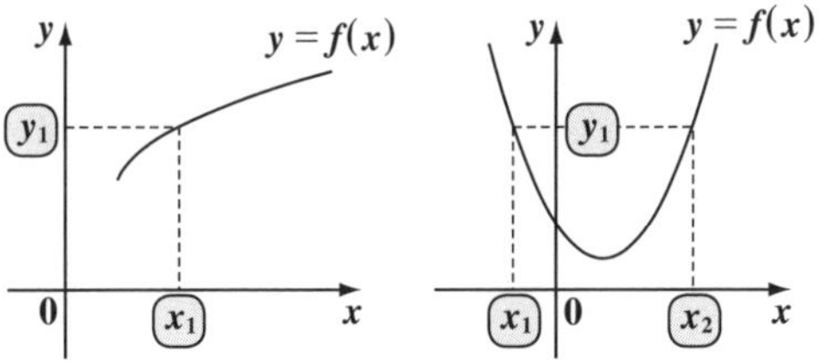

図 7 (ⅱ) のように，1 つの y の値 (y_1) に対して，複数の x の値 $(x_1,\ x_2)$ が対応する場合，当然これは 1 対 1 対応の関数ではない。

そして，$y=f(x)$ が 1 対 1 対応の関数のとき，x と y を入れ替え，さらにこれを $y=$(x の式) の形に変形したものを，$y=f(x)$ の**逆関数**と呼び，$y=f^{-1}(x)$ で表す。この $y=f(x)$ と $y=f^{-1}(x)$ は，直線 $y=x$ に関して対称なグラフになることも要注意だ。

逆関数の公式

$y=f(x)$：1 対 1 対応の関数のとき，

$y=f(x)$ ←逆関数→ $x=f(y)$ ← 元の関数の x と y をチェンジしたもの

直線 $y=x$ に関して対称なグラフ

$y=f^{-1}(x)$ ← これを，$y=$(x の式) の形に，書き変える。

逆関数の出来上がり！

◆例題 1◆

$y = f(x) = \sqrt{1-x} - 2 \quad (x \leqq 1,\ y \geqq -2)$ の逆関数 $y = f^{-1}(x)$ を求めて，xy 座標平面上にそのグラフを描け。

解答

$y = f(x) = \sqrt{1-x} - 2 \quad (x \leqq 1,\ y \geqq -2)$

これは 1 対 1 対応の関数より，この逆関数を次のように求める。

（このグラフは P11 でやったね。）

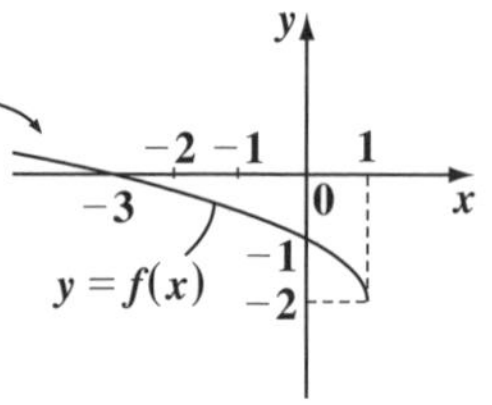

$x = \sqrt{1-y} - 2 \quad (y \leqq 1,\ x \geqq -2)$ ← （i）x と y を入れ替える。

$\sqrt{1-y} = x + 2$

両辺を 2 乗して，

$1 - y = (x+2)^2$

$y = -(x+2)^2 + 1$ ← （ii）$y = f^{-1}(x)$ の形に変形する。

$\therefore\ y = f^{-1}(x) = -(x+2)^2 + 1$ ………(答)

$(x \geqq -2,\ y \leqq 1)$

逆関数 $y = f^{-1}(x) \quad (x \geqq -2,\ y \leqq 1)$

のグラフを右に示す。…………………(答)

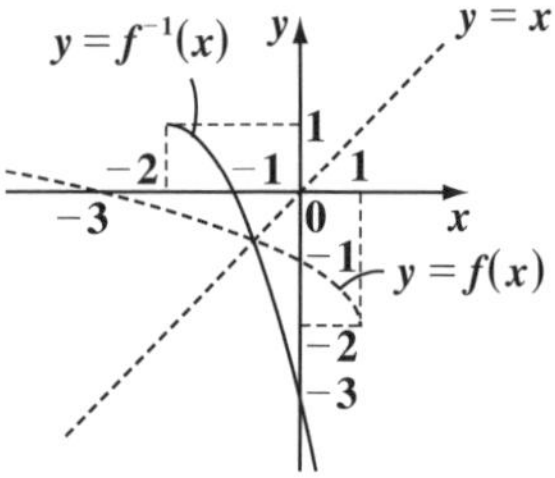

($y = f^{-1}(x)$ は，$y = f(x)$ と直線 $y = x$ に関して対称なグラフになる。)

● 合成関数は，東京発，SF 経由，NY 行き？

それでは次，**合成関数**について解説しよう。まず，次の公式の模式図を見てくれ。

合成関数の公式

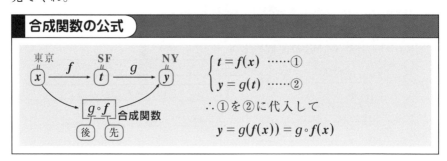

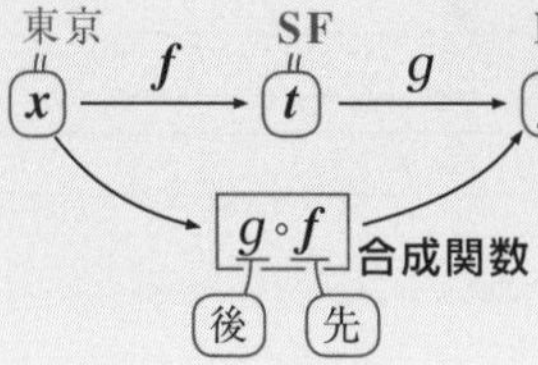

$$\begin{cases} t = f(x) & \cdots\cdots① \\ y = g(t) & \cdots\cdots② \end{cases}$$

∴①を②に代入して

$$y = g(f(x)) = g \circ f(x)$$

この公式の x を東京，t を SF（サンフランシスコ），y を NY（ニューヨーク）とみると，上の図は，"東京発，SF 経由，NY 行き" ってことになるね。まず，(i) f という飛行機で x（東京）から t (SF) に行き，次に (ii) g という飛行機で，中継地の t (SF) から最終目的地の y (NY) に行くわけだ。

この (i) $x \longrightarrow t$，(ii) $t \longrightarrow y$ の代わりに，x（東京）から y (NY) に直航便を飛ばすのが合成関数なんだね。これを数式で表すと，

(i) $t = f(x)$ ……① $[x \longrightarrow t]$

(ii) $y = g(t)$ ……② $[t \longrightarrow y]$

①を②に代入して，直接 x と y の関係式にしたものが，**合成関数**なんだね。

$y = g(f(x))$ $[x \longrightarrow y$ の直航便$]$

これは，$y = g \circ f(x)$ と書くこともある。ここで，$g \circ f(x)$ は，x に f が先に
（g：後，f：先）
作用して，g が後で作用することに注意しよう。これを間違えて，$f \circ g(x)$ とやっちゃうと，g が先で，f が後だから，"東京発，台北経由，トンガ行き (??)" なんてことになるかも知れないんだね。この $g \circ f(x)$ と $f \circ g(x)$ の違いを，次の例題でシッカリ確認しておこう。

◆例題 2◆

$f(x) = x - 1$，$g(x) = 2x^2$ のとき，$g \circ f(x)$ と $f \circ g(x)$ を求めよ。

解答

(i) $g \circ f(x) = g(f(x)) = 2 \cdot \{f(x)\}^2 = 2(x-1)^2$ ……………………………(答)

(ii) $f \circ g(x) = f(g(x)) = g(x) - 1 = 2x^2 - 1$ ……………………………(答)

この違い，納得いった？

無理関数と直線が 2 交点をもつ条件

演習問題 1	難易度 ★	CHECK 1	CHECK 2	CHECK 3

直線 $y = ax - 1$ が，曲線 $y = \sqrt{x-1}$ と異なる 2 点で交わるような a の値の範囲を求めよ。 (法政大＊)

ヒント！ $y = ax - 1$ は y 切片 -1，傾き a の直線だ。$y = \sqrt{x-1}$ は $y = \sqrt{x}$ を $(1, 0)$ だけ平行移動したものだから，グラフを使って異なる 2 交点をもつための a の範囲を求めていけばいいよ。

解答＆解説

$y = ax - 1$ ……①　　$y = \sqrt{x-1}$ ……②

①の直線は，傾き a，y 切片 -1 の直線であり，②の曲線は $y = \sqrt{x}$ を x 軸方向に 1 だけ平行移動したものだ。これらが，異なる 2 点で交わるための条件は，図 1 のように，傾き a が $a_1 \leqq a < a_2$ をみたすことなのがわかる。

(i) $y = ax - 1$ が，点 $(1, 0)$ を通るときの a の値が a_1 なので，　$\therefore a_1 = 1$

(ii) ①と②が接するときの a の値が a_2 より，①，②から y を消去して，

$ax - 1 = \sqrt{x-1}$ ……③　　③の両辺を 2 乗して

$(ax-1)^2 = x - 1$

$a^2x^2 - (2a+1)x + 2 = 0$

これは重解をもつので，

判別式 $D = (2a+1)^2 - 8a^2 = 0$

$-4a^2 + 4a + 1 = 0$　　$4a^2 - 4a - 1 = 0$

$a = \frac{2 \pm \sqrt{8}}{4} = \frac{1 \pm \sqrt{2}}{2}$　　$\therefore a_2 = \frac{1+\sqrt{2}}{2}$

以上 (i)(ii) より，求める a の値の範囲は，

$1 \leqq a < \frac{1+\sqrt{2}}{2}$ ……………………………(答)

ココがポイント

図 1

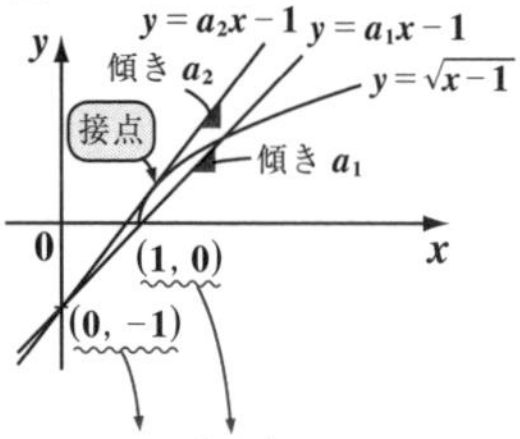

⇦ $a_1 = \frac{0-(-1)}{1-0} = 1$ だね。

⇦

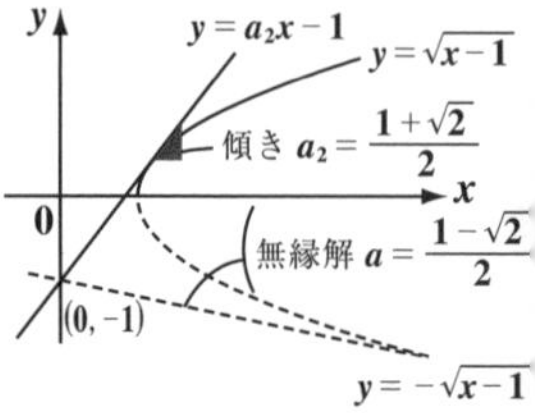

③を 2 乗したことにより，$y = -\sqrt{x-1}$ の接線の傾き $a = \frac{1-\sqrt{2}}{2}$ が無縁解として出てきたんだね。でも，これは当然ボツなので，$a_2 = \frac{1+\sqrt{2}}{2}$ だ！

分数関数と合成関数の応用

演習問題 2 難易度 ★★ CHECK 1 CHECK 2 CHECK 3

$f(x)=\dfrac{-3x+2}{x-2}$, $g(x)=\dfrac{x-1}{x+2}$ がある。また，数列 $\{x_n\}$ を
$x_1=-3$, $x_{n+1}=f(x_n)$ $(n=1, 2, \cdots)$ で定義する。
(1) $g(f(x))=4g(x)$ であることを示せ。
(2) 数列 $\{g(x_n)\}$ $(n=1, 2, \cdots)$ の一般項 $g(x_n)$ を求めよ。(東京都市大＊)

ヒント！ (1) は簡単だね。$g(f(x))=\dfrac{f(x)-1}{f(x)+2}$ を計算するんだね。(2) は，$g(x_n)$ を新たに $a_n=g(x_n)$ とおくと，$\{a_n\}$ は公比 4 の等比数列となる。

解答＆解説

(1) $g(f(x))=\dfrac{f(x)-1}{f(x)+2}=\dfrac{\dfrac{-3x+2}{x-2}-1}{\dfrac{-3x+2}{x-2}+2}$ ← 分子・分母に $x-2$ をかける！

$=\dfrac{-3x+2-(x-2)}{-3x+2+2(x-2)}=\dfrac{-4x+4}{-x-2}$ ← 分子・分母に -1 をかける！

$=4\cdot\dfrac{x-1}{x+2}=4g(x)$ ……(終)

(2) $g(x_n)=a_n$ とおくと，

$a_1=g(x_1)=g(-3)=\dfrac{-3-1}{-3+2}=\dfrac{-4}{-1}=4$ （$x_1=-3$）

また，$x_{n+1}=f(x_n)$ より，この両辺の g の関数をとって，$g(x_{n+1})=g(f(x_n))$ （$=4\cdot g(x_n)$ ((1) より)）

(1) の結果より，$g(x_{n+1})=4\cdot g(x_n)$ （$a_{n+1}=4\cdot a_n$）

以上より，$a_1=4$, $a_{n+1}=4\cdot a_n$ となって，数列 $\{a_n\}$，すなわち $\{g(x_n)\}$ は初項 4，公比 4 の等比数列となるので，

$g(x_n)=a_n=a_1\cdot 4^{n-1}=4^n$ （$a_1=4$）……(答)

ココがポイント

⇦ $g\circ f(x)=g(f(x))$ 　$f(x)$ を t とおくと，
$=\dfrac{t-1}{t+2}$
$=\dfrac{f(x)-1}{f(x)+2}$ となる。

⇦ $a_n=g(x_n)$ とおくと
$\begin{cases} a_1=g(x_1) \\ a_{n+1}=g(x_{n+1}) \end{cases}$ となる。

⇦ $x_{n+1}=f(x_n)$ より
$g(x_{n+1})=g(f(x_n))$
$=4\cdot g(x_n)$
となるんだね。
後は，$a_n=g(x_n)$ とおくと，
$a_{n+1}=4\cdot a_n$ となるね。

合成関数のグラフの応用

演習問題 3　難易度 ★★★　CHECK 1　CHECK 2　CHECK 3

関数 $f(x)$ $(0 \leqq x \leqq 1)$ が次のように定義されるとき，合成関数 $y = f \circ f(x)$ $(0 \leqq x \leqq 1)$ のグラフを xy 座標平面上に描け。

$$f(x) = \begin{cases} 2x & \left(0 \leqq x \leqq \frac{1}{2} \text{ のとき}\right) \\ -2x + 2 & \left(\frac{1}{2} \leqq x \leqq 1 \text{ のとき}\right) \end{cases}$$

（金沢大＊）

ヒント！ $y = f(\underset{t}{\underline{f(x)}})$ のグラフを求めるために，これを分解して $t = f(x)$，$y = f(t)$ とおいて考えるといい。つまり，中継点 t を考えるんだね。すると，x の区間を 4 つに分けないといけなくなる。

解答＆解説

$$y = f(x) = \begin{cases} 2x & \left(0 \leqq x \leqq \frac{1}{2}\right) \\ -2x + 2 & \left(\frac{1}{2} \leqq x \leqq 1\right) \end{cases}$$

よって，$y = f(x)$ のグラフは図 1 のようになる。次に，合成関数 $y = f(\underset{t}{\underline{f(x)}})$ は，次のように中継点 t をとって考えると，

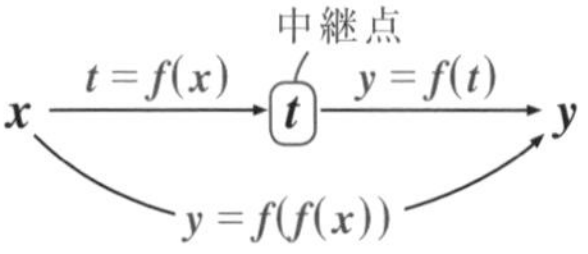

$$\begin{cases} t = f(x) \quad \cdots\cdots ① \\ y = f(t) \quad \cdots\cdots ② \end{cases}$$ に分解できる。

図 2 に，$t = f(x)$ の，また図 3 に，$y = f(t)$ のグラフを示した。ここで，図 3 のグラフから，

$$\begin{cases} (\text{ア})\ 0 \leqq t \leqq \frac{1}{2} \text{ のとき，} y = 2t \\ (\text{イ})\ \frac{1}{2} \leqq t \leqq 1 \text{ のとき，} y = -2t + 2 \end{cases}$$ となる。

ココがポイント

図 1　$y = f(x)$ のグラフ

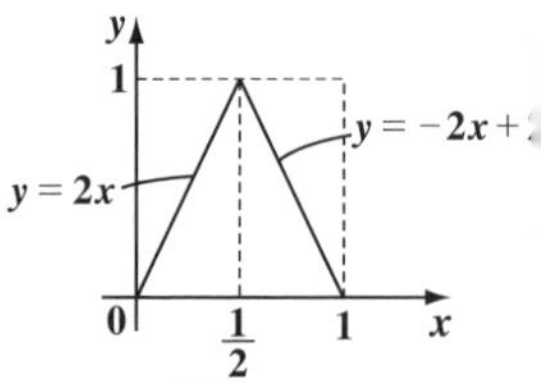

図 2　$t = f(x)$ のグラフ

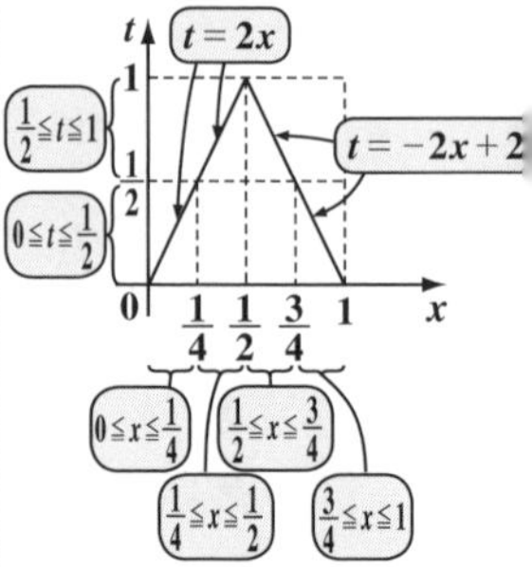

図 3　$y = f(t)$ のグラフ

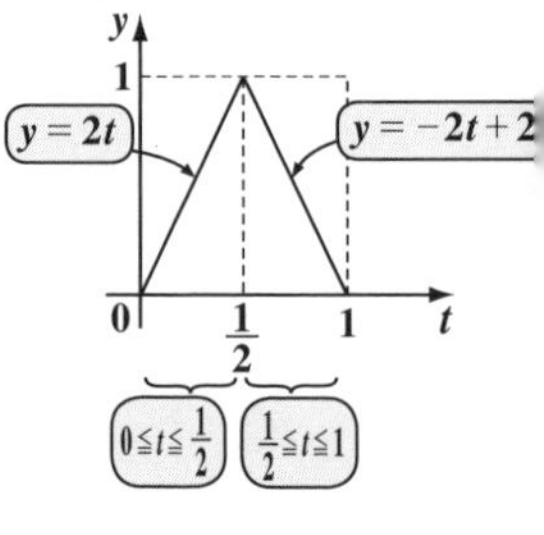

　この t が $0 \leqq t \leqq \frac{1}{2}$，$\frac{1}{2} \leqq t \leqq 1$ となるとき，図 2 で t はたて軸より，これに対応して，x は次の 4 通りに場合分けしないといけない。

(i) $0 \leqq x \leqq \frac{1}{4}$，(ii) $\frac{1}{4} \leqq x \leqq \frac{1}{2}$，(iii) $\frac{1}{2} \leqq x \leqq \frac{3}{4}$，(iv) $\frac{3}{4} \leqq x \leqq 1$

以上より，

(i) $\boxed{0 \leqq x \leqq \frac{1}{4} \text{ のとき}}$，$t = 2x$，$y = 2t$ より，（代入）

$y = 2 \cdot 2x$　　$\therefore \boxed{y = 4x}$

⇦このとき，$0 \leqq t \leqq \frac{1}{2}$ より，$y = 2t$ を使う。

(ii) $\boxed{\frac{1}{4} \leqq x \leqq \frac{1}{2} \text{ のとき}}$，$t = 2x$，$y = -2t + 2$ より，（代入）

$y = -2 \cdot 2x + 2$　　$\therefore \boxed{y = -4x + 2}$

⇦このとき，$\frac{1}{2} \leqq t \leqq 1$ より，$y = -2t + 2$ を使う。

(iii) $\boxed{\frac{1}{2} \leqq x \leqq \frac{3}{4} \text{ のとき}}$，$t = -2x + 2$，$y = -2t + 2$ より，（代入）

$y = -2(-2x + 2) + 2$　　$\therefore \boxed{y = 4x - 2}$

⇦このとき，$\frac{1}{2} \leqq t \leqq 1$ より，$y = -2t + 2$ を使う。

(iv) $\boxed{\frac{3}{4} \leqq x \leqq 1 \text{ のとき}}$，$t = -2x + 2$，$y = 2t$ より，（代入）

$y = 2(-2x + 2)$　　$\therefore \boxed{y = -4x + 4}$

⇦このとき，$0 \leqq t \leqq \frac{1}{2}$ より，$y = 2t$ を使う。

以上 (i) ～ (iv) より，合成関数 $y = f \circ f(x) = f(f(x))$ $(0 \leqq x \leqq 1)$ のグラフを，図 4 に示す。…………(答)

図 4　$y = f \circ f(x)$ のグラフ

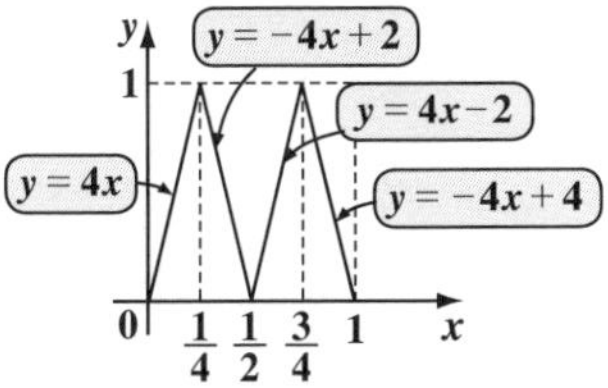

　どう？ 難しかった？ 確かに頭が混乱したかも知れないね。でも，これは意外と試験ではよく狙われる関数なので，シッカリ練習しておくといいよ。エッ，結果のグラフが，マックの M みたいだって !? そうかなァ，ボクにはマセマの M に見えるんだけど…。

§2. 関数の極限では，$\frac{0}{0}$ の不定形を押さえよう！

さァ，プロローグが終わったので，いよいよ“**関数の極限**”の本格的な解説に入ろう。エッ，難しそうだって？　そんなことないよ。本質的な部分は，すでに“**数列の極限**”のところで説明しているからね。

でも，“**関数の極限**”のポイントとなるところも確かにあるので，それを予め列挙しておくから，まず頭に入れておいてくれ。

- **$\frac{0}{0}$ の不定形の意味を知ること**
- **無理関数や分数関数の極限の具体的な計算法をマスターすること**
- **三角関数や，自然対数の底 e の極限の公式をマスターすること**

● まず，$\frac{0}{0}$ の不定形の意味を理解しよう！

数列の極限のところで，$\frac{\infty}{\infty}$ の不定形について学習したね。次に，これ（これは，関数の極限でももちろん出てくるよ！）から関数の極限のところでは，$\frac{0}{0}$ の不定形の問題が沢山出てくるので，まずこの大体のイメージを押さえておこう。

(i) $\frac{0.000000001}{0.03} \longrightarrow 0$ （収束）$\left[\frac{\text{強い}\,0}{\text{弱い}\,0} \longrightarrow 0\right]$

(ii) $\frac{0.003}{0.000000002} \longrightarrow \infty$ （発散）$\left[\frac{\text{弱い}\,0}{\text{強い}\,0} \longrightarrow \infty\right]$

(iii) $\frac{0.00001}{0.00002} \longrightarrow \frac{1}{2}$ （収束）$\left[\frac{\text{同じ強さの}\,0}{\text{同じ強さの}\,0} \longrightarrow \text{有限な値}\right]$

$\frac{0}{0}$ の極限なので，分母，分子がともに 0 に近づいていくのは大丈夫だね。

（**注意** ここで，“強い 0”とは“0 に収束する速さが大きい 0 のこと”で，“弱い 0”とは“0 に収束する速さが小さい 0 のこと”だ。これらも，理解を助けるための便宜上の表現なので，答案には“強い 0”や“弱い 0”は記述しない方がいい。）

一般に極限では，数値が動くので，これを紙上に書き表すことはできないんだけれど，この動きのあるもののスナップ写真が(ⅰ)，(ⅱ)，(ⅲ)のイメージなんだ。

(ⅰ) $\frac{\text{強い}\,\mathbf{0}}{\text{弱い}\,\mathbf{0}}$ の形では，分子の方が分母より相対的にずっとずっと小さくなるので，**0** に収束してしまうんだね。

(ⅱ) これは，(ⅰ)の逆数のパターンなので，割り算したら∞に発散する。この符号は，－∞になることもあるので要注意だ。

(ⅲ) これは，分子・分母ともに同じ強さの **0** なので，割り算をした結果，有限なある値に近づくんだね。一般の問題はほとんどがこの形だ。

◆例題 3◆

極限値 $\lim_{x \to 0} \frac{\sqrt{1+x}-\sqrt{1-x}}{x}$ を求めよ。

解答

$$\lim_{x\to 0}\frac{\sqrt{1+x}-\sqrt{1-x}}{x} \quad \left[= \frac{1-1}{0} = \frac{0}{0} \text{ の不定形だね。}\right]$$

（$\sqrt{1+x} \to 1$，$\sqrt{1-x} \to 1$，$x \to 0$）

$$= \lim_{x\to 0}\frac{(\sqrt{1+x}-\sqrt{1-x})(\sqrt{1+x}+\sqrt{1-x})}{x(\sqrt{1+x}+\sqrt{1-x})}$$

> $\sqrt{\ }-\sqrt{\ }$ の形がきたら，分子・分母に $\sqrt{\ }+\sqrt{\ }$ をかける。これは定石だ！

$$= \lim_{x\to 0}\frac{\cancel{1}+x-(\cancel{1}-x)}{x(\sqrt{1+x}+\sqrt{1-x})}$$

$$= \lim_{x\to 0}\frac{2\cancel{x}}{\cancel{x}(\sqrt{1+x}+\sqrt{1-x})}$$

> これで，$\frac{0}{0}$ の不定形の要素が消えた！

$$= \lim_{x\to 0}\frac{2}{\sqrt{1+x}+\sqrt{1-x}} = \frac{2}{\sqrt{1}+\sqrt{1}} = \frac{2}{2} = 1 \quad \text{となって，答えだ！}$$

（$\sqrt{1+x} \to \sqrt{1}$，$\sqrt{1-x} \to \sqrt{1}$）

$\frac{0}{0}$ の関数の極限の問題では，式をうまく変形して，この $\frac{0}{0}$ の要素を消去してしまうことがポイントなんだね。

● 3つの三角関数の極限公式を覚えよう！

それでは，三角関数 **sin**, **tan**, **cos** の **3** つの極限の公式を書いておくから，まず頭に入れてくれ。ここで出てくる角 x の単位は，当然**ラジアン**だよ。

（$180° = \pi$（ラジアン））

三角関数の極限の公式

(1) $\displaystyle\lim_{x\to 0}\frac{\sin x}{x} = 1$　　(2) $\displaystyle\lim_{x\to 0}\frac{\tan x}{x} = 1$

(3) $\displaystyle\lim_{x\to 0}\frac{1-\cos x}{x^2} = \frac{1}{2}$

$x\to 0$ のとき，$\dfrac{\sin x}{x}$，$\dfrac{\tan x}{x}$，$\dfrac{1-\cos x}{x^2}$ はすべて $\dfrac{0}{0}$ の不定形になるんだけれど，公式で示す通り，これらはすべて有限な値に収束するんだね。

（$\sin 0 = 0$，$\tan 0 = 0$，$1-\cos 0 = 1-1 = 0$，$x\to 0$，$0^2 = 0$）

(1) の公式は，2 つの三角形と扇形の面積の大小関係から導ける。（「**元気が出る数学 III・C Part2**」（**マセマ**）参照）　ここでは，この (1) の公式は与えられたものとして，これを使えば (2), (3) の公式が証明できることを，以下に示す。これは重要なので，シッカリ頭に入れておこう。

(2) $\displaystyle\lim_{x\to 0}\frac{\tan x}{x} = \lim_{x\to 0}\frac{\sin x}{x}\cdot\frac{1}{\cos x} = 1\times\frac{1}{1} = 1$

（$\tan x = \dfrac{\sin x}{\cos x}$，$\dfrac{\sin x}{x}\to 1$（公式 (1) より），$\cos x\to 1$）

(3) $\displaystyle\lim_{x\to 0}\frac{1-\cos x}{x^2} = \lim_{x\to 0}\frac{(1-\cos x)(1+\cos x)}{x^2(1+\cos x)}$

（$1-\cos^2 x = \sin^2 x$）

分子・分母に $1+\cos x$ をかけた！

$\displaystyle = \lim_{x\to 0}\frac{\sin^2 x}{x^2(1+\cos x)}$

$\displaystyle = \lim_{x\to 0}\left(\frac{\sin x}{x}\right)^2\cdot\frac{1}{1+\cos x} = 1^2\times\frac{1}{1+1} = \frac{1}{2}$　と，証明できる。

（$\dfrac{\sin x}{x}\to 1$（公式 (1) より），$\cos x\to 1$）

納得いった？

(1), (2) は，スナップ写真だと $\frac{0.0001}{0.0001} \to 1$ のパターンだから，逆数の極限も，$\lim_{x\to 0}\frac{x}{\sin x}=1$，$\lim_{x\to 0}\frac{x}{\tan x}=1$ なんだね。これに対して，(3) は

（$\frac{0.0001}{0.0001}$ のパターン）（$\frac{0.0001}{0.0001}$ のパターン）

$\frac{0.0001}{0.0002} \to \frac{1}{2}$ のパターンだから，この逆数の極限は，当然，

$\lim_{x\to 0}\frac{x^2}{1-\cos x}=2$ となるのも大丈夫？

（$\frac{0.0002}{0.0001}$ のパターンだ！）

それでは，次の例題にチャレンジしよう！

◆例題 4◆

次の極限を求めよ。

(1) $\lim_{\theta\to 0}\frac{\sin 3\theta}{\theta}$　　(2) $\lim_{x\to 0}\frac{x\cdot\tan 2x}{1-\cos x}$

解答

(1) $\lim_{\theta\to 0}\frac{\sin 3\theta}{\theta}=\lim_{\substack{\theta\to 0\\(x\to 0)}}\frac{\sin 3\theta}{3\theta}\times 3$

（$\theta\to 0$ のとき，3 倍しても 0 に近づくので $3\theta\to 0$ だ！　よって $3\theta=x$ と考えると，$x\to 0$ なんだね。）

（$\frac{\sin 3\theta}{3\theta} \to 1$　$\left(\lim_{x\to 0}\frac{\sin x}{x}=1\text{ だ！}\right)$）

$=1\times 3=3$ ……………………(答)

(2) $\lim_{x\to 0}\frac{x\cdot\tan 2x}{1-\cos x}=\lim_{x\to 0}\frac{x^2}{1-\cos x}\times\frac{\tan 2x}{x}$

（まず，$\frac{x^2}{1-\cos x}$ の形を作った！）

$=\lim_{\substack{x\to 0\\(\theta\to 0)}}\frac{x^2}{1-\cos x}\times\frac{\tan 2x}{2x}\times 2$

（$x\to 0$ より，$2x=\theta$ とおくと $\theta\to 0$ となる。）

（$\frac{x^2}{1-\cos x}\to 2$，$\frac{\tan 2x}{2x}\to 1$　$\left(\lim_{x\to 0}\frac{x^2}{1-\cos x}=2,\ \lim_{\theta\to 0}\frac{\tan\theta}{\theta}=1\text{ だ！}\right)$）

$=2\times 1\times 2=4$ ……………………(答)

どう？　これで，三角関数の極限の計算にも自信がついた？

● $e=2.718\cdots$ は，微積分の要（かなめ）だ！

それでは次，**自然対数の底** e に近づく極限の公式を書いておこう。

e に近づく極限の公式

(1) $\displaystyle\lim_{x\to\pm\infty}\left(1+\frac{1}{x}\right)^x=e$　　(2) $\displaystyle\lim_{h\to 0}(1+h)^{\frac{1}{h}}=e$

(1) の公式は，$x\to\pm\infty$ のときに成り立つ公式だけれど，ここでは，$x\to+\infty$ のときについて考えよう。具体的に，$x=10,\ 100,\ 1000,\ \cdots\cdots$ と大きくしていくと，$\left(1+\dfrac{1}{x}\right)^x$ は，$\underset{1.1^{10}}{\underline{2.59\cdots}}$，$\underset{1.01^{100}}{\underline{2.70\cdots}}$，$\underset{1.001^{1000}}{\underline{2.71\cdots}}$ と限りなく，$2.718281\cdots$ という数に近づいていくんだ。この数を“**自然対数の底**”または“**ネイピア数**”といい，これを e で表す。

ここで，(1) と (2) は同じことだってわかる？ $\dfrac{1}{x}=h$ とおくと，当然，$x=\dfrac{1}{h}$ となるね。また，$x\to\pm\infty$ のとき，$h=\dfrac{1}{x}\longrightarrow 0$ だね。（$x\to\pm\infty$）

よって，$\displaystyle\lim_{x\to\pm\infty}\left(1+\underset{h}{\frac{1}{x}}\right)^{\overset{\frac{1}{h}}{x}}=\lim_{h\to 0}(1+h)^{\frac{1}{h}}=e$ となる。

この e は，微積分のさまざまな問題で顔を出す。たとえば，この e を底にもつ対数を**自然対数**といい，$\log_e x$ の底 e を略して，$\log x$ と書く。図1に，$y=\log x$ のグラフを描いておくから，頭に入れておこう。数学Ⅲで扱う対数関数は，一般にこの自然対数関数なんだ。

図1　$y=\log x$ のグラフ

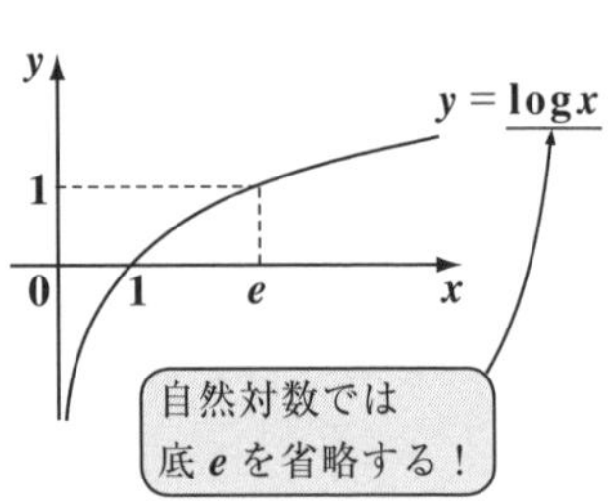

また，指数関数 $y=e^x$ も，微積分では常連の関数だ。$y=e^{-x}$ のグラフと共に図 **2** に示しておくから，頭に入れてくれ。

図 **2** $y=e^x$ と $y=e^{-x}$ のグラフ

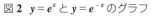

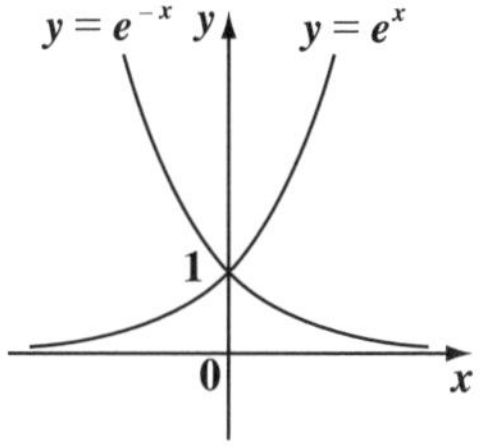

注意

x の代わりに，$-x$ を代入すると，y 軸に関して対称なグラフになるんだね。よって，$y=e^x$ と $y=e^{-x}$ は，y 軸に関して対称なグラフになる。

● $x\to 0$ のとき，1 に近づく 3 つの極限公式を覚えよう！

三角関数 $(\sin x)$，対数関数 $(\log x)$（自然対数），指数関数 (e^x) の関係した極限で，$x\to 0$ のとき，**1** に近づく極限の公式を書いておくから，これも頭にたたき込んでおくといいよ。エッ，覚えることが多すぎるって？ でも，関数の極限の公式としては，これが最後の公式だから，シッカリ覚えよう。

極限の応用公式

(1) $\displaystyle\lim_{x\to 0}\frac{\sin x}{x}=1$　　(2) $\displaystyle\lim_{x\to 0}\frac{\log(1+x)}{x}=1$（これ自然対数だ！）　　(3) $\displaystyle\lim_{x\to 0}\frac{e^x-1}{x}=1$

(1) については，既に知っているね。

(2), **(3)** も，$x\to 0$ のとき，それぞれ $\dfrac{\log 1}{0}$（$\log 1 = 0$），$\dfrac{e^0-1}{0}$（$e^0 = 1$）となって，**(1)** と同様に，$\dfrac{0}{0}$ の不定形だけれど，みんな **1** に近づくんだよ。この公式の利用の仕方は演習問題でマスターできるはずだ。

有理化と関数の極限値

演習問題 4	難易度 ★	CHECK 1	CHECK 2	CHECK 3

次の極限値を求めよ。

(1) $\displaystyle\lim_{x\to1}\frac{x-1}{\sqrt{x}-1}$　　(2) $\displaystyle\lim_{x\to-\infty}\left(\sqrt{x^2+x+1}-\sqrt{x^2+1}\right)$　　(宮崎大)

ヒント！ (1) は，分子･分母に $\sqrt{x}+1$ をかけるとうまくいくね。(2) では，まず $x=-t$ と置換して $t\to\infty$ として解く方がいい。

解答＆解説

(1) $\displaystyle\lim_{x\to1}\frac{x-1}{\sqrt{x}-1}=\lim_{x\to1}\frac{(x-1)(\sqrt{x}+1)}{(\sqrt{x}-1)(\sqrt{x}+1)}$ ← 分子･分母に $\sqrt{x}+1$ をかけた！

（$x-1$：$1-1=0$，$\sqrt{x}-1$：$\sqrt{1}-1=0$，$(\sqrt{x}-1)(\sqrt{x}+1)=x-1$）

$\displaystyle=\lim_{x\to1}\frac{(x-1)(\sqrt{x}+1)}{x-1}=\lim_{x\to1}(\sqrt{x}+1)=2$ …(答)

（$\sqrt{x}\to1$）

(2) $x=-t$ (すなわち $t=-x$) とおくと，

$x\to-\infty$ のとき，$t\to+\infty$ より，与式は，

$\displaystyle\lim_{x\to-\infty}\left(\sqrt{x^2+x+1}-\sqrt{x^2+1}\right)$

$\displaystyle=\lim_{t\to+\infty}\left\{\sqrt{(-t)^2+(-t)+1}-\sqrt{(-t)^2+1}\right\}$

$\displaystyle=\lim_{t\to\infty}\left(\sqrt{t^2-t+1}-\sqrt{t^2+1}\right)$　$[=\infty-\infty]$

$\displaystyle=\lim_{t\to\infty}\frac{\left(\sqrt{t^2-t+1}-\sqrt{t^2+1}\right)\left(\sqrt{t^2-t+1}+\sqrt{t^2+1}\right)}{\sqrt{t^2-t+1}+\sqrt{t^2+1}}$

（分子 $=t^2-t+1-(t^2+1)=-t$）

分子･分母に $\sqrt{}+\sqrt{}$ をかけた！

$\displaystyle=\lim_{t\to\infty}\frac{-t}{\sqrt{t^2-t+1}+\sqrt{t^2+1}}$　$\left[=\frac{1\text{次の}\infty}{1\text{次の}\infty}\right]$

$\displaystyle=\lim_{t\to\infty}\frac{-1}{\sqrt{1-\frac{1}{t}+\frac{1}{t^2}}+\sqrt{1+\frac{1}{t^2}}}$ ← 分子･分母を t で割った。

（$\frac{1}{t}\to0$，$\frac{1}{t^2}\to0$，$\frac{1}{t^2}\to0$）

$\displaystyle=\frac{-1}{\sqrt{1}+\sqrt{1}}=-\frac{1}{2}$ ……………………………(答)

ココがポイント

⇦ $x\to1$ のとき

$\dfrac{x-1}{\sqrt{x}-1}\to\dfrac{0}{0}$（$x\to1$，$\sqrt{x}\to\sqrt{1}$）

の不定形だ。

⇦ $-\infty$ より $+\infty$ の方が考えやすいので，
$x\to-\infty$ ときたら，
$t=-x$ とおいて，
$t\to+\infty$ で考えるといいんだね。

⇦ $\infty-\infty$ も不定形だ。
(i) $1000000-100\to+\infty$
(ii) $100-3000000\to-\infty$
(iii) $10001-10000\to1$
などのイメージからわかるだろう？

$\dfrac{0}{0}$ の不定形が極限値をもつ条件

演習問題 5 難易度 ★★ CHECK 1 CHECK 2 CHECK 3

$\displaystyle\lim_{x\to2}\frac{a\sqrt{x^2+2x+8}+b}{x-2}=\frac{3}{2}$ のとき，定数 a，b の値を求めよ。

ヒント！ 与式の左辺の分母は $x\to2$ のとき，0 に近づくね。それにもかかわらず，この極限が $\dfrac{3}{2}$ に収束するためには，分子も 0 に近づかないといけない。

解答＆解説

$\displaystyle\lim_{x\to2}\frac{a\sqrt{x^2+2x+8}+b}{x-2}=\frac{3}{2}$ ……① について，

分母：$\displaystyle\lim_{x\to2}(x-2)=2-2=0$ より，

分子：$\displaystyle\lim_{x\to2}(a\sqrt{x^2+2x+8}+b)=\boxed{4a+b=0}$ （$x^2\to4$，$x\to2$）

$\therefore\ b=-4a$ ……②

②を①に代入して，

$$①の左辺=\lim_{x\to2}\frac{a\sqrt{x^2+2x+8}-4a}{x-2}\quad\left[=\frac{0}{0}の不定形\right]$$

$x^2+2x+8-16=x^2+2x-8=(x-2)(x+4)$

$$=\lim_{x\to2}\frac{a(\sqrt{x^2+2x+8}-4)(\sqrt{x^2+2x+8}+4)}{(x-2)(\sqrt{x^2+2x+8}+4)}$$

$$=\lim_{x\to2}\frac{a(x-2)(x+4)}{(x-2)(\sqrt{x^2+2x+8}+4)}$$

（$\dfrac{0}{0}$ の不定形の要素が消えた！）

$$=\lim_{x\to2}\frac{a(x+4)}{\sqrt{x^2+2x+8}+4}$$

（$x\to2$，$x^2\to4$）

$$=\frac{6a}{8}=\boxed{\frac{3}{4}a=\frac{3}{2}}=①の右辺$$

$\dfrac{3}{4}a=\dfrac{3}{2}$ より，$a=2$

②より，$b=-8$

以上より，$a=2$，$b=-8$ ……………………………(答)

ココがポイント

⇦ $\dfrac{0.00003}{0.00002}\to\dfrac{3}{2}$ のように収束するはずだから，分母が 0 に収束するなら，当然，分子も 0 に収束するはずだ！

⇦ 分子・分母に $\sqrt{x^2+2x+8}+4$ をかけた。

⇦ $b=-4a=-4\times2=-8$ だね。

三角関数，対数関数の極限値

演習問題 6	難易度 ★★	CHECK 1	CHECK 2	CHECK 3

次の極限値を求めよ。

(1) $\displaystyle\lim_{x\to 0}\frac{(1-\cos x)\cdot\tan 2x}{x^3}$　　(2) $\displaystyle\lim_{x\to 0}\frac{e^x+x-1}{\sin x}$　（立教大）

(3) $\displaystyle\lim_{x\to\infty} x\{\log(x+2)-\log x\}$　（ただし，対数は自然対数）

ヒント！ (1) では，cos，tan の関数の極限の公式を使うんだね。(2) では，$x\to 0$ のとき 1 に近づく極限の公式が使える。(3) は，e に収束する極限の問題だ。公式をうまく使ってくれ。

解答＆解説

(1) $\displaystyle\lim_{\substack{x\to 0\\(\theta\to 0)}}\frac{1-\cos x}{x^2}\cdot\frac{\tan 2x}{2x}\cdot 2$　（$\frac{1-\cos x}{x^2}\to\frac{1}{2}$，$\frac{\tan 2x}{2x}\to 1$，$2x=\theta$）

分母の x^3 のうち x^2 を $1-\cos x$ に，x を $\tan 2x$ に振り分けた！

$=\dfrac{1}{2}\times 1\times 2=1$ ……………………………(答)

⇦ 公式より，$\displaystyle\lim_{x\to 0}\frac{1-\cos x}{x^2}=\frac{1}{2}$

$\displaystyle\lim_{\theta\to 0}\frac{\tan\theta}{\theta}=1$ だね。

(2) $\displaystyle\lim_{x\to 0}\frac{e^x+x-1}{\sin x}=\lim_{x\to 0}\left(\frac{e^x-1}{\sin x}+\frac{x}{\sin x}\right)$

$\displaystyle=\lim_{x\to 0}\left(\frac{e^x-1}{x}\cdot\frac{x}{\sin x}+\frac{x}{\sin x}\right)$　（それぞれ $\to 1$）

$=1\times 1+1=2$ ……………………………(答)

⇦ 公式：$\displaystyle\lim_{x\to 0}\frac{e^x-1}{x}=1$

$\displaystyle\lim_{x\to 0}\frac{\sin x}{x}=1$

$\displaystyle\left(\lim_{x\to 0}\frac{x}{\sin x}=1\right)$

を使える形に変形するんだね。

(3) $\displaystyle\lim_{x\to\infty} x\{\log(x+2)-\log x\}$

$\displaystyle=\lim_{x\to\infty} x\cdot\log\left(1+\frac{2}{x}\right)$

$\displaystyle=\lim_{x\to\infty}\log\left(1+\frac{2}{x}\right)^x$

この分子・分母を 2 で割る！

$\displaystyle=\lim_{\substack{x\to\infty\\(t\to\infty)}}\log\left\{\left(1+\frac{1}{\frac{x}{2}}\right)^{\frac{x}{2}}\right\}^2$　（$\frac{x}{2}=t$，$\to e$）

$=\log e^2=2$ ……………………………(答)

⇦ $\log(x+2)-\log x$

$\displaystyle=\log\frac{x+2}{x}$

$\displaystyle=\log\left(1+\frac{2}{x}\right)$

⇦ $\frac{x}{2}=t$ とおくと $x\to\infty$ より $t\to\infty$　よって，公式より

$\displaystyle\lim_{t\to\infty}\left(1+\frac{1}{t}\right)^t=e$ だ。

三角関数と e に関する極限値

演習問題 7 難易度 ★★ CHECK 1 CHECK 2 CHECK 3

次の極限値を求めよ。

(1) $\displaystyle\lim_{x\to0}\frac{x(1-e^x)}{\cos3x-\cos x}$　　(2) $\displaystyle\lim_{x\to0}\frac{e^{x\sin3x}-1}{x\cdot\log(x+1)}$

ヒント！ (1) は，分母に差→積の公式を使うと，話が見えてくるはずだ。(2) では，$x\sin3x=t$ とおいて，$\dfrac{e^t-1}{t}$ の形を作るといいよ。それにしても，複雑だね。

解答＆解説

(1) 分母：$\cos\underset{(\alpha+\beta)=A}{3x}-\cos\underset{(\alpha-\beta)=B}{x}=-2\sin\underset{\alpha=\frac{A+B}{2}}{2x}\cdot\sin\underset{\beta=\frac{A-B}{2}}{x}$ より，

$$与式=\lim_{x\to0}\frac{x(1-e^x)}{-2\sin2x\cdot\sin x}\quad\left[=\frac{0}{0}\text{ の不定形だ！}\right]$$

$$=\lim_{\substack{x\to0\\(t\to0)}}\frac{1}{2}\cdot\frac{1}{2}\cdot\underbrace{\frac{2x}{\sin2x}}_{\to1\ (2x=t)}\cdot\underbrace{\frac{x}{\sin x}}_{\to1}\cdot\underbrace{\frac{e^x-1}{x}}_{\to1}$$

$$=\frac{1}{4}\times1\times1\times1=\frac{1}{4}\quad\cdots\cdots\cdots\cdots(答)$$

(2) $\displaystyle\lim_{x\to0}\frac{e^{x\sin3x}-1}{x\cdot\log(x+1)}$　（$x\sin3x$ を t と考える）

$$=\lim_{x\to0}\frac{e^{x\sin3x}-1}{x\sin3x}\cdot\frac{\sin3x}{\log(x+1)}$$

$$=\lim_{\substack{x\to0\\(t\to0)\\(\theta\to0)}}\underbrace{\frac{e^{x\sin3x}-1}{x\sin3x}}_{\to1\ (x\sin3x=t)}\cdot\underbrace{\frac{\sin3x}{3x}}_{\to1\ (3x=\theta)}\cdot\underbrace{\frac{x}{\log(x+1)}}_{\to1}\cdot3$$

$$=1\times1\times1\times3=3\quad\cdots\cdots\cdots\cdots(答)$$

ココがポイント

⇦ 差→積の公式：
$\cos(\alpha+\beta)-\cos(\alpha-\beta)$
$=-2\sin\alpha\sin\beta$
を頭の中で導けた？

⇦ 公式：$\displaystyle\lim_{t\to0}\frac{t}{\sin t}=1$
$\displaystyle\lim_{x\to0}\frac{e^x-1}{x}=1$
を使った！

⇦ $x\cdot\sin3x=t$ とおくと，
$x\to0$ のとき
$t\to0\cdot\sin0=0$ だね。

⇦ 公式：$\displaystyle\lim_{t\to0}\frac{e^t-1}{t}=1$
$\displaystyle\lim_{\theta\to0}\frac{\sin\theta}{\theta}=1$
を使った。
また，$\displaystyle\lim_{x\to0}\frac{\log(x+1)}{x}=1$ より，
$\left(\dfrac{0.001}{0.001}\right)$
$\displaystyle\lim_{x\to0}\frac{x}{\log(x+1)}=1$ だ。

演習問題 8	難易度 ★★★	CHECK 1	CHECK 2	CHECK 3

関数 $f(x)=\lim_{n\to\infty}\dfrac{x^{2n+2}+ax^n+bx+a-b}{x^{2n}+(2-a)x^n+a}$ （a，b：定数）が，

$x>0$ において連続となるための a，b の条件を求めよ。

レクチャー **関数の連続**を解説する。

関数 $y=f(x)$ が $x=a$ で連続となるための条件は，

$\lim_{x\to a+0}f(x)=\lim_{x\to a-0}f(x)=f(a)$ である。

（$x\to a+0$：a より大きい側から a に近づける。）（$x\to a-0$：a より小さい側から a に近づける。）

図 1 のように，$y=f(x)$ が，$x=a$ で連続となるためには，a に⊕側から近づく極限と，⊖側から近づく極限が，実際の $x=a$ での値 $f(a)$ と一致しなければいけないんだね。図 2 の不連続のときのイメージと対比すれば，この意味がよくわかるはずだ。

図 1

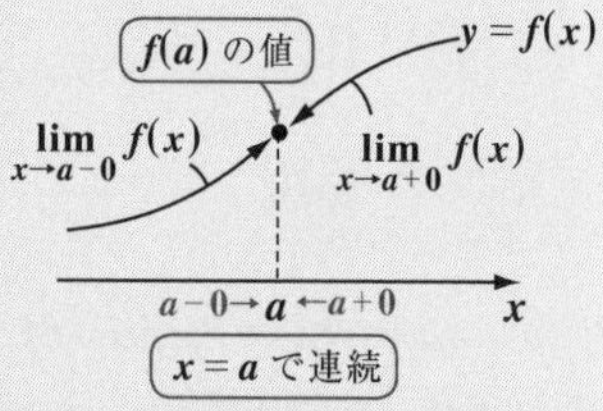

図 2

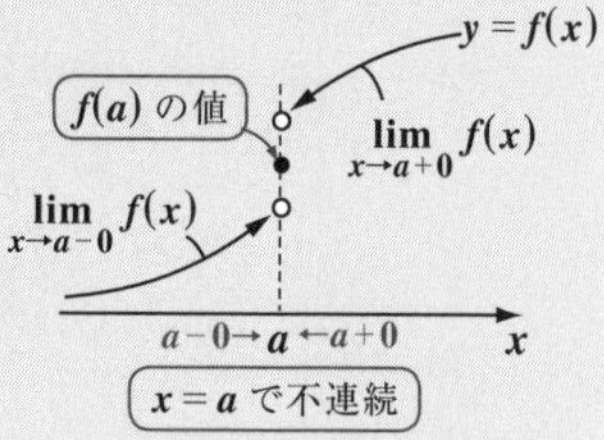

解答＆解説

$$f(x)=\lim_{n\to\infty}\frac{x^{2n+2}+ax^n+bx+a-b}{x^{2n}+(2-a)x^n+a}\quad (x>0)$$

について，

（ⅰ）$0<x<1$ のとき，

$$f(x)=\lim_{n\to\infty}\frac{\overset{\to 0}{x^{2n+2}}+a\overset{\to 0}{x^n}+bx+a-b}{\underset{\to 0}{x^{2n}}+(2-a)\underset{\to 0}{x^n}+a}$$

$$=\frac{1}{a}(bx+a-b)$$

ココがポイント

⇦ $\lim_{n\to\infty}x^n$ の形の問題で $x>0$ だから，今回は次の 3 つに場合分けだね。
（ⅰ）$0<x<1$
（ⅱ）$x=1$
（ⅲ）$1<x$

(ⅱ) $x=1$ のとき，

$$f(1)=\lim_{n\to\infty}\frac{\underbrace{1^{2n+2}}_{1}+a\cdot\underbrace{1^n}_{1}+b\cdot1+a-b}{\underbrace{1^{2n}}_{1}+(2-a)\cdot\underbrace{1^n}_{1}+a}$$

$$=\frac{1+a\cdot1+\cancel{b}+a-\cancel{b}}{1+(2-\cancel{a})\cdot1+\cancel{a}}=\frac{1}{3}(2a+1)$$

(ⅲ) $1<x$ のとき，

$$f(x)=\lim_{n\to\infty}\frac{x^2+a\left(\frac{1}{x}\right)^n+b\left(\frac{1}{x}\right)^{2n-1}+(a-b)\left(\frac{1}{x}\right)^{2n}}{1+(2-a)\left(\frac{1}{x}\right)^n+a\left(\frac{1}{x}\right)^{2n}}$$

$$=x^2$$

⇦ $x>1$ のとき，$\lim_{n\to\infty}\left(\frac{1}{x}\right)^n=0$ より，分子・分母を x^{2n} で割った！

以上(ⅰ)(ⅱ)(ⅲ)より，

$$f(x)=\begin{cases}\frac{1}{a}(bx+a-b) & (0<x<1)\\ \frac{1}{3}(2a+1) & (x=1)\\ x^2 & (1<x)\end{cases}$$

⇦ これから，$y=f(x)$ が不連続になる可能性があるのは，$x=1$ のときだけだね。だから逆に，$x=1$ のとき，$y=f(x)$ が連続となるようにすればいいわけだ。使う公式は，次の通りだ。

$$\lim_{x\to1+0}f(x)=\lim_{x\to1-0}f(x)=f(1)$$

よって，$x>0$ で $f(x)$ が連続となるためには，$x=1$ で連続になればいいから，

$$\lim_{x\to1+0}\underbrace{f(x)}_{x^2}=\lim_{x\to1-0}\underbrace{f(x)}_{\frac{1}{a}(bx+a-b)}=\underbrace{f(1)}_{\frac{1}{3}(2a+1)}$$

$$1^2=\underbrace{\frac{1}{a}(\cancel{b\cdot1}+a-\cancel{b})}_{1}=\frac{1}{3}(2a+1)$$

よって，$\frac{1}{3}(2a+1)=1$ より，

$a=1$，b は任意 ……………………………………(答)

⇦ $a=1$ の条件のみで，b はなんでもいいんだね。

どうだった？ 関数の連続性の問題にも慣れた？

ガウス記号と極限

演習問題 9　難易度 ★★★　CHECK 1　CHECK 2　CHECK 3

実数 x を超えない最大の整数を $[x]$ で表し，[ ] をガウス記号という。

(1) 関数 $f(x)=[\log x]$ は，$x=e$ で不連続であることを示せ。

(2) 不等式 $x-1<[x]\leqq x$ ……(＊) が成り立つことを示せ。

(3) 次の関数の極限を求めよ。

(i) $\displaystyle\lim_{x\to\infty}\frac{[\log x]}{\log x}$　　(ii) $\displaystyle\lim_{x\to\infty}\frac{[e^{x+1}]}{e^x}$　　(東京都市大＊)

ヒント！ **(1)** $\displaystyle\lim_{x\to e-0}f(x)\neq\lim_{x\to e+0}f(x)$ を示せばいい。**(2)** $[x]=n$ (整数) とおくと，$n\leqq x<n+1$ であることを利用しよう。**(3)** は **(2)** の不等式 (＊) を用いて，はさみ打ちにより極限を求めればいいんだね。頑張ろう！

解答＆解説

(1)(i) $1\leqq x<e$ のとき，$0\leqq\log x<1$ より

$$f(x)=[\log x]=0$$

(ii) $e\leqq x<e^2$ のとき，$1\leqq\log x<2$ より

$$f(x)=[\log x]=1$$

よって，

$$\lim_{x\to e-0}f(x)=\lim_{x\to e-0}[\log x]=0$$

$$\lim_{x\to e+0}f(x)=\lim_{x\to e+0}[\log x]=1 \text{ より}$$

$$\lim_{x\to e-0}f(x)\neq\lim_{x\to e+0}f(x)$$

よって，$y=f(x)=[\log x]$ は，$x=e$ で不連続である。……(終)

(2) $[x]=n$(整数) …① のとき，

$n\leqq x<n+1$ …② である。

よって，①を②に代入すると，

$$\underbrace{[x]\leqq x}_{(i)}<[x]+1 \quad (\text{(ii)}: x<[x]+1)$$

$$\begin{cases}(\text{i})\ [x]\leqq x\\ (\text{ii})\ x<[x]+1 \text{ より，} x-1<[x]\end{cases}$$

ココがポイント

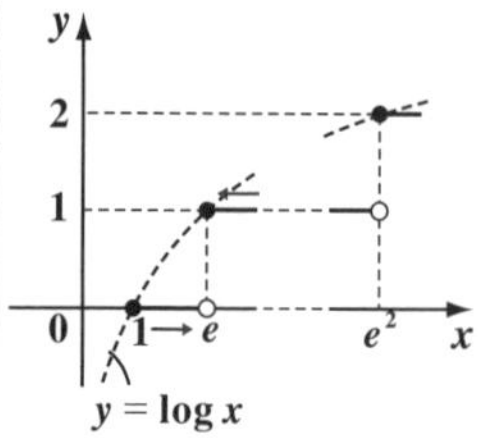

⇦ $f(x)$ が，$x=a$ で連続である条件は，
$\displaystyle\lim_{x\to a-0}f(x)=\lim_{x\to a+0}f(x)=f(a)$
だね。

⇦ たとえば，$[x]=2$ ならば x は，$2\leqq x<3$ の範囲の数なんだね。

以上(i)(ii)より,

$x-1<[x]\leqq x$ ……(*) は成り立つ。………(終)

⇦ ガウス記号の入った関数の極限の問題は，この不等式(*)により，はさみ打ちの原理を用いて解けばいい。

(3)(i) $[\log x]$ について，(*)の不等式を用いると，

$\log x-1<[\log x]\leqq \log x$ ……③

ここで，$x\to\infty$ の極限を考えるので，$x\gg 1$（"x は1より十分大きい" の意味）として，$\log x>0$ より，③の各辺を $\log x$ で割ると，

$$1-\frac{1}{\log x}<\frac{[\log x]}{\log x}\leqq 1$$

各辺の $x\to\infty$ の極限を求めると，

$$\lim_{x\to\infty}\left(1-\frac{1}{\log x}\right)\leqq\lim_{x\to\infty}\frac{[\log x]}{\log x}\leqq 1$$

（$\frac{1}{\log x}\to 0$）（等号を付ける）

「人間ならば，動物である」が真であるように範囲を広げることは許される。だから，$a<x\leqq b\Rightarrow a\leqq x\leqq b$ としてもいいんだね。

注意
もし，等号を付けなかったら，
$1<\lim_{x\to\infty}\frac{[\log x]}{\log x}\leqq 1$ となって，形式的に矛盾した不等式になるので，このような"はさみ打ち"の極限の問題では，等号を付けるようにしよう。
（この1は，極限値の1なので，本当は0.999…のような数だから矛盾ではないんだけどね。）

よって，はさみ打ちの原理より，

$$\lim_{x\to\infty}\frac{[\log x]}{\log x}=1 \text{ である。}$$ ………(答)

(ii) $[e^{x+1}]$ に(*)の不等式を用いると，

$e^{x+1}-1<[e^{x+1}]\leqq e^{x+1}$ ……④

$e^x>0$ より，④の各辺を e^x で割って，さらに $x\to\infty$ の極限を求めると，

⇦ $\frac{e^{x+1}-1}{e^x}<\frac{[e^{x+1}]}{e^x}\leqq\frac{e^{x+1}}{e^x}$

$e-\frac{1}{e^x}<\frac{[e^{x+1}]}{e^x}\leqq e$

$$\lim_{x\to\infty}\left(e-\frac{1}{e^x}\right)\leqq\lim_{x\to\infty}\frac{[e^{x+1}]}{e^x}\leqq e$$

（$\frac{1}{e^x}\to 0$）（等号を付ける）

よって，はさみ打ちの原理より，

$$\lim_{x\to\infty}\frac{[e^{x+1}]}{e^x}=e \text{ である。}$$ ………(答)

演習問題 10 難易度 ★★ CHECK1 CHECK2 CHECK3

点 $P(a, b)$ を曲線 $y=\sin^2 x \left(0<x<\dfrac{\pi}{2}\right)$ 上にとり，点 $Q\left(\sqrt{a^2+b^2}, 0\right)$ とし，直線 PQ と y 軸との交点を R とする。

(1) 原点を O とおくとき，線分 OR の長さを a，b で表せ。

(2) $\displaystyle\lim_{a\to+0}\frac{b}{a^2}$ を求めよ。

(3) 点 P が原点 O に近づくとき，点 R はどんな点に近づくか。

ヒント！ (1) $y=f(x)=\sin^2 x=\dfrac{1}{2}(1-\cos 2x)\left(0<x<\dfrac{\pi}{2}\right)$ のグラフを描き，直線 PQ の y 切片（点 R の y 座標）を求めよう。(2) の極限は簡単だね。(3) は，(2) の結果を用いて，点 P→点 O のときに，点 R が近づく点の座標を求めることができる。

解答&解説

(1) $y=f(x)=\sin^2 x=\dfrac{1}{2}(1-\cos 2x)\cdots$① $\left(0<x<\dfrac{\pi}{2}\right)$

とおき，この $y=f(x)$ 上の点 P を $P(a, b)$ とおく。（b は $f(a)=\sin^2 a$）

また，x 軸上に点 $Q\left(\sqrt{a^2+b^2}, 0\right)$ とおくと，直線 PQ は，傾きが $\dfrac{-b}{\sqrt{a^2+b^2}-a}$ で，点 $Q\left(\sqrt{a^2+b^2}, 0\right)$ を通るので，その方程式は，

$$y=\frac{-b}{\sqrt{a^2+b^2}-a}\left(x-\sqrt{a^2+b^2}\right)\cdots\cdots②$$ となる。

ここで，$x=0$ のとき，②は，

$$y=\frac{-b}{\sqrt{a^2+b^2}-a}\cdot\left(-\sqrt{a^2+b^2}\right)=\frac{b\sqrt{a^2+b^2}}{\sqrt{a^2+b^2}-a}$$

となり，これは点 R の y 座標である。よって，

$$OR=\frac{b\sqrt{a^2+b^2}}{\sqrt{a^2+b^2}-a}$$ である。……………………(答)

ココがポイント

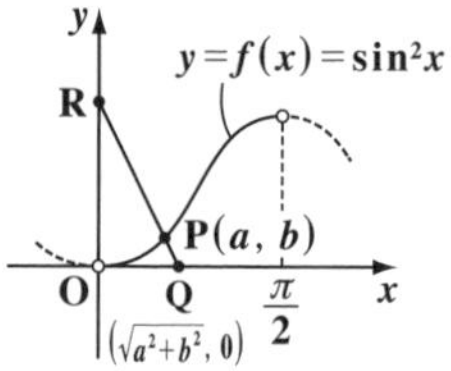

⇦ $x=0$ のときの，②の y が，点 R の y 座標である。

(2) ①より，$b=f(a)=\sin^2 a\ \left(0<a<\frac{\pi}{2}\right)$ だから，

求める極限は，

$$\lim_{a\to+0}\frac{b}{a^2}=\lim_{a\to+0}\frac{\sin^2 a}{a^2}$$

$$=\lim_{a\to+0}\Big(\underbrace{\frac{\sin a}{a}}_{1}\Big)^2=1^2=1 \text{ である。}\cdots\cdots\cdots(\text{答})$$

⇦ 公式：$\lim_{\theta\to 0}\frac{\sin\theta}{\theta}=1$

(3) 点 $P(a,\ \underset{\sin^2 a}{b})\to O(0,\ 0)$，すなわち，$a\to 0$ のとき，

⇦ $b=\sin^2 a$ より，
$a\to 0$ のとき，
$b\to\sin^2 0=0$ となって，
b は自動的に 0 に近づく。

点 $R\left(\underset{\text{これは定数}}{0},\ \frac{b\sqrt{a^2+b^2}}{\sqrt{a^2+b^2}-a}\right)$，すなわち，$R$ の y 座標の

極限を調べればよい。よって，

⇦ $a\to 0\ (b\to 0)$ のとき，
R の y 座標 $\to\frac{0\cdot\sqrt{0}}{\sqrt{0}-0}=\frac{0}{0}$
となって，これは $\frac{0}{0}$ の不定形だね。

$$\lim_{a\to+0}\frac{b\sqrt{a^2+b^2}}{\sqrt{a^2+b^2}-a}$$

分子・分母に $\sqrt{\ }+a$ をかける。

$$=\lim_{a\to+0}\frac{b\sqrt{a^2+b^2}\left(\sqrt{a^2+b^2}+a\right)}{\underbrace{\left(\sqrt{a^2+b^2}-a\right)\left(\sqrt{a^2+b^2}+a\right)}_{a^2+b^2-a^2=b^2}}$$

$$=\lim_{a\to+0}\frac{1}{b}\cdot\sqrt{a^2+b^2}\cdot\left(\sqrt{a^2+b^2}+a\right)$$

$$=\lim_{a\to+0}\frac{a^2}{b}\times\frac{\sqrt{a^2+b^2}}{a}\times\frac{\sqrt{a^2+b^2}+a}{a}$$

$$=\lim_{\substack{a\to+0\\(b\to+0)}}\frac{1}{\underbrace{\frac{b}{a^2}}_{1}}\times\sqrt{1+\underbrace{\frac{b}{a^2}}_{1}\times\underbrace{b}_{0}}\times\left(\sqrt{1+\underbrace{\frac{b}{a^2}}_{1}\times\underbrace{b}_{0}}+1\right)$$

⇦ (2)の結果より，
$\lim_{a\to+0}\frac{b}{a^2}=1$

$$=\frac{1}{1}\times\sqrt{1+1\times 0}\times\left(\sqrt{1+1\times 0}+1\right)$$

$$=1\times 1\times 2=2 \text{ である。}\cdots\cdots\cdots\cdots\cdots\cdots\cdots\cdots(\text{答})$$

数列と関数の極限の融合問題

演習問題 11	難易度 ★★★	CHECK 1	CHECK 2	CHECK 3

数列 $a_1, a_2, a_3, \cdots\cdots$ および $b_1, b_2, b_3, \cdots\cdots$ を $a_n=\sqrt{\dfrac{1+a_{n-1}}{2}}$ $(n\geqq 1)$,
$b_n=4^n(1-a_n)$ で定める。ただし，$a_0=a$ $(|a|<1)$ とする。
(1) $|a_n|<1$ $(n\geqq 1)$ を示せ。
(2) $a_n=\cos\theta_n$ $(n\geqq 0,\ 0<\theta_n<\pi)$ として，θ_n を θ_0 で表せ。
(3) $\displaystyle\lim_{n\to\infty} b_n$ を求めよ。 (名古屋市立大)

ヒント！ (1) は，数学的帰納法により証明しよう。(2) は，$a_n=\cos\theta_n$ のとき，半角の公式より，$\dfrac{1+a_{n-1}}{2}=\dfrac{1+\cos\theta_{n-1}}{2}=\cos^2\dfrac{\theta_{n-1}}{2}$ となることがポイントだね。そして，(3) の極限 $\displaystyle\lim_{n\to\infty} b_n$ では，関数の極限の公式 $\displaystyle\lim_{x\to 0}\frac{\sin x}{x}=1$ を利用することになるんだね。頑張ろう！

解答＆解説

$a_0=a$ $(|a|<1)$, $a_n=\sqrt{\dfrac{1+a_{n-1}}{2}}$ ……①

$b_n=4^n(1-a_n)$ ……② $(n=1, 2, 3, \cdots)$ について，

(1) $n=1, 2, 3, \cdots$ のとき，$|a_n|<1$,

すなわち $-1<a_n<1$ ……(*)

であることを数学的帰納法により示す。

(i) $n=0$ のとき，$a_0=a$ で，$|a|<1$ より，

(*)をみたす。

(ii) $n=k$ のとき，$(k=0, 1, 2, \cdots)$ のとき，

$|a_k|<1$, すなわち $-1<a_k<1$ …③と仮定すると，

③の各辺に 1 をたして 2 で割って，さらにその正の平方根をとっても大小関係は変わらないので，

$(-1<)\,0<\underbrace{\sqrt{\dfrac{1+a_k}{2}}}_{a_{k+1}}<1$ $\therefore -1<a_{k+1}<1$ より，

範囲は広げてもよい。

命題：「人間→動物」と同様

$|a_{k+1}|<1$ となって，(*)をみたす。

ココがポイント

⇦ただし，今回は，$n=0, 1,$ 2, … として，証明する。（0スタート）

⇦③の各辺に 1 をたして，2 で割って，
$0<\dfrac{a_k+1}{2}<1$
各辺の正の平方根をとって
$-1<0<\underbrace{\sqrt{\dfrac{a_k+1}{2}}}_{a_{k+1}}<\sqrt{1}=1$
となる。

以上(i)(ii)より，$n=0, 1, 2, \cdots$，すなわち
$n=1, 2, 3, \cdots$ において $|a_n|<1$ ……(*) は成り立つ。
………(終)

(2) $a_n=\cos\theta_n$ ……④ $(n=0, 1, 2, \cdots, 0<\theta_n<\pi)$ より，
$a_{n-1}=\cos\theta_{n-1}$ ……④′ $(n=1, 2, 3, \cdots, 0<\theta_{n-1}<\pi)$ を
①に代入すると，

$$0<\frac{\theta_{n-1}}{2}<\frac{\pi}{2}$$

$$a_n=\sqrt{\frac{1+\cos\theta_{n-1}}{2}}=\sqrt{\cos^2\frac{\theta_{n-1}}{2}}=\left|\cos\frac{\theta_{n-1}}{2}\right| \quad (\oplus)$$

$$=\cos\frac{\theta_{n-1}}{2} \text{ ……⑤ となる。}$$

⇦ 半角の公式：$\cos^2\frac{\theta}{2}=\frac{1+\cos\theta}{2}$

ここで，④，⑤より，
$a_n=\cos\theta_n=\cos\frac{\theta_{n-1}}{2}$ であり，$0<\frac{\theta_{n-1}}{2}<\frac{\pi}{2}$ より，

$\theta_n=\frac{1}{2}\theta_{n-1}$ $(n=1, 2, 3, \cdots)$ ←等比数列型漸化式

$\therefore \theta_n=\theta_0\cdot\left(\frac{1}{2}\right)^n=\frac{\theta_0}{2^n}$ ……⑥ $(n=0, 1, 2, \cdots)$

となる。 ……………………………………(答)

⇦
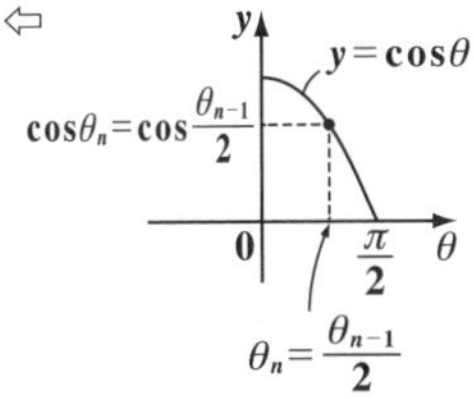

$\left(y=\cos\theta \left(0<\theta<\frac{\pi}{2}\right)\right.$ は1対1対応より，cos同士が等しければ，その角同士も等しくなる。)

(3) ②より，

$b_n=4^n(1-\underline{a_n})=4^n(\underline{1-\cos\theta_n})$ （④より）

$\frac{\theta_0}{2^n}$ （⑥より）　$2\sin^2\frac{\theta_n}{2}$ （半角の公式より）

$=2^{2n+1}\sin^2\frac{\theta_n}{2}=2^{2n+1}\sin^2\frac{\theta_0}{2^{n+1}}$ （⑥より）となる。

ここで，$x=\frac{\theta_0}{2^{n+1}}$ とおくと，$n\to\infty$ のとき $x\to 0$
となる。

⇦ $\lim_{n\to\infty}\frac{\theta_0}{2^{n+1}}=\frac{\theta_0}{\infty}=0$　（θ_0：定数）

よって，

$$\lim_{n\to\infty}b_n=\lim_{n\to\infty}2^{2n+1}\cdot\sin^2\frac{\theta_0}{2^{n+1}}=\lim_{n\to\infty}\frac{\theta_0^2}{2}\cdot\frac{2^{2n+2}}{\theta_0^2}\cdot\sin^2\frac{\theta_0}{2^{n+1}}$$

⇦ $2^{2n+1}=\frac{\theta_0^2}{2}\times\frac{2}{\theta_0^2}\times 2^{2n+1}=\frac{\theta_0^2}{2}\times\frac{2^{2n+2}}{\theta_0^2}$

$$=\lim_{n\to\infty}\frac{\theta_0^2}{2}\cdot\left(\frac{\sin\frac{\theta_0}{2^{n+1}}}{\frac{\theta_0}{2^{n+1}}}\right)^2=\lim_{x\to 0}\frac{\theta_0^2}{2}\cdot\left(\frac{\sin x}{x}\right)^2=\frac{\theta_0^2}{2}$$

（$\frac{\sin x}{x}\to 1$）

となる。 ……………………………………(答)

中間値の定理

演習問題 12	難易度 ★★★	CHECK 1	CHECK 2	CHECK 3

x の 3 次方程式 $(x-a)(x-3a)(x-4a)=(x-2a)^2$ …① (a：正の定数) が，$a<x<2a$，$2a<x<3a$，$4a<x$ の範囲にそれぞれ 1 つずつ実数解をもつことを示せ。

レクチャー **中間値の定理**を示そう。

$a \leqq x \leqq b$ で連続な関数 $f(x)$ について，$f(a) \neq f(b)$ ならば，$f(a)$ と $f(b)$ の間の実数 k に対して，$f(c)=k$ をみたす c が，a と b の間に少なくとも 1 つ存在する。

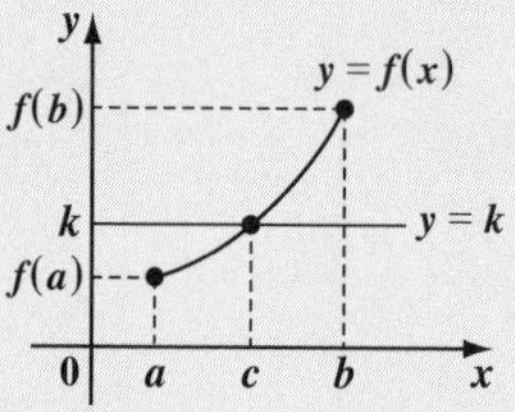

これは，グラフを見れば，明らかな定理だと思う。

そして，これは，方程式 $f(x)=0$ が実数解をもつことの証明に利用できる。たとえば，$a \leqq x \leqq b$ で関数 $f(x)$ が連続で，かつ $\underset{\ominus}{\underline{f(a)}}<0<\underset{\oplus}{\underline{f(b)}}$ であったとすると，中間値の定理により $f(c)=0$ をみたす c が a と b の間に必ず存在する。つまり右図のように方程式 $f(x)=0$ は，$a<x<b$ の範囲に少なくとも 1 つの実数解 c をもつことが示せるんだね。大丈夫？

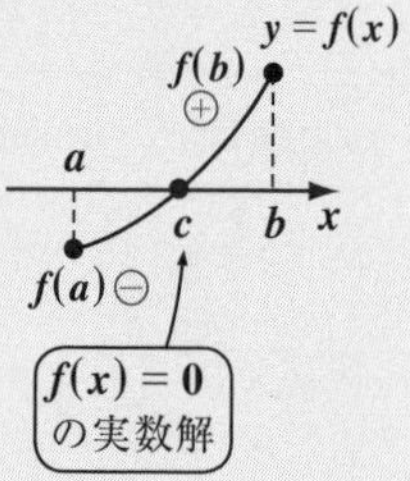

解答＆解説

①の x の 3 次方程式を変形して，

$(x-a)(x-3a)(x-4a)-(x-2a)^2=0$ ……①′

とし，①′を分解して，

$$\begin{cases} y=f(x)=(x-a)(x-3a)(x-4a)-(x-2a)^2 \\ y=0 \quad (x \text{ 軸}) \end{cases}$$

とおくと，$y=f(x)$ は，x の 3 次関数なので，

$-\infty<x<\infty$ の全範囲に渡って，連続な関数である。

ココがポイント

⇦ 中間値の定理を利用するために，$f(a)$，$f(2a)$，$f(3a)$，$f(4a)$ の符号を求めればいいんだね。

ここで，a は正の定数であることを考慮に入れて，$f(a)$，$f(2a)$，$f(3a)$，$f(4a)$ の符号を調べると

・$f(a)=\underbrace{(a-a)}_{0}(a-3a)(a-4a)-(a-2a)^2=-a^2<0$

・$f(2a)=(2a-a)(2a-3a)(2a-4a)-\underbrace{(2a-2a)}_{0}{}^2$
$=a\cdot(-a)\cdot(-2a)=2a^3>0$

・$f(3a)=(3a-a)\underbrace{(3a-3a)}_{0}(3a-4a)-(3a-2a)^2$
$=-a^2<0$

・$f(4a)=(4a-a)(4a-3a)\underbrace{(4a-4a)}_{0}-(4a-2a)^2$
$=-4a^2<0$

⇦ $f(a)<0$，$f(2a)>0$，$f(3a)<0$ より，
・$f(a)<0<f(2a)$ から，$f(x)=0$ は，$a<x<2a$ の範囲に実数解をもつ。
・$f(2a)>0>f(3a)$ から，$f(x)=0$ は，$2a<x<3a$ の範囲に実数解をもつ。

以上より，方程式 $f(x)=0$ …①′，すなわち①の方程式は，

(ⅰ) $f(a)<0<f(2a)$ より，中間値の定理から，
$a<x<2a$ の範囲に実数解をもつ。

(ⅱ) $f(2a)>0>f(3a)$ より，中間値の定理から，
$2a<x<3a$ の範囲に実数解をもつ。

(ⅲ) $f(4a)<0$，かつ $\lim_{x\to\infty}f(x)$ を調べると，

x^3 をくくり出した。

$$\lim_{x\to\infty}f(x)=\lim_{x\to\infty}\underbrace{x^3}_{\infty}\left\{\left(1-\underbrace{\frac{a}{x}}_{0}\right)\left(1-\underbrace{\frac{3a}{x}}_{0}\right)\left(1-\underbrace{\frac{4a}{x}}_{0}\right)-\underbrace{\frac{1}{x}}_{0}\left(1-\underbrace{\frac{2a}{x}}_{0}\right)^2\right\}$$
$$=\infty\cdot(1\times1\times1-0\times1)=\infty$$

よって，$4a<x$ の範囲に実数解をもつ。

3 次方程式 $f(x)=0$ …①′，すなわち①の方程式は，最大で 3 つの相異なる実数解をもつので，(ⅰ)(ⅱ)(ⅲ) より，$a<x<2a$，$2a<x<3a$，および，$4a<x$ の範囲にそれぞれ 1 つずつ，計 3 つの相異なる実数解をもつ。 ……………………………(終)

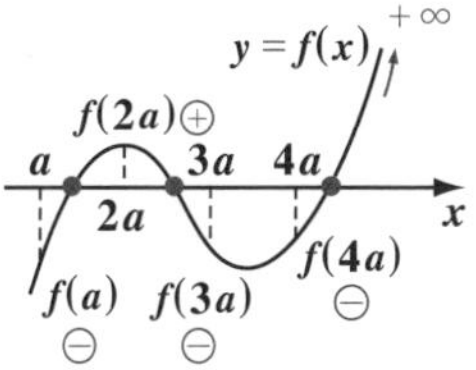

3 次関数 $y=f(x)$ のグラフのイメージがあれば一目瞭然だね。

講義 1 ● 関数の極限　公式エッセンス

1.　分数関数

(Ⅰ) 基本形：$y=\dfrac{k}{x}$　　(Ⅱ) 標準形：$y=\dfrac{k}{x-p}+q$

基本形を $(p,\ q)$ だけ平行移動したもの

2.　無理関数

(Ⅰ) 基本形：$y=\sqrt{ax}$　　(Ⅱ) 標準形：$y=\sqrt{a(x-p)}+q$

3.　逆関数

$y=f(x)$：**1** 対 **1** 対応の関数のとき，

$y=f(x)$ ←逆関数→ $x=f(y)$　← 元の関数の x と y を入れ替えたもの

$x=f(y)$ → $y=(x$ の式$)$ の形に変形 → $y=f^{-1}(x)$

$y=f^{-1}(x)$ と $y=f(x)$ は直線 $y=x$ に関して対称

4.　合成関数

$t=f(x)\ \cdots$①，$y=g(t)\ \cdots$②

①を②に代入して，合成関数：

$y=g\circ f(x)=g(f(x))$

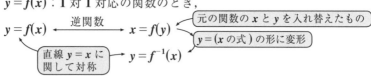

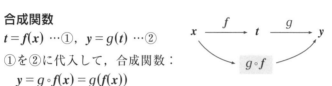

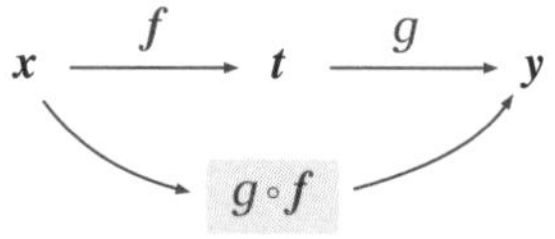

5.　三角関数の極限 (角度の単位：ラジアン)

(1) $\displaystyle\lim_{x\to 0}\frac{\sin x}{x}=1$　　(2) $\displaystyle\lim_{x\to 0}\frac{\tan x}{x}=1$　　(3) $\displaystyle\lim_{x\to 0}\frac{1-\cos x}{x^2}=\frac{1}{2}$

6.　自然対数の底 e に関する極限 (対数は自然対数)

(1) $\displaystyle\lim_{x\to\pm\infty}\left(1+\frac{1}{x}\right)^x=e$　　(2) $\displaystyle\lim_{h\to 0}(1+h)^{\frac{1}{h}}=e$

(3) $\displaystyle\lim_{x\to 0}\frac{\log(1+x)}{x}=1$　　(4) $\displaystyle\lim_{x\to 0}\frac{e^x-1}{x}=1$

7.　関数の連続

関数 $y=f(x)$ が $x=a$ で連続 $\iff \displaystyle\lim_{x\to a+0}f(x)=\lim_{x\to a-0}f(x)=f(a)$

8.　中間値の定理

区間 $a\leqq x\leqq b$ で連続な関数 $f(x)$ について，$f(a)\neq f(b)$ ならば，$f(a)$ と $f(b)$ の間の実数 k に対して，$f(c)=k$ をみたす c が，a と b の間に少なくとも **1** つ存在する。

講義
Lecture

2 微分法とその応用（数学 III）

テーマ

- ▶微分係数・導関数の定義と計算
- ▶グラフの概形を描くテクニック
- ▶微分法の方程式・不等式への応用
- ▶速度・加速度，近似式

講義2 微分法とその応用

これから，**微分法**の講義に入る。“**微分する**”ってことは，“**導関数を求める**”ってことなんだね。そして，この導関数を求めることにより，曲線の接線や法線，関数のグラフの概形，そして方程式の実数解の個数など，さまざまな問題が解けるようになるんだね。

この導関数を求める方法は，実は**2**通り，つまり(i)定義式から極限として求める方法と，(ii)公式を駆使してテクニカルに求める方法の**2**つがある。このどちらも大切だけれど，最終的には，(ii)のテクニカルに，スイスイと導関数が計算できるように指導するつもりだ。

それでは，微分法の講義の重要ポイントを挙げておこう。

- **微分係数 $f'(a)$，導関数 $f'(x)$ を，極限の定義式で求めること。**
- **導関数や微分係数を，公式を駆使してテクニカルに求めること。**
- **微分法のさまざまな応用問題に慣れること。**

§1. 導関数は，テクニカルに攻略しよう！

● 微分係数を定義式から求めよう！

微分係数を定義式で求めるための公式を書いておくから，まず頭に入れておこう。

微分係数の定義式

$$f'(a)=\lim_{h\to 0}\frac{f(a+h)-f(a)}{h} \quad \text{(i)の定義式}$$

$$=\lim_{h\to 0}\frac{f(a)-f(a-h)}{h} \quad \text{(ii)の定義式}$$

$$=\lim_{b\to a}\frac{f(b)-f(a)}{b-a} \quad \text{(iii)の定義式}$$

右辺の定義式の極限は，すべて $\frac{0}{0}$ の不定形だ！

この右辺の $\frac{0}{0}$ の極限がある値に収束するとき，それを $f'(a)$ とおく。
もし，これがある値に収束しないときは，微分係数 $f'(a)$ は存在しないという。

まず，(ⅰ)の定義式から解説する。図 1 のように，曲線 $y=f(x)$ 上に 2 点 $A(a,\ f(a))$，$B(a+h,\ f(a+h))$ をとり，直線 AB の傾きを求めると，$\frac{f(a+h)-f(a)}{h}$ となるね。これを**平均変化率**と呼ぶ。

ここで，$h\to 0$ として，極限を求めると，

$$\lim_{h\to 0}\frac{f(a+h)-f(a)}{h}=\frac{0}{0}$$ の不定形になる。

そして，これが極限値をもつときに，これを**微分係数** $f'(a)$ とおく。

つまり，$f'(a)=\lim_{h\to 0}\frac{f(a+h)-f(a)}{h}$ となるわけだ。

これが極限値をもつとき，$f'(a)$ は存在する。

これをグラフで見ると，図 2 のように，$h\to 0$ のとき，$a+h\to a$ となるので，点 B は限りなく点 A に近づくね。結局，図 3 のように，直線 AB は，曲線 $y=f(x)$ 上の点 $A(a,\ f(a))$ における**接線**に限りなく近づくから，$f'(a)$ はこの点 A における接線の傾きを表すんだね。わかった？

ここで，図 1 の $a+h$ を，$a+h=b$ とおくと，平均変化率は，図 4 のように $\frac{f(b)-f(a)}{b-a}$ となる。ここで，$b\to a$ とすると，同様に $f'(a)$ が得られるのがわかるね。これが，(ⅲ)の定義式だ。

図 1　平均変化率は直線 AB の傾き

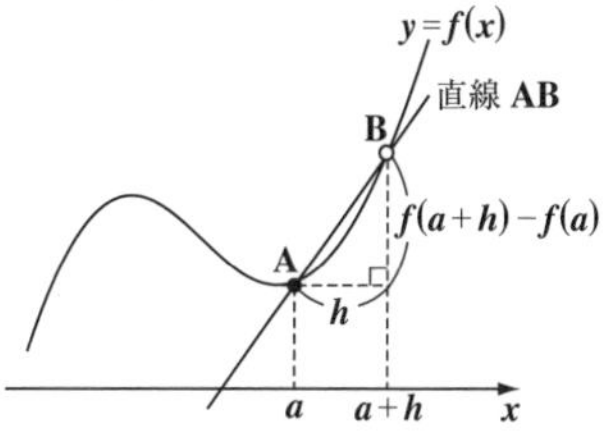

図 2　微分係数 $f'(a)$ は，極限から求まる

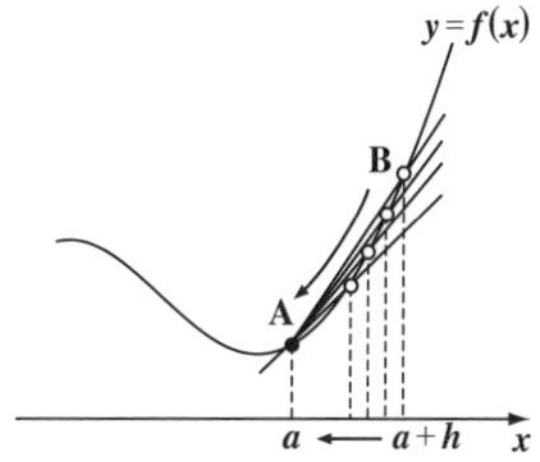

図 3　微分係数 $f'(a)$ は，接線の傾き

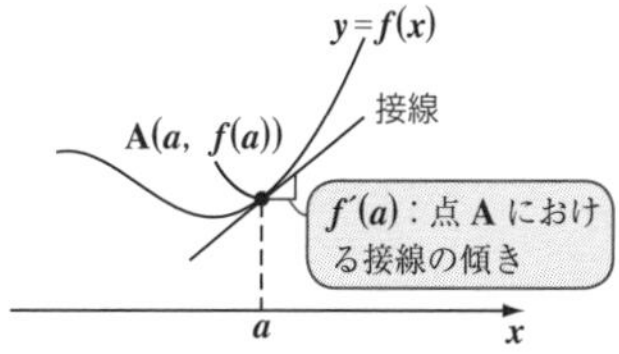

図 4　$a+h=b$ とおいても，$f'(a)$ は求まる

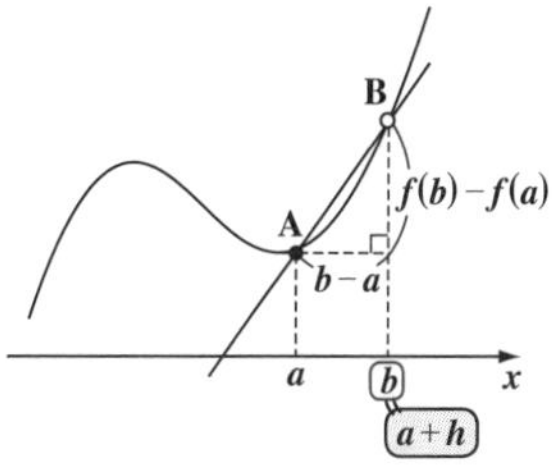

また，(ⅱ)の定義式は，$\mathrm{A}(a,\ f(a))$，$\mathrm{B}(a-h,\ f(a-h))$ とおいて，平均変化率を求め，$h \to 0$ として $f'(a)$ を求めたものなんだ。

これらの定義式の意味を詳しく話したけれど，実際に問題を解く場合は，これらの公式をうまく使いこなすことが重要なんだ。次の例題で，ウォーミング・アップしよう。

◆例題 5◆

微分係数 $f'(a)$ が存在するとき，次の極限を $f'(a)$ で表せ。

$$\lim_{h \to 0} \frac{f(a+3h)-f(a-2h)}{h}$$

解答

$$\lim_{h \to 0} \frac{f(a+3h)-f(a-2h)}{h}$$

（$f(a)$ を引いた分，$f(a)$ をたす！）

$$= \lim_{h \to 0} \frac{\{f(a+3h)-f(a)\}+\{f(a)-f(a-2h)\}}{h}$$

（(ⅰ)の定義式）（(ⅱ)の定義式）

$$= \lim_{\substack{h \to 0 \\ h' \to 0 \\ h'' \to 0}} \left\{ \frac{f(a+\overset{h'}{3h})-f(a)}{\underset{h'}{3 \cdot h}} \times 3 + \frac{f(a)-f(a-\overset{h''}{2h})}{\underset{h''}{2 \cdot h}} \times 2 \right\}$$

（$\to f'(a)$，$\to f'(a)$）

（$h \to 0$ のとき $3h \to 0$ より，$h' \to 0$ となる。）

（$h \to 0$ のとき $2h \to 0$ より，$h'' \to 0$ となるね。）

$$= f'(a) \times 3 + f'(a) \times 2 = 5f'(a)$$ ……………………………………………(答)

微分係数の定義式と，その使い方にも慣れた？　この問題では，$h \to 0$ のとき，$3h \to 0$，$2h \to 0$ だから $h' \to 0$，$h'' \to 0$ となって，2つの微分係数の定義式を導くことがポイントだったんだね。

それでは次，導関数の解説に入ろう。ステップ・バイ・ステップにマスターしていけば，数学って，どんどん強くなっていくからね。焦ることはないよ。

● 導関数の定義式は，微分係数とよく似ている！

次，導関数 $f'(x)$ の定義式を下に示そう。

導関数の定義式

$$f'(x)=\lim_{h\to 0}\frac{f(x+h)-f(x)}{h}$$

$$=\lim_{h\to 0}\frac{f(x)-f(x-h)}{h}$$

右辺の定義式の極限は，いずれも $\frac{0}{0}$ の不定形だ！

この右辺の $\frac{0}{0}$ の極限が，ある x の関数に収束するとき，それを $f'(x)$ とおく。もし，これがある x の関数に収束しないときは，導関数 $f'(x)$ は存在しないという。

微分係数 $f'(a)$ の定義式とソックリだね。定数 a の代わりに，変数 x を使ったものが，導関数 $f'(x)$ の定義式になっているんだね。

ただし，$f'(x)$ は，x の関数なのに対して，微分係数 $f'(a)$ は，この変数 x に定数 a を代入して求まるある値（接線の傾き）なんだね。

それでは，$f(x)=\sqrt{x}$ の導関数 $f'(x)$ を，この定義式を使って求めてみよう。公式って，使いながら覚えるのが一番いいんだよ。

$$f'(x)=\lim_{h\to 0}\frac{f(x+h)-f(x)}{h}=\lim_{h\to 0}\frac{\sqrt{x+h}-\sqrt{x}}{h}\quad\left[=\frac{0}{0}\text{ の不定形}\right]$$

$$=\lim_{h\to 0}\frac{\left(\sqrt{x+h}-\sqrt{x}\right)\left(\sqrt{x+h}+\sqrt{x}\right)}{h\left(\sqrt{x+h}+\sqrt{x}\right)}$$

（分子は $x+h-x=h$）

分子・分母に $\sqrt{x+h}+\sqrt{x}$ をかけて分子を有理化した。

$$=\lim_{h\to 0}\frac{h}{h\left(\sqrt{x+h}+\sqrt{x}\right)}$$

$\frac{0}{0}$ の不定形の要素が消えた！

$$=\lim_{h\to 0}\frac{1}{\sqrt{x+h}+\sqrt{x}}=\frac{1}{\sqrt{x}+\sqrt{x}}=\frac{1}{2\sqrt{x}}\qquad\therefore f'(x)=\frac{1}{2\sqrt{x}}$$

なるほど導関数って，x の関数だね。

このようにして，導関数が求まったら，この x にある値 a を代入して，微分係数 $f'(a)$ が計算できる。でも，実は導関数の計算って，こんな極限の式を使わなくても，公式からアッという間に求められるんだ。

● 導関数 $f'(x)$ をテクニックで求めよう！

導関数 $f'(x)$ を極限から求める方法を示したけれど，実践的に導関数を求める場合，こんな極限の式は使わない。次に示す**微分計算の 8 つの知識と 3 つの公式**を使って，テクニカルに求めることになる。これらの公式を使えば，どんな複雑な関数だって，簡単に微分できるようになるんだ。まず，これらの公式を下にまとめて示すから，頭に入れてくれ。

微分計算 (8 つの知識)

(1) $(x^{\alpha})' = \alpha x^{\alpha-1}$　(2) $(\sin x)' = \cos x$

(3) $(\cos x)' = -\sin x$　(4) $(\tan x)' = \dfrac{1}{\cos^2 x}$

(5) $(e^x)' = e^x \quad (e \fallingdotseq 2.7)$　(6) $(a^x)' = a^x \cdot \log a$

(7) $(\log x)' = \dfrac{1}{x} \quad (x > 0)$　(8) $\{\log f(x)\}' = \dfrac{f'(x)}{f(x)} \quad (f(x) > 0)$

(ただし，対数はすべて自然対数，$a > 0$ かつ $a \neq 1$)

(7)，(8) は，$x < 0$ や $f(x) < 0$ のときでも対応できるように，次の公式も覚えておこう。

(7)′ $(\log|x|)' = \dfrac{1}{x} \quad (x \neq 0)$　(8)′ $\{\log|f(x)|\}' = \dfrac{f'(x)}{f(x)} \quad (f(x) \neq 0)$

微分計算 (3 つの公式)

$f(x) = f$，$g(x) = g$ と簡単に表すことにする。

(1) $(f \cdot g)' = f' \cdot g + f \cdot g'$

(2) $\left(\dfrac{g}{f}\right)' = \dfrac{g' \cdot f - g \cdot f'}{f^2}$ ← $\left(\dfrac{分子}{分母}\right)' = \dfrac{(分子)' \cdot 分母 - 分子 \cdot (分母)'}{(分母)^2}$ と口ずさみながら覚えるといい！

(3) 合成関数の微分

$$y' = \frac{dy}{dx} = \frac{dy}{dt} \cdot \frac{dt}{dx}$$ ← 複雑な関数の微分で威力を発揮する！

まず，微分計算の **8** つの知識は，理屈抜きで覚えてくれ。そうすれば，さっきやった $\sqrt{x}$ の微分なんて，この **(1)** の知識だけで求まる。

$$(\sqrt{x})' = \left(x^{\frac{1}{2}}\right)' = \frac{1}{2} \cdot x^{\frac{1}{2}-1} = \frac{1}{2}x^{-\frac{1}{2}} = \frac{1}{2} \cdot \frac{1}{\sqrt{x}} = \frac{1}{2\sqrt{x}}$$

（$\alpha = \frac{1}{2}$）

どう？　アッサリ計算できるでしょ。威力がわかった？

それでは，簡単な微分計算の練習をして，**3** つの公式も使う，より本格的な例題にチャレンジしてみよう。

(1) $y = 3\sin x - 2\cos x$　を微分すると，次のようになる。

$$\begin{aligned} y' &= (3\sin x - 2\cos x)' \\ &= 3(\sin x)' - 2(\cos x)' \\ &= 3\cos x - 2(-\sin x) \\ &= 3\cos x + 2\sin x \end{aligned}$$

たし算や引き算は項別に微分できる！係数は，別にして後でかける！

(2) $y = \log(x^2+1)$ も微分すると，

$$y' = \{\log(x^2+1)\}' = \frac{(x^2+1)'}{x^2+1} = \frac{2x}{x^2+1}$$ となって答えだね。

$(\log f)' = \frac{f'}{f}$ を使った！

それでは，次の例題を解いてみてごらん。これで，微分計算に必要な **8** つの知識と，**3** つの公式が使いこなせるようになるはずだ。この微分計算に強くなると，後で出てくる積分計算も楽にこなせるようになるんだ。頑張ろう！

◆例題 6◆

次の関数を微分して，導関数を求めよ。

(1) $y = e^x \cdot \sin x$　　(2) $y = x \cdot 2^x$　　(3) $y = \dfrac{\log x}{x}$

(4) $y = \dfrac{\sin x}{\cos x}$　　(5) $y = (x^2+1)^4$　　(6) $y = e^{-x^2}$

解答

(1)，**(2)** では公式 $(f \cdot g)' = f' \cdot g + f \cdot g'$ を使い，**(3)**，**(4)** は分数関数の微分公式 $\left(\dfrac{g}{f}\right)' = \dfrac{g' \cdot f - g \cdot f'}{f^2}$ を使う。**(5)**，**(6)** は合成関数の微分だ！

(1) $y' = (e^x \cdot \sin x)' = \underset{\sim}{(e^x)'} \cdot \sin x + e^x \cdot \underline{(\sin x)'}$ ← $(f\cdot g)' = f'\cdot g + f\cdot g'$ だね。

($(e^x)' = e^x$, $(\sin x)' = \cos x$)

$= e^x \sin x + e^x \cos x = e^x(\sin x + \cos x)$ ……………………………(答)

(2) $y' = (x \cdot 2^x)' = x' \cdot 2^x + x(2^x)'$ ← $(f\cdot g)' = f'\cdot g + f\cdot g'$

($x' = 1$, $(2^x)' = 2^x \cdot \log 2$)

$= 1 \cdot 2^x + x \cdot 2^x \cdot \log 2 = 2^x(1 + x \cdot \log 2)$ ……………………………(答)

(3) $y' = \left(\dfrac{\log x}{x}\right)'$

$= \dfrac{(\log x)' \cdot x - \log x \cdot x'}{x^2}$

($(\log x)' = \dfrac{1}{x}$, $x' = 1$)

公式 $\left(\dfrac{g}{f}\right)' = \dfrac{g'\cdot f - g\cdot f'}{f^2}$ は

$\left(\dfrac{分子}{分母}\right)' = \dfrac{(分子)'\cdot 分母 - 分子\cdot(分母)'}{(分母)^2}$

と，言葉で覚えると忘れないと思う！

$= \dfrac{1 - \log x}{x^2}$ ……………………………(答)

(4) $y' = \left(\dfrac{\sin x}{\cos x}\right)' = \dfrac{(\sin x)' \cos x - \sin x (\cos x)'}{\cos^2 x}$

($\dfrac{\sin x}{\cos x} = \tan x$, $(\sin x)' = \cos x$, $(\cos x)' = -\sin x$)

$= \dfrac{\cos^2 x + \sin^2 x}{\cos^2 x} = \dfrac{1}{\cos^2 x}$ …(答)

($\cos^2 x + \sin^2 x$ は 1だ！)

実は，これって，$(\tan x)' = \dfrac{1}{\cos^2 x}$ を示したんだよ。気付いた？

(5) これは，合成関数の微分を使うとウマクいくよ。導関数 y' は，

$y' = \dfrac{dy}{dx}$ と表すんだけれど，これに dt をからめて次のように表せる。

（$\dfrac{dy}{dx}$："y を x で微分する" という意味）

$y' = \dfrac{dy}{dx} = \dfrac{dy}{dt} \times \dfrac{dt}{dx}$ これが，合成関数の微分だ。

（$\dfrac{dy}{dt}$：y を t で微分，$\dfrac{dt}{dx}$：t を x で微分）

見かけ上，dt で割った分，dt をかけている。

今回，$y = (x^2+1)^4$ の x^2+1 を $x^2+1 = t$ とおくよ。すると，$y = t^4$ だね。よって，

$y' = \dfrac{dy}{dx} = \dfrac{d(y)}{dt} \cdot \dfrac{d(t)}{dx} = \dfrac{d(t^4)}{dt} \cdot \dfrac{d(x^2+1)}{dx} = 4 \cdot t^3 \times 2x$

（$y = t^4$，$t = x^2+1$；t^4 を t で微分，x^2+1 を x で微分；t は (x^2+1) にもどす。）

$= 8x \cdot (x^2+1)^3$　となって答えだ。

複雑な関数の微分に，この合成関数の微分は威力を発揮する！

(6) $y = e^{-x^2}$ の微分でも合成関数の微分を使うよ。$-x^2 = t$ とおく。

y を x で微分すると，

$$y' = \left(e^{-x^2}\right)' = e^{-x^2}\cdot(-2x) = -2x\cdot e^{-x^2}$$ となって答えだ。

慣れると，t は頭の中だけで処理できるので，このペースで微分できる。

この種あかしをすると，

$$y' = \frac{dy}{dx} = \frac{dy}{dt}\cdot\frac{dt}{dx} = \frac{d(e^t)}{dt}\cdot\frac{d(-x^2)}{dx} = e^t\cdot(-2x) = e^{-x^2}\cdot(-2x)$$ だ！

● $\lim_{x\to 0}\frac{\sin x}{x} = 1$ はこうして導ける！

$(\sin x)' = \cos x$ を基にすると，$\lim_{x\to 0}\frac{\sin x}{x} = 1$ は次のように導ける。x を h におきかえても，極限に変化はないので，

$$\lim_{x\to 0}\frac{\sin x}{x} = \lim_{h\to 0}\frac{\sin h}{h} = \lim_{h\to 0}\frac{\overset{f(0+h)}{\sin(0+h)} - \overset{f(0)}{\sin 0}}{h}$$ とおける。

これは 0 だから，引いても変化しない。

ここで，$f(x) = \sin x$ とおくと，これを x で微分して，

$f'(x) = (\sin x)' = \cos x$ だね。これに $x = 0$ を代入して，微分係数 $f'(0)$ は，

$f'(0) = \cos 0 = 1$ となる。

さァ，これでオシマイだ！　なぜって？

$$\lim_{x\to 0}\frac{\sin x}{x} = \lim_{h\to 0}\frac{f(0+h) - f(0)}{h} = f'(0) = 1$$ となるからだ。

これは，微分係数 $f'(0)$ の定義式だ！

$\therefore \lim_{x\to 0}\frac{\sin x}{x} = 1$ だ！

これと同様に，$\lim_{x\to 0}\frac{e^x - 1}{x} = 1$，$\lim_{x\to 0}\frac{\log(x+1)}{x} = 1$ も導ける。これらについては，演習問題 14 でやってみよう。微分係数の定義式と，導関数の公式をうまく組み合わせるといいんだ。だんだん面白くなってきたでしょう？

● 対数微分法も利用しよう！

関数 $y=f(x)$ の導関数が直接求めづらいとき，両辺の絶対値をとり，さらにその自然対数をとって，$\log|y|=\log|f(x)|$ とした上で，この両辺を x で微分して，導関数 y' を求める手法を，“**対数微分法**”という。

◆例題 7◆

関数 $y=\sqrt[3]{\dfrac{(x+1)^3}{(x-1)^2(x+2)}}$ …① $(x\neq 1,\ -2)$ の導関数 $y'=\dfrac{dy}{dx}$ を対数微分法を使って，求めよ。

解答

①の両辺の絶対値をとって，さらに，その自然対数をとると，

$$\log|y|=\log\left|\frac{(x+1)^3}{(x-1)^2(x+2)}\right|^{\frac{1}{3}}=\frac{1}{3}\log\frac{|x+1|^3}{|x-1|^2|x+2|}$$ より

$$\log|y|=\frac{1}{3}\{3\log|x+1|-2\log|x-1|-\log|x+2|\}\ \cdots②$$ となる。

②の両辺を x で微分すると，

$$\frac{1}{y}\cdot\frac{dy}{dx}=\frac{1}{3}\left(3\cdot\frac{1}{x+1}-2\cdot\frac{1}{x-1}-\frac{1}{x+2}\right)$$

$$\frac{d}{dx}(\log|y|)=\frac{dy}{dx}\cdot\frac{d}{dy}(\log|y|)=\frac{dy}{dx}\cdot\frac{1}{y}$$

右辺の（ ）内

$$=\frac{3}{x+1}-\frac{2}{x-1}-\frac{1}{x+2}$$
$$=\frac{3x-3-2x-2}{(x+1)(x-1)}-\frac{1}{x+2}$$
$$=\frac{x-5}{(x+1)(x-1)}-\frac{1}{x+2}$$
$$=\frac{(x-5)(x+2)-(x^2-1)}{(x+1)(x-1)(x+2)}$$
$$=\frac{-3x-9}{(x+1)(x-1)(x+2)}$$

$$\frac{1}{y}\cdot\frac{dy}{dx}=-\frac{3}{3}\cdot\frac{x+3}{(x+1)(x-1)(x+2)}$$

よって，求める導関数 $y'=\dfrac{dy}{dx}$ は，

$$\frac{dy}{dx}=-y\frac{x+3}{(x+1)(x-1)(x+2)}$$
$$=-\left\{\frac{(x+1)^3}{(x-1)^2(x+2)}\right\}^{\frac{1}{3}}\cdot\frac{x+3}{(x+1)(x-1)(x+2)}$$
$$=-\frac{(x+1)(x+3)}{(x+1)(x-1)^{\frac{5}{3}}(x+2)^{\frac{4}{3}}}$$
$$=-\frac{x+3}{(x-1)^{\frac{5}{3}}(x+2)^{\frac{4}{3}}}$$ ……………………（答）

● 高次導関数は，表記法に要注意だ！

$y=f(x)$ が，x で n 回微分可能な関数であるとき，$y=f(x)$ を順に n 回 x で微分した導関数を**第 n 次導関数**と呼び，

$y^{(n)}=f^{(n)}(x)=\dfrac{d^ny}{dx^n}=\dfrac{d^n}{dx^n}f(x)\quad(n=1,\ 2,\ 3,\ \cdots)$ などと表す。そして，

> したがって，第 1 次導関数 $y'=f'(x)$ は，$y^{(1)}=f^{(1)}(x)$ と表せる。また，第 2 次導関数 $y''=f''(x)$ は，$y^{(2)}=f^{(2)}(x)$ と表してもいいし，第 3 次導関数 $y'''=f'''(x)$ は，$y^{(3)}=f^{(3)}(x)$ と表すこともある。

$n\geqq 2$ のとき，$y^{(n)}=f^{(n)}(x)$ を**高次導関数**と呼ぶことも覚えておこう。

(ex1) $y=\cos x$ の第 n 次導関数を求めよう。

$$y'=y^{(1)}=(\cos x)'=-\sin x\ ,\quad y''=y^{(2)}=(\underbrace{-\sin x}_{y'})'=-\cos x$$

$$y'''=y^{(3)}=(\underbrace{-\cos x}_{y''})'=\sin x\ ,\quad y''''=y^{(4)}=(\underbrace{\sin x}_{y'''})'=\cos x$$

（4 回目の微分で元に戻った！）

以降の微分は 4 回毎に同様の結果となるので，$k=1,\ 2,\ 3,\ \cdots$のとき

$$y^{(n)}=(\cos x)^{(n)}=\begin{cases}-\sin x & (n=4k-3\text{ のとき})\\ -\cos x & (n=4k-2\text{ のとき})\\ \sin x & (n=4k-1\text{ のとき})\\ \cos x & (n=4k\text{ のとき})\end{cases}\quad\text{となる。}$$

(ex2) $y=x^n$ の第 n 次導関数を求めよう。

$$y'=y^{(1)}=(x^n)'=n\cdot x^{n-1}\ ,\quad y''=y^{(2)}=(\underbrace{n\cdot x^{n-1}}_{y'})'=n(n-1)x^{n-2}$$

$$y'''=y^{(3)}=\{\underbrace{n(n-1)x^{n-2}}_{y''}\}'=n(n-1)(n-2)x^{n-3}$$

以下同様にして，第 n 次導関数 $y^{(n)}=(x^n)^{(n)}$ は

$$y^{(n)}=(x^n)^{(n)}=n\cdot(n-1)\cdot(n-2)\cdot\cdots\cdot 3\cdot 2\cdot\underbrace{1}_{\{n-(n-1)\}}\cdot x^{\overset{n-n}{0}}$$

$$=n\cdot(n-1)\cdot(n-2)\cdot\cdots\cdot 3\cdot 2\cdot 1=n!\ \text{ となる。}$$

演習問題 13	難易度 ★	CHECK 1	CHECK 2	CHECK 3

(1) $f'(0)=1$ のとき，次の極限を求めよ。

$$\lim_{x\to0}\frac{f(\sin 3x)-f(0)}{x}$$

(2) 微分可能な関数 $f(x)$ について，次の極限を $f'(x)$ で表せ。

$$\lim_{h\to0}\frac{f(x+2h)-f(x)}{\sin h}$$

（東京電機大）

ヒント！ (1)，(2) ともに，微分係数や導関数の定義式を使って，極限を求める問題だ。(1) は，$\sin 3x=h$ とおくと話が見えてくるだろう。(2) は，導関数の定義式にもち込み，さらに $2h=h'$ とおくとうまくいく。

解答＆解説

(1) $f'(0)=1$ は与えられているね。

$$\lim_{x\to0}\frac{f(\sin 3x)-f(0)}{x}=\lim_{x\to0}\frac{f(0+\underbrace{\sin 3x}_{h})-f(0)}{x}$$

よって，

1番目の微分係数の定義式

$$与式=\lim_{\substack{x\to0\\h\to0\\x'\to0}}\underbrace{\frac{f(0+\sin 3x)-f(0)}{\sin 3x}}_{\to f'(0)}\times\underbrace{\frac{\sin 3x}{3x}}_{\to 1}\times 3$$

（$\sin 3x = h$，$3x = x'$）

$$=\underbrace{f'(0)}_{1}\times1\times3=1\times1\times3=3 \cdots\cdots\cdots\cdots(答)$$

(2) 与式を変形して，

$$\lim_{h\to0}\frac{f(x+2h)-f(x)}{\sin h}$$

$$=\lim_{h\to0}2\cdot\underbrace{\frac{h}{\sin h}}_{\to1}\cdot\underbrace{\frac{f(x+2h)-f(x)}{2h}}_{\to f'(x)}$$

公式：$\displaystyle\lim_{x\to0}\frac{x}{\sin x}=1$

$$=2\cdot1\cdot f'(x)=2f'(x) \cdots\cdots\cdots\cdots\cdots\cdots(答)$$

ココがポイント

⇦ $\sin 3x=h$ とおくと，$x\to0$ のとき，$h\to0$ となるね。（$0=\sin 3\cdot 0$）

⇦ $3x=x'$ とおくと，$x\to0$ のとき，$x'\to0$ だね。

⇦ 導関数の定義式
$f'(x)=\displaystyle\lim_{h\to0}\frac{f(x+h)-f(x)}{h}$
にもち込む。

⇦ $2h=h'$ とおくと，
$\displaystyle\lim_{h'\to0}\frac{f(x+h')-f(x)}{h'}=f'(x)$
となる。

微分係数の定義と極限

演習問題 14 難易度 ★★ CHECK 1 CHECK 2 CHECK 3

$(e^x)' = e^x$, $(\log x)' = \dfrac{1}{x}$ を利用して，次の極限を求めよ。

(1) $\displaystyle\lim_{x\to 0}\frac{e^x-1}{x}$　(2) $\displaystyle\lim_{x\to 0}\frac{\log(x+1)}{x}$　(3) $\displaystyle\lim_{x\to 1}\frac{\log x}{x-1}$

ヒント！ (1), (2) の極限が 1 になることは知っているはずだ。これを，微分係数の定義式を使って導くんだね。(1) は，$f(x)=e^x$, (2), (3) は $f(x)=\log x$ とおくとうまくいくよ。頑張れ！

解答＆解説

ココがポイント

(1) x を h でおきかえても同じだから，

$$\lim_{x\to 0}\frac{e^x-1}{x}=\lim_{h\to 0}\frac{e^h-1}{h}=\lim_{h\to 0}\frac{e^{0+h}-e^0}{h}$$

($\frac{0}{0}$ の不定形) ($e^{0+h}=f(0+h)$, $e^0=f(0)=1$)

⇦ $f(x)=e^x$ とおくと，与式 $=[\,f'(0)$ の定義式$\,]$ となるんだね。

ここで，$f(x)=e^x$ とおくと，$f'(x)=e^x$

よって，$f'(0)=e^0=1$

$$\therefore \text{与式}=\lim_{h\to 0}\frac{f(0+h)-f(0)}{h}=f'(0)=1 \cdots(\text{答})$$

⇦ $\displaystyle\lim_{x\to 0}\frac{e^x-1}{x}=1$ を導いたんだね。

(2) x を h でおきかえてもいいので，

$$\lim_{x\to 0}\frac{\log(x+1)}{x}=\lim_{h\to 0}\frac{\log(1+h)-\log 1}{h}$$

($\frac{0}{0}$ の不定形) ($\log(1+h)=f(1+h)$, $\log 1=f(1)$) (これは 0 だから引いてもいいよね。)

⇦ $f(x)=\log x$ とおくと，与式 $=[\,f'(1)$ の定義式$\,]$ となるんだね。

$f(x)=\log x$ とおくと，$f'(x)=\dfrac{1}{x}$　$\therefore f'(1)=1$

$$\therefore \text{与式}=\lim_{h\to 0}\frac{f(1+h)-f(1)}{h}=f'(1)=1 \cdots(\text{答})$$

⇦ $\displaystyle\lim_{x\to 0}\frac{\log(x+1)}{x}=1$ を導いたんだね。

(3) $$\lim_{x\to 1}\frac{\log x}{x-1}=\lim_{x\to 1}\frac{\log x-\log 1}{x-1}$$

($\frac{0}{0}$ の不定形) ($\log x=f(x)$, $\log 1=f(1)=0$)

ここで，$f(x)=\log x$ とおくと，$f'(x)=\dfrac{1}{x}$

⇦ これは，(2) と同様だ。

$\therefore f'(1)=1$

$$\therefore \text{与式}=\lim_{x\to 1}\frac{f(x)-f(1)}{x-1}=f'(1)=1 \cdots\cdots(\text{答})$$

⇦ $f'(1)$ の (iii) の定義式だ！

どう？　微分係数の定義式にも慣れた？

関数の積と商の微分，合成関数の微分

演習問題 15	難易度 ★	CHECK 1	CHECK 2	CHECK 3

次の関数を微分せよ。

(1) $y = e^x \cos x$　(2) $y = x \log x$　(3) $y = \dfrac{x}{x^2+1}$

(4) $y = e^{-x}$　(5) $y = \dfrac{1}{\sqrt{x^2+1}}$

ヒント！ (1), (2) は，関数の積の微分，(3) は，関数の商の微分公式を使う。(4), (5) は，合成関数の微分公式で求める。

解答＆解説

(1) $y' = (e^x \cos x)' = \underbrace{(e^x)'}_{e^x} \cos x + e^x \underbrace{(\cos x)'}_{-\sin x}$

$= e^x(\cos x - \sin x)$ ……………………(答)

⇦ $(f \cdot g)' = f' \cdot g + f \cdot g'$ の公式を使った！

(2) $y' = (x \cdot \log x)' = \underbrace{x'}_{1} \cdot \log x + x \cdot \underbrace{(\log x)'}_{\frac{1}{x}}$

$= \log x + 1$ ……………………(答)

⇦ $(f \cdot g)' = f' \cdot g + f \cdot g'$ の公式を使った！

(3) $y' = \left(\dfrac{x}{x^2+1}\right)' = \dfrac{\underbrace{x'}_{1}(x^2+1) - x\underbrace{(x^2+1)'}_{2x}}{(x^2+1)^2}$

$= \dfrac{-x^2+1}{(x^2+1)^2}$ ……………………(答)

⇦ 公式：$\left(\dfrac{g}{f}\right)' = \dfrac{g' \cdot f - g \cdot f'}{f^2}$ を使った！

(4) $y = e^{\overset{t}{(-x)}}$ の $-x$ を t とおいて，

$y' = \dfrac{dy}{dx} = \dfrac{d(\overset{y}{e^t})}{dt} \cdot \dfrac{d(\overset{t}{-x})}{dx} = e^{\overset{-x}{t}}(-1) = -e^{-x}$

……(答)

⇦ 合成関数の微分公式：$\dfrac{dy}{dx} = \dfrac{d\overset{(e^t)}{y}}{dt} \cdot \dfrac{d\overset{(-x)}{t}}{dx}$ を使った。

(5) $y = \dfrac{1}{\sqrt{x^2+1}} = (\overset{t}{x^2+1})^{-\frac{1}{2}}$　$t = x^2+1$ とおいて

$y' = \dfrac{dy}{dx} = \dfrac{d(\overset{y}{t^{-\frac{1}{2}}})}{dt} \cdot \dfrac{d(\overset{t}{x^2+1})}{dx} = -\dfrac{1}{2}t^{-\frac{3}{2}} \cdot 2x$

$= -\dfrac{x}{(x^2+1)^{\frac{3}{2}}} = -\dfrac{x}{(x^2+1)\sqrt{x^2+1}}$ ……(答)

⇦ 合成関数の微分公式：$\dfrac{dy}{dx} = \dfrac{d\overset{(t^{-\frac{1}{2}})}{y}}{dt} \cdot \dfrac{d\overset{(x^2+1)}{t}}{dx}$ を使った。

どう？ 微分計算にも少しは慣れた？

合成関数の微分

演習問題 16	難易度 ★	CHECK 1	CHECK 2	CHECK 3

次の関数を微分せよ。

(1) $y=\sin 2x$　　(2) $y=\sin^3(2x+1)$　(北見工大)

(3) $y=\tan^2 x$　　(4) $y=x(\log x)^2$　　(5) $y=\dfrac{e^{-x}}{x}$

ヒント！ すべて，合成関数の微分の公式 $\dfrac{dy}{dx}=\dfrac{dy}{dt}\cdot\dfrac{dt}{dx}$ を使うよ。さらに (4), (5) は $(f\cdot g)'$ や $\left(\dfrac{g}{f}\right)'$ の公式とも組み合わせている。

解答＆解説

(1) $y'=(\sin\underbrace{2x}_{t})'=\underbrace{\cos 2x}_{\cos t}\times(2x)'$

$=2\cos 2x$ ………………(答)

⇦ $2x=t$ とおくと，$\dfrac{dy}{dx}=\underbrace{\dfrac{d(\sin t)}{dt}}_{\cos t}\times\underbrace{\dfrac{d(2x)}{dx}}_{2}$ だ。

(2) $y'=(\sin^3\underbrace{(2x+1)}_{u})'$

$=3\sin^2(2x+1)\times(\sin(\underbrace{2x+1}_{t}))'$ ← これがさらに合成関数の微分だね。

$=3\sin^2(2x+1)\times\cos(2x+1)\times(2x+1)'$

$=6\sin^2(2x+1)\cdot\cos(2x+1)$ ………………(答)

⇦ $\sin(2x+1)=u$ とおくと，$\dfrac{dy}{dx}=\underbrace{\dfrac{d(u^3)}{du}}_{3u^2}\times\dfrac{du}{dx}$

(3) $y'=(\tan^2\underbrace{x}_{u})'=2\tan x\times\underbrace{(\tan x)'}_{\frac{1}{\cos^2 x}}$

$=\dfrac{2\tan x}{\cos^2 x}$ ………………(答)

⇦ $\tan x=u$ とおくと，$\dfrac{dy}{dx}=\dfrac{d(u^2)}{du}\times\dfrac{d(\tan x)}{dx}$

(4) $y'=\underbrace{x'}_{1}(\log x)^2+x\underbrace{\{(\underbrace{\log x}_{t})^2\}'}_{2(\log x)\cdot\frac{1}{x}}$ ← ここに合成関数の微分を使った！

$=(\log x)^2+2\log x$ ………………(答)

⇦ $(f\cdot g)'=f'g+f\cdot g'$ の公式を使った！

(5) $y'=\left(\dfrac{e^{-x}}{x}\right)'=\dfrac{\overbrace{(e^{\overset{t}{-x}})'}^{e^{-x}\cdot(-x)'=-e^{-x}}\cdot x-e^{-x}\cdot\overset{1}{x'}}{x^2}$ ← 合成関数の微分！

$=\dfrac{-x\cdot e^{-x}-e^{-x}}{x^2}=-\dfrac{(x+1)e^{-x}}{x^2}$ ………………(答)

⇦ $\left(\dfrac{g}{f}\right)'=\dfrac{g'\cdot f-g\cdot f'}{f^2}$ の公式を使った。

⇦ $(e^{-x})'$ は，$-x=t$ とおいて，$\dfrac{d(e^t)}{dt}\times\dfrac{d(-x)}{dx}=e^{\overset{-x}{t}}\cdot(-1)$ だ。

対数関数の微分，対数微分法

演習問題 17	難易度 ★★	CHECK 1	CHECK 2	CHECK 3

次の関数を微分せよ。

(1) $y = \log\left(x + \sqrt{x^2+1}\right)$　　(2) $y = (\sqrt{x})^x \quad (x > 0)$　（東京理科大）

ヒント！ (1) は対数関数の微分と合成関数の微分の融合問題だ。(2) は，両辺の自然対数をとった後で，微分するとうまくいく。

解答＆解説

(1) $y' = \dfrac{\left(x + \sqrt{x^2+1}\right)'}{x + \sqrt{x^2+1}} = \dfrac{x' + \left\{\left(x^2+1\right)^{\frac{1}{2}}\right\}'}{x + \sqrt{x^2+1}}$

（tとおいて合成関数の微分）

$= \dfrac{1 + \dfrac{1}{2}(x^2+1)^{-\frac{1}{2}} \cdot 2x}{x + \sqrt{x^2+1}} = \dfrac{1 + \dfrac{x}{\sqrt{x^2+1}}}{x + \sqrt{x^2+1}}$

（分子・分母に $\sqrt{x^2+1}$ をかける。）

$= \dfrac{\sqrt{x^2+1} + x}{\sqrt{x^2+1}\left(x + \sqrt{x^2+1}\right)} = \dfrac{1}{\sqrt{x^2+1}}$ …………(答)

(2) $y = \left(x^{\frac{1}{2}}\right)^x = x^{\frac{x}{2}}$ $(x > 0)$ の両辺は正より，この両辺の自然対数をとって，$\log y = \log x^{\frac{x}{2}}$

（これ，真数条件）

$\therefore \log y = \dfrac{x}{2} \cdot \log x \qquad 2\log y = x\log x$ ……①

この両辺を x で微分すると，

①の右辺 $= (x\log x)' = x'\log x + x(\log x)'$

$= \log x + 1$

①の左辺 $= 2(\log y)' = 2\dfrac{d(\log y)}{dx}$

$= 2\dfrac{d(\log y)}{dy} \cdot \dfrac{dy}{dx} = \dfrac{2}{y} \cdot y'$

（$\dfrac{dy}{dx}$：これ y' のこと）

以上より，$\dfrac{2}{y} \cdot y' = \log x + 1$

$\therefore y' = \dfrac{1}{2}y(\log x + 1) = \dfrac{1}{2}x^{\frac{x}{2}}(\log x + 1)$ …(答)

（y は $x^{\frac{x}{2}}$ に戻す！）

ココがポイント

⇦ $(\log f)' = \dfrac{f'}{f}$ だね。

⇦ $\left\{(x^2+1)^{\frac{1}{2}}\right\}'$
$= \dfrac{1}{2}t^{-\frac{1}{2}} \cdot (x^2+1)'$
$= \dfrac{1}{2}(x^2+1)^{-\frac{1}{2}} \cdot 2x$
となる。

⇦ $y = x^{(x\text{の式})}$ の形の微分が出てきたら，両辺の自然対数をとることだ！ これは重要なポイントだ。

⇦ $(f \cdot g)' = f' \cdot g + f \cdot g'$ だ。

⇦ $\log y$ は，x の直接の関数ではないので，まず y で微分して，それに $\dfrac{dy}{dx}$ をかける。これも，合成関数の微分の考え方と同じだね。

対数微分法

演習問題 18 難易度 ★★ CHECK1 CHECK2 CHECK3

次の関数の導関数 $y'=\dfrac{dy}{dx}$ を，対数微分法を用いて求めよ。$(x>0$ とする$)$

(1) $y=\left(\sqrt[3]{x}\right)^{x^2}$ （関西大）　(2) $y=(1+x)^{\frac{1}{1+x}}$ （東京理科大）

ヒント！ 対数微分法を利用しよう。(1)，(2) 共に，正の関数なので，絶対値をとる必要はない。両辺の自然対数をとって，微分しよう。

解答＆解説

(1) $x>0$ より，$y=\left(x^{\frac{1}{3}}\right)^{x^2}=x^{\frac{x^2}{3}}>0$ である。

よって，この両辺の自然対数をとって，

$$\log y=\frac{1}{3}x^2\log x$$

⇦ $\log x^{\frac{x^2}{3}}=\dfrac{x^2}{3}\log x$

この両辺を x で微分して，

$$\frac{1}{y}\cdot y'=\frac{1}{3}\left(2x\cdot\log x+x^2\cdot\frac{1}{x}\right)$$

⇦ $\dfrac{d}{dx}(\log y)=\dfrac{dy}{dx}\cdot\underbrace{\dfrac{d}{dy}(\log y)}_{\frac{1}{y}}$

$$\therefore\ y'=\frac{1}{3}\cdot y\cdot(2x\cdot\log x+x)$$

$$=\frac{1}{3}\cdot x^{\frac{x^2}{3}+1}\cdot(2\log x+1)\cdots\cdots\text{(答)}$$

(2) $x>0$ より，$y=(1+x)^{\frac{1}{1+x}}>0$ である。

よって，この両辺の自然対数をとって，

$$\log y=\frac{\log(1+x)}{1+x}$$

⇦ $\log(1+x)^{\frac{1}{1+x}}=\dfrac{1}{1+x}\cdot\log(1+x)$

この両辺を x で微分して，

$$\frac{1}{y}\cdot y'=\frac{\frac{1}{\cancel{1+x}}\cdot\cancel{(1+x)}-\log(1+x)\cdot 1}{(1+x)^2}$$

⇦ $\left(\dfrac{g}{f}\right)'=\dfrac{g'\cdot f-g\cdot f'}{f^2}$

$$\therefore\ y'=y\cdot\frac{1-\log(1+x)}{(1+x)^2}$$

$$=(1+x)^{\frac{1}{1+x}}\cdot\frac{1-\log(1+x)}{(1+x)^2}$$

⇦ $\dfrac{(1+x)^{\frac{1}{1+x}}}{(1+x)^2}=(1+x)^{\frac{1}{1+x}-2}=(1+x)^{\frac{-1-2x}{1+x}}$

$$=(1+x)^{-\frac{1+2x}{1+x}}\{1-\log(1+x)\}\cdots\cdots\text{(答)}$$

陰関数の微分，媒介変数表示関数の微分

演習問題 19　難易度 ★★　CHECK 1　CHECK 2　CHECK 3

(1) 次の陰関数の導関数 y' を，x と y で表せ。

$$x^2+xy+y^2=1$$

(2) 次の媒介変数表示された関数の導関数 y' を，θ で表せ。

$$x=\cos^3\theta,\quad y=\sin^3\theta$$

レクチャー

(1) 陰関数の微分

一般に，$y=f(x)$ の形で表されるものを**陽関数**といい，(1) のように x と y が入り組んだ形の関数を**陰関数**という。

陰関数の場合，その両辺を強引に x で微分することがコツだ。

(2) 媒介変数表示された関数の微分

$$\begin{cases} x=f(\theta) \\ y=f(\theta) \end{cases}\quad (\theta:\text{媒介変数})$$

（x も y も θ の関数）

のとき，

$$y'=\frac{dy}{dx}=\frac{\dfrac{dy}{d\theta}}{\dfrac{dx}{d\theta}}$$

$\dfrac{dx}{d\theta}$ と $\dfrac{dy}{d\theta}$ を別々に計算した後，このように割り算の形にして導関数 y' を求める！

解答＆解説

(1) $x^2+xy+y^2=1$ ……① の両辺を x で微分する。

$(x^2)'=2x$，$(xy)'=x'\cdot y+x\cdot y'=y+xy'$

$(y^2)'=2y\cdot y'$，$(1)'=0$ より，

$2x+y+xy'+2y\cdot y'=0$　これをまとめて，

$$(x+2y)\cdot y'=-2x-y\quad \therefore\ y'=-\frac{2x+y}{x+2y}\ \cdots(\text{答})$$

（y' を x と y の式で表した！）

(2) $x=\cos^3\theta$，$y=\sin^3\theta$　(θ: 媒介変数)

$$\frac{dx}{d\theta}=(\underbrace{\cos}_{u}{}^3\theta)'=\underbrace{3\cos^2\theta}_{\frac{dx}{du}}\cdot\underbrace{(\cos\theta)'}_{\frac{du}{d\theta}}=-3\sin\theta\cos^2\theta$$

$$\frac{dy}{d\theta}=(\underbrace{\sin}_{v}{}^3\theta)'=\underbrace{3\sin^2\theta}_{\frac{dy}{dv}}\cdot\underbrace{(\sin\theta)'}_{\frac{dv}{d\theta}}=3\sin^2\theta\cos\theta$$

以上より，求める導関数 y' は，

$$y'=\frac{dy}{dx}=\frac{\dfrac{dy}{d\theta}}{\dfrac{dx}{d\theta}}=\frac{3\sin^2\theta\cos\theta}{-3\sin\theta\cos^2\theta}=-\tan\theta$$

………(答)

ココがポイント

⇦ $(y^2)'=\dfrac{d(y^2)}{dx}=\dfrac{d(y^2)}{dy}\cdot\dfrac{dy}{dx}=2y\cdot y'$

（y^2 はまず，y で微分する）

（合成関数の微分だ！）

⇦ $u=\cos\theta$ とおくと，

$$\frac{dx}{d\theta}=\frac{d(u^3)}{du}\cdot\frac{d(\cos\theta)}{d\theta}$$

⇦ $v=\sin\theta$ とおくと，

$$\frac{dy}{d\theta}=\frac{d(v^3)}{dv}\cdot\frac{d(\sin\theta)}{d\theta}$$

⇦ 結局，$\dfrac{\sin\theta}{-\cos\theta}=-\tan\theta$ だね。

逆関数の微分

演習問題 20 難易度 ★★ CHECK 1 CHECK 2 CHECK 3

関数 $x=\sin y\ \left(-1<x<1,\ -\frac{\pi}{2}<y<\frac{\pi}{2}\right)$ について，導関数 $y'=\frac{dy}{dx}$ を求めよ。

レクチャー 関数が，$x=f(y)$ の形で与えられたとき，$y'=\frac{dy}{dx}$ は，$y=f^{-1}(x)$（$f(x)$ の逆関数）の導関数のことなんだね。でも，与えられているのは $x=f(y)$ の形の式なので，まず，$\frac{dx}{dy}$ $(=(x\text{ の式}))$ を求め，これから，導関数

$$y'=\frac{dy}{dx}=\frac{1}{\frac{dx}{dy}}$$

（分子・分母を dy で割った形だ。）（$\frac{dx}{dy}$ を $(x$ の式$)$ にする）

を求めればいいんだね。大丈夫？

解答＆解説

$x=\sin y$ ……① より，まず $\frac{dx}{dy}$ を求めると，

$$\frac{dx}{dy}=\frac{d}{dy}(\sin y)=(\sin y)'=\underline{\cos y}$$

（$-\frac{\pi}{2}<y<\frac{\pi}{2}$ より，これは⊕）

$$=\sqrt{1-\sin^2 y}=\underline{\sqrt{1-x^2}}\quad ……②\ (①より)$$

このように，$\frac{dx}{dy}$ を $(x$ の式$)$ で表せば，後は，$y'=\frac{dy}{dx}=\frac{1}{\frac{dx}{dy}}$ として，y' が求まるんだね。（$\frac{dx}{dy}$：x の式）

よって，求める導関数 y' は，②より，

$$y'=\frac{dy}{dx}=\frac{1}{\frac{dx}{dy}}=\frac{1}{\sqrt{1-x^2}}$$ となる。 ………………（答）

ココがポイント

⇦ $\frac{dx}{dy}$ は，x を y で微分したもの。

⇦ $\cos^2 y+\sin^2 y=1$ より，$\cos y=\pm\sqrt{1-\sin^2 y}$ だけれど，$-\frac{\pi}{2}<y<\frac{\pi}{2}$ より，$\cos y>0$ だね。よって，$\cos y=\sqrt{1-\sin^2 y}$

高次導関数

演習問題 21	難易度 ★★★	CHECK 1	CHECK 2	CHECK 3

関数 $f(x)=\log\left(x+\sqrt{x^2+1}\right)$ について，次の問いに答えよ。

(1) $f'(x)$ と $f''(x)$ を求め，$(x^2+1)f''(x)+xf'(x)=0$ ……$(*1)$ が成り立つことを示せ。

(2) 任意の自然数 n に対して，次の等式が成り立つことを，数学的帰納法を用いて証明せよ。

$$(x^2+1)f^{(n+1)}(x)+(2n-1)x\cdot f^{(n)}(x)+(n-1)^2\cdot f^{(n-1)}(x)=0 \quad \cdots(*2)$$

（ただし，$f^{(0)}(x)=f(x)$，また自然数 k に対して，$f^{(k)}(x)$ は $f(x)$ の第 k 次導関数を表す。）

（東京都立大学＊）

ヒント！ (1) の $f'(x)$ と $f''(x)$ は，微分公式通りに求めよう。(2) は，まず，$n=1$ のときに成り立つことを示す。次に，$n=k$ のとき成り立つと仮定して，$n=k+1$ のときも成り立つことを示せばいい。これが数学的帰納法だ。

解答＆解説

(1) $f(x)=\log\left\{x+(x^2+1)^{\frac{1}{2}}\right\}$ を x で微分する。

$$f'(x)=\frac{\left\{x+(x^2+1)^{\frac{1}{2}}\right\}'}{x+(x^2+1)^{\frac{1}{2}}}=\frac{1+\frac{1}{2}(x^2+1)^{-\frac{1}{2}}\cdot 2x}{x+\sqrt{x^2+1}}$$

$$=\frac{\sqrt{x^2+1}+x}{\left(x+\sqrt{x^2+1}\right)\sqrt{x^2+1}}$$

← 分子・分母に $\sqrt{x^2+1}$ をかけた。

$$=\frac{1}{\sqrt{x^2+1}}=(x^2+1)^{-\frac{1}{2}} \quad \cdots\cdots ① \text{ となる。}$$

①をさらに x で微分して，

$$f''(x)=\left\{(x^2+1)^{-\frac{1}{2}}\right\}'=-\frac{1}{2}(x^2+1)^{-\frac{3}{2}}\cdot 2x$$

$$=-\frac{x}{(x^2+1)\sqrt{x^2+1}} \quad \cdots\cdots ② \text{ となる。}$$

①，②を $(x^2+1)\cdot f''(x)+x\cdot f'(x)$ に代入すると

ココがポイント

⇦ 分子の $\left\{(x^2+1)^{\frac{1}{2}}\right\}'$ は，$x^2+1=t$ とおいて，合成関数の微分を行えばいいんだね。これは，演習問題 17(1) と同じ問題だね。

$$\cancel{(x^2+1)}\cdot\left\{-\frac{x}{\cancel{(x^2+1)}\sqrt{x^2+1}}\right\}+x\cdot\frac{1}{\sqrt{x^2+1}}=0$$

ココがポイント

よって，$(x^2+1)\cdot f''(x)+x\cdot f'(x)=0$ ……$(*1)$

は成り立つ。 ……………………………………(終)

(2) $n=1,\ 2,\ 3,\ \cdots$ のとき

$$(x^2+1)f^{(n+1)}(x)+(2n-1)x\cdot f^{(n)}(x)+(n-1)^2\cdot f^{(n-1)}(x)=0 \quad \cdots(*2)$$

が成り立つことを，数学的帰納法により証明する。

(ⅰ) $n=1$ のとき，$(*2)$ の左辺は，

$$(x^2+1)f^{(2)}(x)+x\cdot f^{(1)}(x)+0\cdot f^{(0)}(x)$$
$$=(x^2+1)f''(x)+x\cdot f'(x)=0 \quad ((*1)\text{ より})$$

よって，$(*2)$ は成り立つ。

(ⅱ) $n=k\ (k=1,\ 2,\ 3,\ \cdots)$ のとき $(*2)$ が成り立つ，すなわち

$$(x^2+1)f^{(k+1)}(x)+(2k-1)x\cdot f^{(k)}(x)+(k-1)^2\cdot f^{(k-1)}(x)=0 \quad \cdots③$$

が成り立つものとして，$n=k+1$ のときについて調べる。③の両辺を x で微分して，

$$2x\cdot f^{(k+1)}(x)+(x^2+1)f^{(k+2)}(x)$$
$$+(2k-1)\{1\cdot f^{(k)}(x)+x\cdot f^{(k+1)}(x)\}+(k-1)^2f^{(k)}(x)=0$$

これをまとめて，

$$(x^2+1)f^{(k+2)}(x)+\{2x+(2k-1)x\}f^{(k+1)}(x)$$
$$+\{2k-1+(k-1)^2\}f^{(k)}(x)=0$$

$$(x^2+1)f^{(k+2)}(x)+(2k+1)x\cdot f^{(k+1)}(x)+k^2f^{(k)}(x)=0$$

$n=k+1$ のときの $(*2)$ の式だね。

よって，$n=k+1$ のときも $(*2)$ は成り立つ。

以上(ⅰ)，(ⅱ)から，数学的帰納法により，任意の自然数 n に対して，$(*2)$ は成り立つ。…(終)

§2. 微分法を応用すれば，グラフも楽に描ける！

みんな，微分計算にも慣れた？ それでは，これから，“**微分法の応用**”の講義に入ろう。文字通り，微分法を応用して，次のようなさまざまなテーマの問題が解けるようになるんだ。

- **平均値の定理**
- **曲線の接線・法線 (2 曲線の共接条件など)**
- **関数のグラフの概形**

エッ？ 難しそうだって？ 大丈夫。また，わかりやすく教えるからね。特に関数のグラフの描き方については，とっておきの方法を教えるので，楽しみにしてくれ。

● 導関数の符号から，元の関数の増減がわかる！

ある関数 $y=f(x)$ の導関数 $f'(x)$ は，曲線 $y=f(x)$ の接線の傾きを表すわけだから，$f'(x)$ の符号によって，$y=f(x)$ のグラフの**増加・減少**が次のように決まる。

(ⅰ) $f'(x)>0$ のとき，$y=f(x)$ は**増加**する。

(ⅱ) $f'(x)<0$ のとき，$y=f(x)$ は**減少**する。

図 1 $f'(x)$ の符号と $f(x)$ の増減

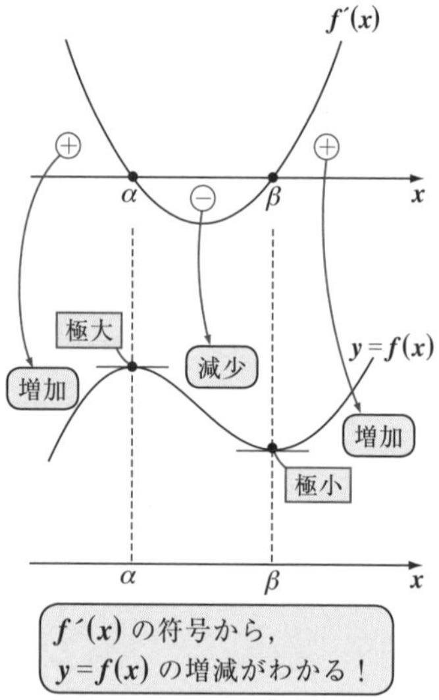

図 1 にこの様子を示しておいたので，よくわかるだろう。また $f'(x)=0$ のとき，$y=f(x)$ はそこで，極大 (山) や極小 (谷) をとる可能性が出てくるんだね。ただし，$f'(x)=0$ のときでも，そこで極大や極小にならない場合もあるので，要注意だ。

● 平均値の定理は，微分係数とペアで覚えよう！

平均値の定理の解説に入る前に，(ⅰ)**不連続**(ⅱ)**連続**(ⅲ)**微分可能**な関数のグラフの概形を下に示すから，まず頭に入れておこう。

図2　不連続·連続·微分可能

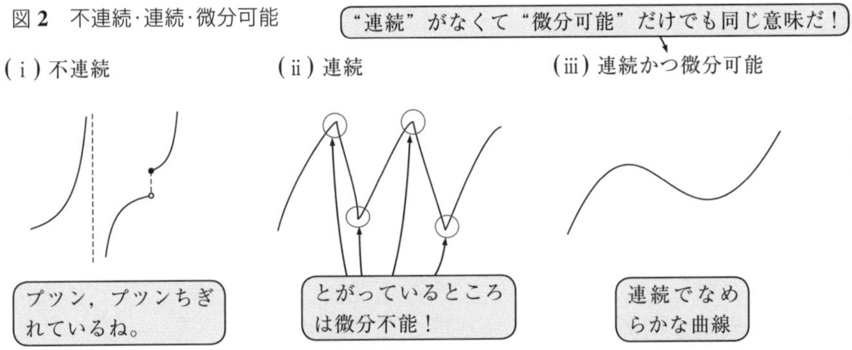

それで，これから話す "**平均値の定理**" は，(ⅲ)の連続かつ微分可能な関数についての定理なんだ。まず，下の定理をみてくれ。 (微分可能と同じ)

("微分可能" の概念の中に "連続" という条件は含まれているので，"連続かつ微分可能" の代わりに，"微分可能" と言っても同じ意味になる。)

平均値の定理

関数 $f(x)$ が微分可能な関数のとき，

$$\frac{f(b)-f(a)}{b-a}=f'(c)$$

をみたす c が，$a<x<b$ の範囲に少なくとも 1 つ存在する。

図3のように，微分可能な曲線 $y=f(x)$ 上に2点 $A(a,\ f(a))$，$B(b,\ f(b))$ $(a<b)$ をとると，直線ABの傾きは，

$\dfrac{f(b)-f(a)}{b-a}$ (これは平均変化率だ。) となるね。すると，$y=f(x)$ は連続でなめらかな曲線だから，直線ABと平行な，つまり傾きの等しい接線の接点で，

図3　平均値の定理

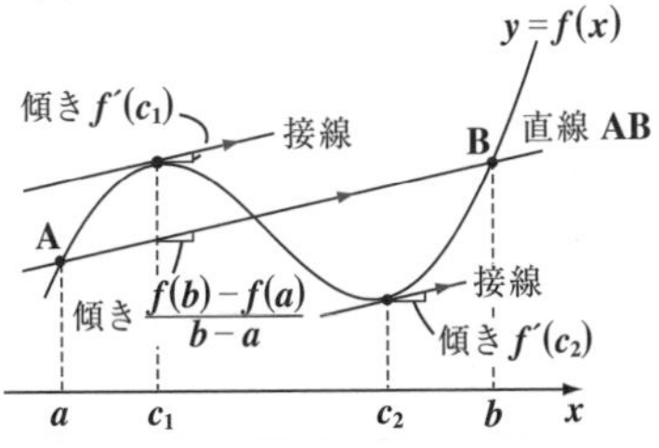

その x 座標が $a<x<b$ の範囲にあるようなものが，少なくとも **1** つは存在することがわかるだろ。図 **3** では，$x=c_1$，c_2 と **2** つ存在する例を示しておいた。これで，平均値の定理の意味がよくわかっただろう。

ところで，平均値の定理は，微分係数の (iii) の定義式とよく似ているので，対比して覚えておくと忘れないと思う。並べて書いておくよ。

- **微分係数**：$\displaystyle\lim_{b\to a}\frac{f(b)-f(a)}{b-a}=f'(a)$
- **平均値の定理**：$\dfrac{f(b)-f(a)}{b-a}=f'(c)\quad(a<c<b)$

（lim がなければ“**平均値の定理**”と覚えておこう！）

◆例題 8◆

$a<b$ のとき $e^b-e^a\leqq e^b(b-a)$ が成り立つことを示せ。

解答

$b-a>0$ より，与式の両辺を $b-a$ で割った式：$\dfrac{e^b-e^a}{b-a}\leqq e^b$ ……$(*)$

が成り立つことを示せばいい。

（e^b は $f(b)$，e^a は $f(a)$。$\dfrac{f(b)-f(a)}{b-a}$ で，lim がないから“**平均値の定理**”の問題だ！）

ここで，$f(x)=e^x$ とおくと，$f'(x)=(e^x)'=e^x$

（$f(x)$ は微分できる関数だ！）

$f(x)$：微分可能より，平均値の定理から，$\dfrac{f(b)-f(a)}{b-a}=f'(c)$，

すなわち，$\dfrac{e^b-e^a}{b-a}=e^c$ ……① をみたす c が

$a<x<b$ の範囲に存在する。

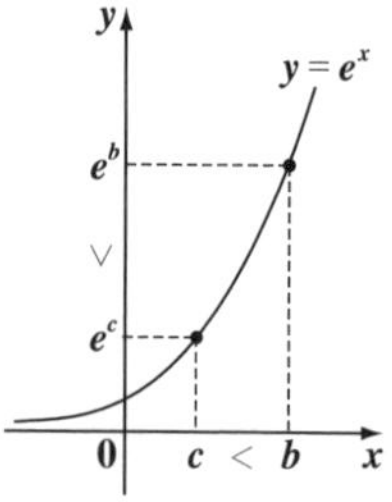

$y=e^x$ は単調増加関数なので，右図より，

$c<b$ から $e^c<e^b$ ……②

以上①，②より，$\dfrac{e^b-e^a}{b-a}=e^c\leqq e^b$ となる。

よって，$(*)$ は成り立つ。……………………(終)

（等号を付けてもいい！）

● 接線・法線は公式を確実に使いこなそう！

曲線 $y=f(x)$ 上の点 $(t,\ f(t))$ における接線の傾きは $f'(t)$ だね。また，この点において，接線と直交する直線のことを**法線**という。したがって，法線の傾きは $-\dfrac{1}{f'(t)}$（ただし，$f'(t)\neq 0$）となる。以上より，次のような接線と法線の公式が導かれる。

接線と法線の公式

曲線 $y=f(x)$ 上の点 $(t,\ f(t))$ における

（ⅰ）接線の方程式は，

$$y=\underbrace{f'(t)}_{\text{傾き}}(x-t)+f(t) \quad \text{（点 }(t, f(t))\text{ を通る。）}$$

（ⅱ）法線の方程式は，

$$y=\underbrace{-\frac{1}{f'(t)}}_{\text{傾き}}(x-t)+f(t) \quad \text{（点 }(t, f(t))\text{ を通る。）}\quad（ただし，f'(t)\neq 0）$$

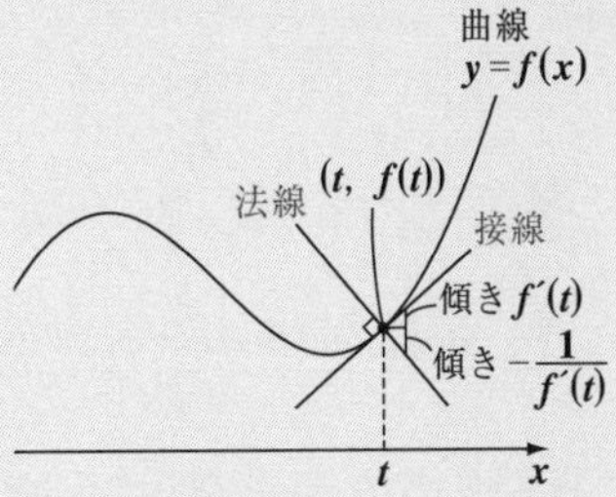

◆例題 9◆

曲線 $y=\tan^2 x$ 上の点 $\left(\dfrac{\pi}{4},\ 1\right)$ における接線と法線の方程式を求めよ。

解答

$y=f(x)=\tan^2 x$ とおく。（$\tan x = u$ とおいて合成関数の微分だね。）

$\left(f\left(\dfrac{\pi}{4}\right)=\tan^2\dfrac{\pi}{4}=1^2=1\right.$ より，点 $\left(\dfrac{\pi}{4},\ 1\right)$ は曲線 $y=f(x)$ 上の点である。$\Big)$

$f(x)$ を x で微分して，

$$f'(x)=\underbrace{2\tan x}_{\frac{dy}{du}}\cdot\underbrace{(\tan x)'}_{\frac{du}{dx}}=2\tan x\cdot\frac{1}{\cos^2 x}$$

よって，$f'\left(\frac{\pi}{4}\right)=2\underbrace{\tan\frac{\pi}{4}}_{1}\cdot\frac{1}{\underbrace{\cos^2\frac{\pi}{4}}_{\left(\frac{1}{\sqrt{2}}\right)^2}}=2\cdot1\cdot\frac{1}{\frac{1}{2}}=4$

(ⅰ)求める接線の方程式は，

$$y=\underbrace{4}_{\text{傾き}f'\left(\frac{\pi}{4}\right)}\left(x-\frac{\pi}{4}\right)+\underbrace{1}_{f\left(\frac{\pi}{4}\right)=\tan^2\frac{\pi}{4}} \qquad \therefore\ y=4x-\pi+1 \quad\cdots\cdots(答)$$

通る点 $\left(\frac{\pi}{4},\ 1\right)$

(ⅱ)求める法線の方程式は，

$$y=\underbrace{-\frac{1}{4}}_{\text{傾き}-\frac{1}{f'\left(\frac{\pi}{4}\right)}}\left(x-\frac{\pi}{4}\right)+1 \qquad \therefore\ y=-\frac{1}{4}x+\frac{\pi}{16}+1 \quad\cdots\cdots(答)$$

通る点 $\left(\frac{\pi}{4},\ 1\right)$

これで，接線・法線の公式の使い方にも自信がついた？

● 接線の応用問題にも慣れよう！

ここでは，(ⅰ) **2曲線の共接条件**と，(ⅱ) **媒介変数表示された曲線の接線**，(ⅲ) **陰関数表示された曲線の接線**についても解説しよう。どれも受験ではよく顔を出す問題なので，シッカリ，マスターしておこう。

(ⅰ) 2曲線の共接条件

2曲線 $y=f(x)$ と $y=g(x)$ が $x=t$ で接するための条件は，

$$\begin{cases} f(t)=g(t) \\ f'(t)=g'(t) \end{cases}$$ だ。

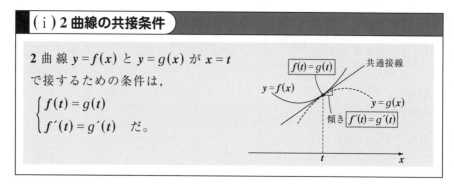

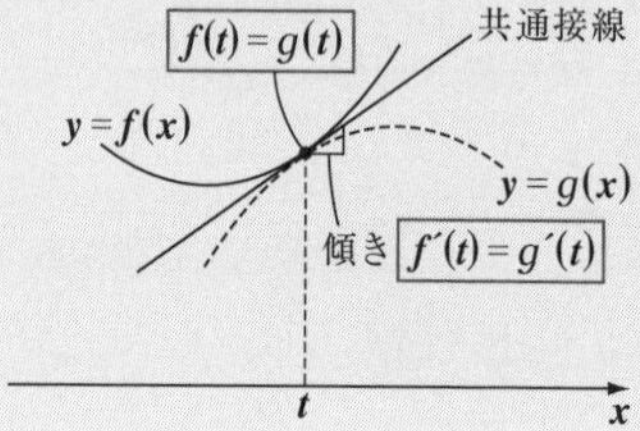

2曲線 $y=f(x)$ と $y=g(x)$ は，$x=t$ で接する，つまり共有点をもつわけだから，当然その y 座標は等しい。

$\therefore\ \underline{f(t)=g(t)}$ だ！

また，この共有点（接点）における $y=f(x)$ と $y=g(x)$ の接線は同じもの（共通接線）だから，当然その傾きも等しい。$\therefore$ $\underline{f'(t)=g'(t)}$ となる。この2つが，2曲線が $x=t$ で接する条件だ。

次に，**媒介変数表示された曲線** $x=f(\theta)$，$y=g(\theta)$ （θ：媒介変数）上の点における接線の方程式を求める公式を次に示す。

(ii) 媒介変数表示された曲線の接線

曲線 $x=f(\theta)$，$y=g(\theta)$ （θ：媒介変数）上の $\theta=\theta_1$ に対応する点 $(x_1,\ y_1)$ における接線の方程式は，その傾きを m とおくと，

$$y=\underline{m}(x-\underset{f(\theta_1)}{\boxed{x_1}})+\underset{g(\theta_1)}{\boxed{y_1}}$$

接線の傾き m は，傾きの公式 $\dfrac{dy}{dx}=\dfrac{\frac{dy}{d\theta}}{\frac{dx}{d\theta}}$ に，$\theta=\theta_1$ を代入したもの。

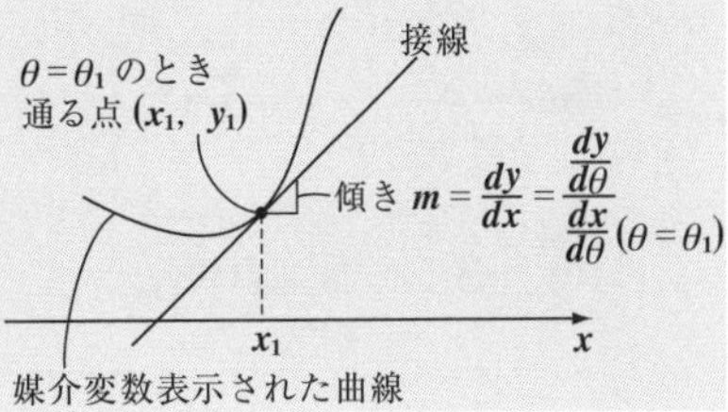

最後に，**陰関数表示された曲線** $f(x,\ y)=0$ 上の点における接線の方程式についても，その公式を下に示す。

(iii) 陰関数表示された曲線の接線

陰関数表示された曲線 $\underline{f(x,\ y)}=0$ 上の点 $(x_1,\ y_1)$ における接線の方程式は，その傾きを m とおくと，

（x と y の入り組んだ式）

$$y=\underline{m}(x-x_1)+y_1$$

この傾き m は，陰関数の微分で得られた $y'=\dfrac{dy}{dx}$ の式に $x=x_1$，$y=y_1$ を代入したものだ。

(ii)，(iii) の媒介変数・陰関数表示された曲線の接線については，演習問題 **24** で扱うから，問題を実際に解くことによって，この解法のパターンも修得するといいと思う。

● $\log x$ は赤ちゃんの∞，e^x はT-レックスの∞？

さァ，これから関数のグラフの描き方について解説しよう。はじめから，微分を使ってグラフの概形を求めるのが，一般的な教え方なんだけれど，ここでは，もっと直感的にグラフの概形をつかんでしまうとっておきの方法を教えよう。

そのために，まず，次の極限の知識を身につけてくれ。

（この知識を身につけるとグラフ描きがとても楽になる！）

極限の知識

(1) $\lim_{x\to\infty}\dfrac{x^{\alpha}}{e^{x}}=0$，　$\lim_{x\to\infty}\dfrac{e^{x}}{x^{\alpha}}=\infty$

（x^{α}：中位の∞，e^{x}：強い∞）

(2) $\lim_{x\to\infty}\dfrac{\log x}{x^{\alpha}}=0$，　$\lim_{x\to\infty}\dfrac{x^{\alpha}}{\log x}=\infty$　　(α：正の定数)

（$\log x$：弱い∞，x^{α}：中位の∞）

（これらはみんな $\frac{\infty}{\infty}$ の不定形だけれど，その収束・発散が決まってしまうんだ！）

図 **4** をみてくれ。$x\to\infty$ にしたとき，$\log x$ も，x^{α} も，e^{x} もみんな無限大に大きくなっていく。でも，その無限大になっていく強さに大きな差があるんだね。

$y=\log x$ は，$x\to\infty$ となってもなかなか大きくならない，いわば"赤ちゃん"のように弱い∞なんだね。それに比べて，$y=e^{x}$ は，x が少し大きくなっただけで，ものすごく大きくなるだろう。つまり，"T-レックス"のように強い∞なんだね。

図 4　強い∞，弱い∞

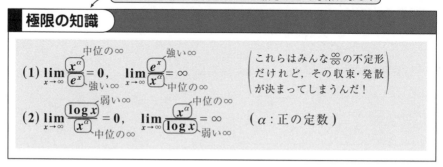

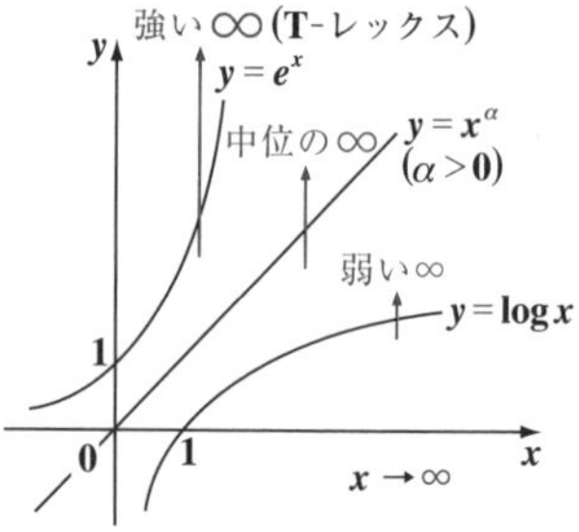

x^{α} は，α の値によって，…，$x^{\frac{1}{2}}$，x^{1}，x^{2}，…と無限大になる強さが変わるけれど，これらを一まとめにして，$\log x$ よりは強く，e^{x} よりは弱い，つまり中位の∞と言えるんだ。これで上の公式の意味がわかっただろう。

（弱い∞ ←　　→ 強い∞）

● 積の形の関数のグラフは，こう描ける！

例として，$y=f(x)=x\cdot e^{-x}$ のグラフ描きにチャレンジしよう。これは，$y=x$ と $y=e^{-x}$ の 2 つの関数の y 座標同士をかけたものが，新たな関数 $y=f(x)$ の y 座標になるんだね。

(i) $x=0$ のとき，$y=x=0$，$y=e^{-x}=e^{-0}=1$ より，

$f(0)=0\times1=0$ → $y=f(x)$ は原点を通る！

・$x>0$ のとき，$x>0$，$e^{-x}>0$ より，

$f(x)>0$ → $y=f(x)$ は第 1 象限にある。

・$x<0$ のとき，$x<0$，$e^{-x}>0$ より，

$f(x)<0$ → $y=f(x)$ は第 3 象限にある。

(ii) $x\to-\infty$ のとき，$x\to-\infty$，$e^{-x}\to+\infty$

$\therefore f(x)\to(-\infty)\times(+\infty)=-\infty$

かけ算で強め合って強い $-\infty$ になる。

(iii) $x\to+\infty$ のとき，$x\to+\infty$，$e^{-x}\left(=\frac{1}{e^x}\right)\to0$

$f(x)\to(+\infty)\times0$ は不定形だけれど，

さっき話した極限の知識でケリがつく。

$$\lim_{x\to\infty}f(x)=\lim_{x\to\infty}x\cdot e^{-x}=\lim_{x\to\infty}\frac{x}{e^x}=0$$

$\frac{中位の\infty}{強い\infty}\to0$ だね。

(iv) 後は，あいてる部分をどう埋めるかだね。これはニョロニョロする程複雑な関数じゃないから，一山できるだけだろうね。エッ？ いい加減って？ ウン。でも正しい(??)いい加減なんだね。

図 5

(i) $y=f(x)$ の存在領域

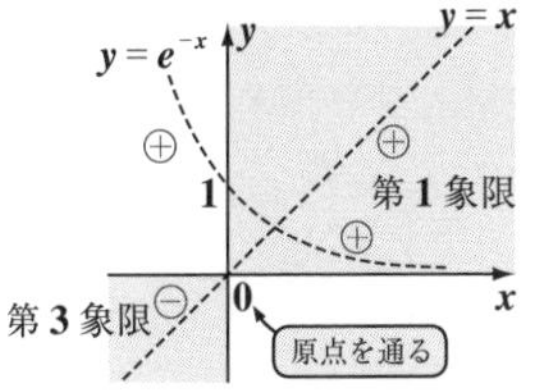

(ii) $x\to-\infty$ のとき，$y\to-\infty$

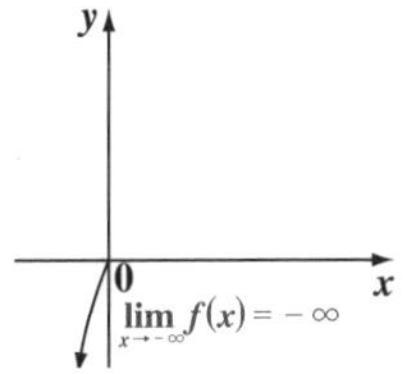

(iii) $x\to+\infty$ のとき，$y\to0$

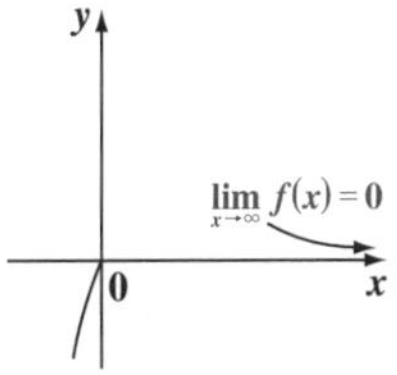

(iv) 一山できる？

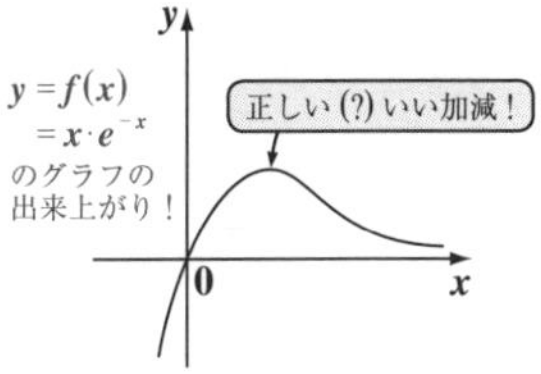

これで，$y=f(x)=x\cdot e^{-x}$ のグラフの概形が簡単にわかってしまった！
どう，面白かった？ この続きは，演習問題 25 でやろう！

● 和の形の関数のグラフも，簡単だ！

次，関数 $y = f(x) = x^2 + \frac{1}{x}$ $(x \neq 0)$ のグラフにチャレンジしてみよう。

(このグラフは $x = 0$ で不連続！)

この $y = f(x)$ も 2 つの関数に分解して，$y = x^2$ と $y = \frac{1}{x}$ の y 座標同士をたしたものが，新たな $y = f(x)$ の y 座標と考えれば，$y = f(x)$ のグラフの概形は簡単につかめるんだね。図 6 のグラフの描き方はわかったね。

図 6　和の形の関数のグラフ

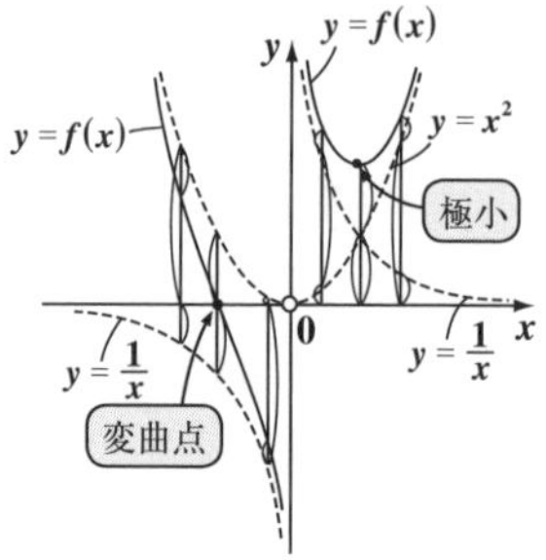

$x > 0$ のとき，2 つの関数の y 座標同士の和だけれど，$x < 0$ では $y = \frac{1}{x} < 0$ だから，実質的には引き算になっていることもわかるね。また，極限も次のようになる。

$$\lim_{x \to -\infty} f(x) = \lim_{x \to -\infty} \left(x^2 + \frac{1}{x} \right) = +\infty, \quad \lim_{x \to -0} f(x) = \lim_{x \to -0} \left(x^2 + \frac{1}{x} \right) = -\infty$$

($(-\infty)^2 = +\infty$)　($\frac{1}{-\infty} = 0$)　(⊖側から 0 に近づける)　($(-0)^2 = 0$)　($\frac{1}{-0} = -\infty$)

$$\lim_{x \to +0} f(x) = \lim_{x \to +0} \left(x^2 + \frac{1}{x} \right) = +\infty, \quad \lim_{x \to +\infty} f(x) = \lim_{x \to +\infty} \left(x^2 + \frac{1}{x} \right) = +\infty$$

($(+0)^2 = 0$)　(⊕側から 0 に近づける)　($\frac{1}{+0} = +\infty$)　($(+\infty)^2 = +\infty$)　($\frac{1}{+\infty} = 0$)

$y = f(x)$ が極小値をもち，また，曲線が**下に凸**から**上に凸**に変わる境目の**変曲点**が存在することもわかるね。ただし，この極小値や変曲点を求めるには，当然微分して，$f'(x)$ や $f''(x)$ を調べる必要がある。

($f'(x)$ の符号で増減，$f''(x)$ の符号で凹凸がわかる！)

$f''(x)$ の符号と曲線の凹凸

(i) $f''(x) > 0$ のとき，$y = f(x)$ は**下に凸**

(ii) $f''(x) < 0$ のとき，$y = f(x)$ は**上に凸**の曲線になる。

また，$f''(x) = 0$ のとき，$y = f(x)$ は**変曲点**をもつ可能性がある。

● 偶関数・奇関数もグラフの重要ポイントだ！

偶関数, **奇関数**の定義と，それぞれのグラフの特徴を書いておくから，まず頭に入れてくれ。これも，グラフを描く上でとても大事だ！

偶関数と奇関数のグラフ

(ｉ) $y=f(x)$：偶関数

定義：$f(-x)=f(x)$　このとき $y=f(x)$ は y 軸に関して対称なグラフになる。（y 軸に関して左右対称！）

(ⅱ) $y=f(x)$：奇関数

定義：$f(-x)=-f(x)$　このとき $y=f(x)$ は原点に関して対称なグラフになる。（原点のまわりに $180°$ 回転しても同じグラフ）

それでは，偶関数の例として，$y=f(x)=e^{-x^2}$ のグラフを書いてみようか。まず，x に $-x$ を代入すると

$f(-x)=e^{-(-x)^2}=e^{-x^2}=f(x)$（偶関数の定義）となって，$y=f(x)$ が偶関数なのがわかるね。よって，$y=f(x)$ は，y 軸に関して左右対称なグラフとなる。つまり，これは，$x\geqq 0$ について調べればいいってことだ。

$x\leqq 0$ については，これを y 軸に関して折り返せばいいだけだからね。

(ｉ) $x\geqq 0$ のとき，$f(x)=e^{-x^2}\geqq 0$

$f(0)=e^{-0^2}=e^0=1$

$\lim_{x\to\infty} f(x)=\lim_{x\to\infty} e^{-x^2}=\lim_{x\to\infty}\frac{1}{e^{x^2}}=0$

（x の代わりに x^2 だから T-レックスよりもっと強い∞？）

また，$y=f(x)$ は単調減少だ。

(ⅱ) これを y 軸に関して対称に折り返せば，$y=f(x)$ のグラフの完成だ！

図 7

(ｉ) $x\geqq 0$ のとき，単調減少

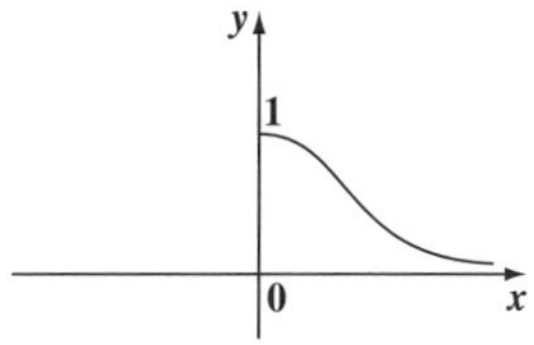

(ⅱ) y 軸対称なグラフ

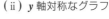

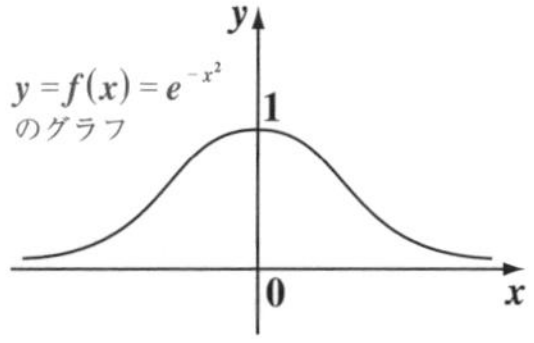

平均値の定理の応用

演習問題 22	難易度 ★★	CHECK 1	CHECK 2	CHECK 3

$a>0$ のとき，次の不等式が成り立つことを，平均値の定理を用いて証明せよ。

$$\frac{1}{a+1}<\log(a+1)-\log a<\frac{1}{a}\quad\cdots\cdots(*)$$

ヒント！ $f(x)=\log x$ とおくと，まん中の式は $f(a+1)-f(a)$ となるね。ここで，$a+1-a=1$ より，$\dfrac{f(a+1)-f(a)}{a+1-a}$ と書けば，平均値の定理が見えてくるだろ。

解答＆解説

$f(x)=\log x$ とおくと，$f'(x)=(\log x)'=\dfrac{1}{x}$

ここで，$\log(a+1)-\log a=f(a+1)-f(a)$

$$=\frac{f(a+1)-f(a)}{\underbrace{a+1-a}_{1}}\text{ より，}$$

平均値の定理を用いると，

$$\frac{f(a+1)-f(a)}{\underbrace{a+1-a}_{1}}=\underbrace{f'(c)}_{\frac{1}{c}}\text{，すなわち}$$

（これが平均値の定理の式だ！）

$\log(a+1)-\log a=\dfrac{1}{c}$ ……① をみたす c が

$a<x<a+1$ の範囲に存在する。

ここで，$y=\dfrac{1}{x}$ $(x>0)$ は単調減少関数より，

$a<c<a+1$ から，$\dfrac{1}{a+1}<\dfrac{1}{c}<\dfrac{1}{a}$ ……②

②に①を代入すると，

$$\frac{1}{a+1}<\log(a+1)-\log a<\frac{1}{a}\quad(a>0)$$

∴ $(*)$ の不等式が成り立つ。……………………(終)

どう？ 平均値の定理も慣れると簡単でしょう。

ココがポイント

⇦ $a+1=b$ とおくと，$\dfrac{f(b)-f(a)}{b-a}$ で，lim がないから，平均値の定理の問題だ！

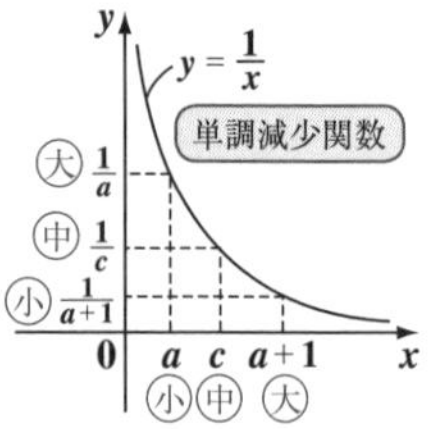

曲線外の点を通る接線と共接条件

演習問題 23	難易度 ★	CHECK 1	CHECK 2	CHECK 3

(1) 点 $(0,\ -2)$ から，曲線 $y = f(x) = x\log x$ に引いた接線の方程式を求めよ。

(2) $y = \log x$ と $y = ax^2$ $(a > 0)$ のグラフが共有点をもち，その点で共通接線をもつような a の値を求めよ。

ヒント！ (1) まず曲線 $y = f(x)$ 上の点 $(t,\ f(t))$ における接線の方程式を立て，それが曲線外の点 $(0,\ -2)$ を通ると考えるんだ。(2) は，2 曲線の共接条件の問題なので，公式通りに解くんだね。

解答＆解説

(1) $y = f(x) = x\log x$　これを x で微分して，

$$f'(x) = (x\cdot\log x)' = \underbrace{x'}_{1}\cdot\log x + x\cdot\underbrace{(\log x)'}_{\frac{1}{x}}$$

$$= \log x + 1$$

⇦ 公式：$(f\cdot g)' = f'\cdot g + f\cdot g'$ を使った。

よって，$y = f(x)$ 上の点 $(t,\ f(t))$ における接線の方程式は，$y = (\log t + 1)\cdot(x - t) + t\cdot\log t$

$[\,y = \quad f'(t) \quad\cdot(x - t) + \quad f(t) \quad]$

⇦ 曲線外の点から曲線に引いた接線の方程式の求め方

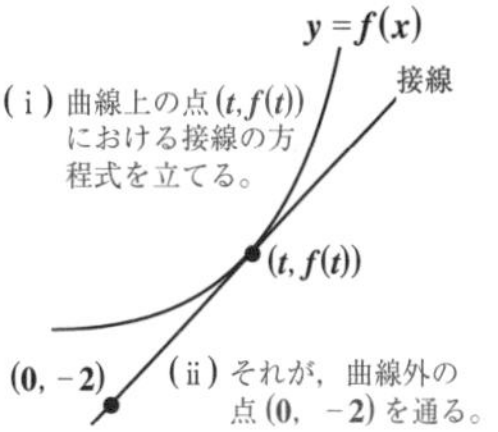

$\therefore\ y = (\log t + 1)x - t$ ……①

これが，点 $(0,\ -2)$ を通るので，$-2 = -t$

$\therefore\ t = 2$　これを①に代入して，求める接線の方程式は，$y = (\log 2 + 1)x - 2$ ……………(答)

(2) $y = g(x) = \log x$，$y = h(x) = ax^2$ とおくと，

⇦ 2 曲線の共接条件にもち込むための準備だ！

$$g'(x) = \frac{1}{x},\quad h'(x) = 2ax$$

2 曲線 $y = g(x)$ と $y = h(x)$ が $x = t$ で接するとき，

⇦ 2 曲線 $y = g(x)$ と $y = h(x)$ が，$x = t$ で接するための条件：
$\begin{cases} g(t) = h(t) & \text{……②} \\ g'(t) = h'(t) & \text{……③} \end{cases}$

$\log t = at^2$ …②　　$\dfrac{1}{t} = 2at$ …③

③より，$at^2 = \dfrac{1}{2}$ …③′　これを②に代入して

⇦ $\log t = \dfrac{1}{2}$ より，$t = \sqrt{e}$
$\therefore$ ③′ より，$ae = \dfrac{1}{2}$

$t = \sqrt{e}$　　$\therefore$ ③′ より，$a = \dfrac{1}{2e}$ ……………(答)

さまざまな曲線の接線

演習問題 24 難易度 ★★ CHECK 1 CHECK 2 CHECK 3

(1) 曲線 $x^2+xy+y^2=1$ 上の点 $(1,0)$ における接線の方程式を求めよ。

(2) 曲線 $x=\cos^3\theta$, $y=\sin^3\theta$ 上の $\theta=\dfrac{\pi}{4}$ に対応する点における接線の方程式を求めよ。

ヒント！ (1) は陰関数表示の曲線，(2) は媒介変数表示の曲線で，それぞれの曲線上の点における接線の方程式を求める問題だ。接線，つまり直線では，通る点と傾きの 2 つを押さえればいいんだね。頑張れ！

解答＆解説

(1) 点 $(1,\ 0)$ は，曲線 $x^2+xy+y^2=1$ ……① 上の点である。①の両辺を x で微分して，

$$2x+1\cdot y+x\cdot y'+2yy'=0$$

よって，求める接線の傾きは，

$$y'=-\frac{2x+y}{x+2y}=-\frac{2\cdot1+0}{1+2\cdot0}=-2 \quad (x=1,\ y=0\text{ を代入！})$$

よって，求める接線の方程式は，

$$y=-2(x-1)+0 \qquad \therefore\ y=-2x+2 \quad \text{……(答)}$$

(2) $x=\cos^3\theta$, $y=\sin^3\theta$, $\theta=\dfrac{\pi}{4}$ のとき，（$u=\cos\theta$，$v=\sin\theta$）

$$x=\left(\cos\frac{\pi}{4}\right)^3=\frac{1}{2\sqrt2},\quad y=\left(\sin\frac{\pi}{4}\right)^3=\frac{1}{2\sqrt2}\quad \left(\cos\frac{\pi}{4}=\sin\frac{\pi}{4}=\frac{1}{\sqrt2}\right)$$

$$\frac{dx}{d\theta}=3\cos^2\theta\cdot(-\sin\theta),\quad \frac{dy}{d\theta}=3\sin^2\theta\cdot\cos\theta$$

（$3\cos^2\theta=3u^2$，$-\sin\theta=u'$，$3\sin^2\theta=3v^2$，$\cos\theta=v'$）

よって，この接線の傾きは，

$$\frac{dy}{dx}=-\tan\theta=-\tan\frac{\pi}{4}=-1 \quad \left(\theta=\frac{\pi}{4}\text{ を代入！}\right)$$

よって，求める接線の方程式は，

$$y=(-1)\cdot\left(x-\frac{1}{2\sqrt2}\right)+\frac{1}{2\sqrt2}$$

$$\therefore\ y=-x+\frac{1}{\sqrt2} \quad \text{…………………………(答)}$$

ココがポイント

⇦ 点 $(1,0)$ を①に代入して $1^2+1\cdot0+0^2=1$ とみたす。

⇦ この微分は，演習問題 19 (P56) を見てくれ。

⇦ 傾き -2，点 $(1,0)$（接点）を通る直線

⇦ 通る点は $\left(\dfrac{1}{2\sqrt2},\ \dfrac{1}{2\sqrt2}\right)$（接点）だ。

⇦ この微分は，演習問題 19 (P56) を見てくれ。

⇦ 公式 $\dfrac{dy}{dx}=\dfrac{\frac{dy}{d\theta}}{\frac{dx}{d\theta}}=-\tan\theta$ （$\frac{dy}{d\theta}=3\sin^2\theta\cdot\cos\theta$，$\frac{dx}{d\theta}=-3\sin\theta\cdot\cos^2\theta$）

⇦ 傾き -1，点 $\left(\dfrac{1}{2\sqrt2},\ \dfrac{1}{2\sqrt2}\right)$ を通る直線

積の形の関数のグラフ

演習問題 25	難易度 ★★	CHECK 1	CHECK 2	CHECK 3

曲線 $y=f(x)=xe^{-x}$ の増減を調べて，グラフの概形を描け。

レクチャー $y=f(x)=x\cdot e^{-x}$ の導関数 $f'(x)=(1-x)\cdot e^{-x}$ の考え方を示す。$y=f(x)$ のグラフを描くには，$f'(x)$ の符号が必要なんだね。$f'(x)>0$ のとき $f(x)$ は増加，$f'(x)<0$ のとき $f(x)$ は減少するからね。今回，$f'(x)$ の e^{-x} は常に正だから，結局 $f'(x)$ の符号に関係するのは，$1-x$ だけなんだね。これを $f'(x)$ の符号に関する本質的な部分として，$\widetilde{f'(x)}=-x+1$ と表すことにすると，$\widetilde{f'(x)}$ の符号を調べれば $f'(x)$ の符号がわかるんだね。

解答＆解説

$y=f(x)=xe^{-x}$ のグラフの概形については，講義で示した通り既にわかってるね。これをキチンと調べてみよう！

$y=f(x)=xe^{-x}$ ……①　　①を x で微分して，

$$f'(x)=\underbrace{x'}_{1}e^{-x}+x\underbrace{(e^{-x})'}_{-e^{-x}}=\underbrace{(1-x)}_{\widetilde{f'(x)}=\{\oplus,0,\ominus\}}\cdot\underbrace{e^{-x}}_{\oplus}$$

$f'(x)=0$ のとき，$e^{-x}>0$ より，

$1-x=0$　　$\therefore\ x=1$

$x=1$ のとき，極大値 $f(1)=1\cdot e^{-1}=\dfrac{1}{e}$

増減表

x		1	
$f'(x)$	$+$	0	$-$
$f(x)$	↗	極大	↘

$$\lim_{x\to-\infty}f(x)=\lim_{x\to-\infty}x\cdot e^{-x}=-\infty$$

$$\lim_{x\to+\infty}f(x)=\lim_{x\to+\infty}\frac{x}{e^x}=0$$

以上より，求める $y=f(x)$ のグラフの概形を右図に示す。……………………(答)

どう？ グラフを描くのも楽しくなってきた？ ここで話した $\widetilde{f'(x)}$ は，$f''(x)$ についても言えるんだ。要は常に正の部分を除いて，符号が変化する本質的な部分のみを考えればいいんだね。

ココがポイント

⇦ $e^{-x}>0$ より，$f'(x)$ の符号に関する本質的部分 $\widetilde{f'(x)}$ は，$\widetilde{f'(x)}=-x+1$ だ！

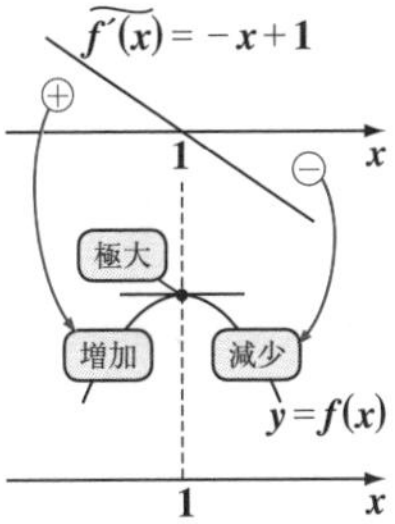

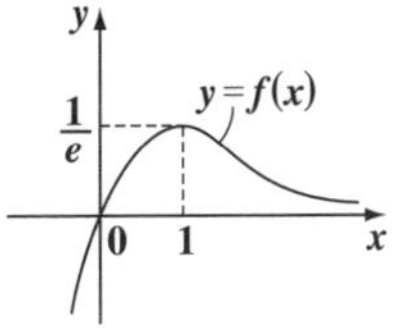

和の形の関数のグラフ

演習問題 26	難易度 ★★	CHECK 1	CHECK 2	CHECK 3

曲線 $y = x^2 + \dfrac{1}{x}$ の増減・凹凸を調べて，グラフの概形を描け。

（小樽商科大）

ヒント！ この関数 $y=f(x)$ のグラフについても講義で詳しく話したね。後は，$f'(x)$，$f''(x)$ を求めて，より正確なグラフを描けばいいよ。

解答＆解説

$y = f(x) = x^2 + x^{-1}$ ……①とおく。$(x \neq 0)$

$\cdot\ f'(x) = 2x - x^{-2} = 2x - \dfrac{1}{x^2} = \dfrac{2x^3 - 1}{x^2}$　（$\widetilde{f'(x)} = 2x^3-1$：⊕, 0, ⊖；$x^2$：⊕）

$f'(x) = 0$ のとき，$2x^3 - 1 = 0$　$\therefore x = 2^{-\frac{1}{3}}$　$\left(=\dfrac{1}{\sqrt[3]{2}}\right)$

このとき，①より，

極小値 $f\left(2^{-\frac{1}{3}}\right) = 2^{-\frac{2}{3}} + \left(2^{-\frac{1}{3}}\right)^{-1} = 2^{-\frac{2}{3}} + 2^{\frac{1}{3}}$　$\left(2^{-\frac{2}{3}+1} = 2^{-\frac{2}{3}}\cdot 2\right)$

$= 2^{-\frac{2}{3}}(1+2) = 3\cdot 2^{-\frac{2}{3}} = \dfrac{3}{\sqrt[3]{4}}$

$\cdot\ f''(x) = \left(2x - x^{-2}\right)' = 2 + 2\cdot x^{-3} = \dfrac{2(x^3+1)}{x^3}$

$= \dfrac{2(x^2 - x + 1)(x+1)}{x^3}$　（$2(x^2-x+1)$：⊕；$\widetilde{f''(x)}$：⊕, 0, ⊖）

$f''(x) = 0$ のとき，$x + 1 = 0$ より，$x = -1$

$f(-1) = (-1)^2 - 1 = 0$　$\therefore$ 変曲点 $(-1,\ 0)$

増減・凹凸表 $(x \neq 0)$

x		-1		0		$2^{-\frac{1}{3}}$	
$f'(x)$	$-$	$-$	$-$	／	$-$	0	$+$
$f''(x)$	$+$	0	$-$	／	$+$	$+$	$+$
$f(x)$	↘	0	↘	／	↘	$\dfrac{3}{\sqrt[3]{4}}$	↗

$\displaystyle\lim_{x\to-\infty} f(x) = \lim_{x\to+0} f(x) = \lim_{x\to+\infty} f(x) = +\infty$，

$\displaystyle\lim_{x\to-0} f(x) = -\infty$　以上より，$y=f(x)$ のグラフの概形を右に示す。 ……………………（答）

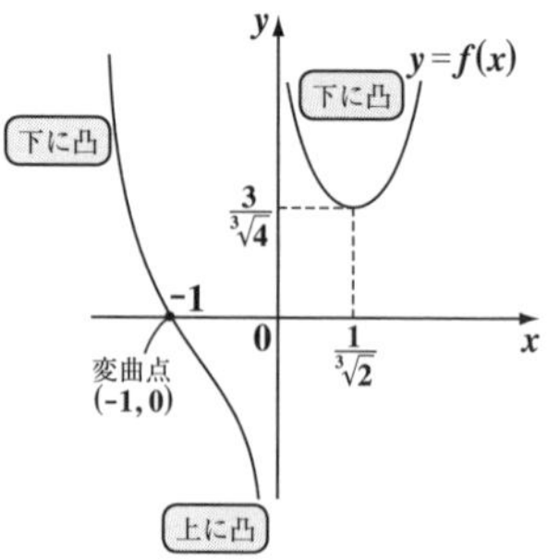

ココがポイント

⇦ 分母≠0 より，$x \neq 0$ だ！

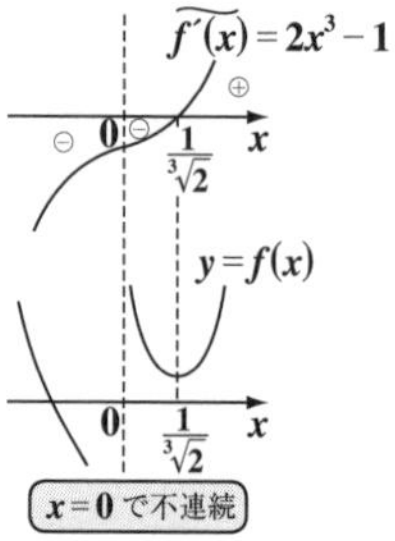

⇦ $\widetilde{f''(x)} = \dfrac{x+1}{x^3}$

(i) $x < -1$ のとき
下に凸 → $f''(x) > 0$

(ii) $-1 < x < 0$ のとき
上に凸 → $f''(x) < 0$

(iii) $0 < x$ のとき
下に凸 → $f''(x) > 0$

奇関数のグラフ

演習問題 27	難易度 ★★	CHECK 1	CHECK 2	CHECK 3

曲線 $y=f(x)=\dfrac{x}{x^2+1}$ の増減を調べて，グラフの概形を描け。

（日本医科大＊）

レクチャー $y=f(x)=\dfrac{x}{x^2+1}$ は，

$$f(-x)=\frac{-x}{(-x)^2+1}=-\frac{x}{x^2+1}=-f(x)$$

より，奇関数となるね。(原点対称なグラフ)　$x^2+1>0$ より，$f(x)$ の符号に関する本質的な部分 $\widetilde{f(x)}=x$

原点を通る

$$f(0)=0,\ \lim_{x\to\infty}f(x)=\lim_{x\to\infty}\frac{x}{x^2+1}=0$$

（分子 x：1次の∞，分母 x^2+1：2次の∞）

以上より，$y=f(x)$ の大体のグラフのイメージが次のようにわかるだろう。

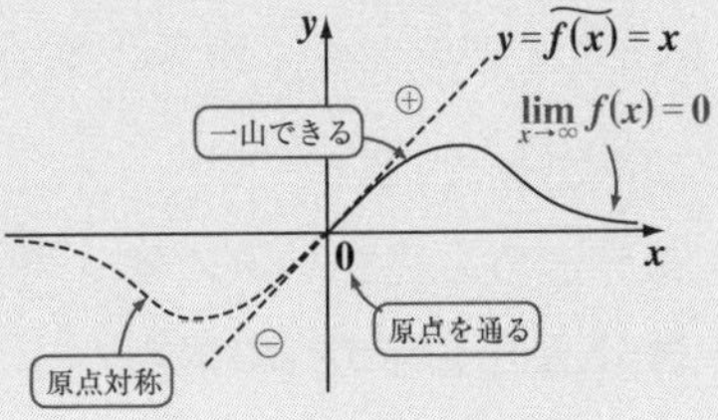

解答＆解説

$y=f(x)=\dfrac{x}{x^2+1}$ は $f(-x)=-f(x)$ より，奇関数。

よって，まず，$x\geqq 0$ についてのみ調べる。

$$f'(x)=\frac{1\cdot(x^2+1)-x\cdot 2x}{(x^2+1)^2}=\frac{(1+x)\cdot(1-x)}{(x^2+1)^2}\quad(x\geqq 0)$$

（$\widetilde{f'(x)}=1-x$ が $f'(x)$ の符号 ⊕, 0, ⊖ を決め，$1+x$ と分母は ⊕）

$f'(x)=0$ のとき，$1-x=0$　$\therefore x=1$

極大値 $f(1)=\dfrac{1}{1^2+1}=\dfrac{1}{2}$

増減表 $(0\leqq x)$

x	0		1	
$f'(x)$		$+$	0	$-$
$f(x)$	0	↗	$\frac{1}{2}$	↘

$f(0)=0$

$$\lim_{x\to\infty}f(x)=\lim_{x\to\infty}\frac{x}{x^2+1}=0$$

$y=f(x)$ は奇関数で，原点に関して対称なグラフになる。よって，$y=f(x)$ のグラフの概形は右図のようになる。…………(答)

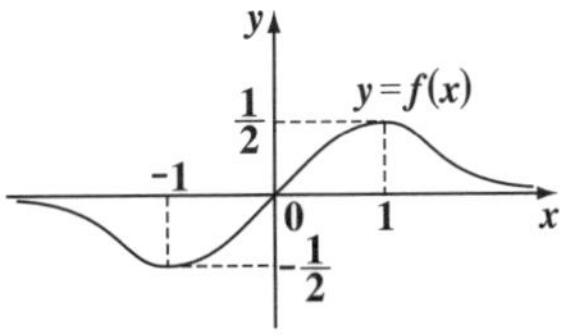

ココがポイント

⇦ $y=f(x)$ は原点対称なグラフになるから，まず，$x\geqq 0$ のみを調べて，後は原点のまわりに $180°$ 回転すればいいね。

⇦

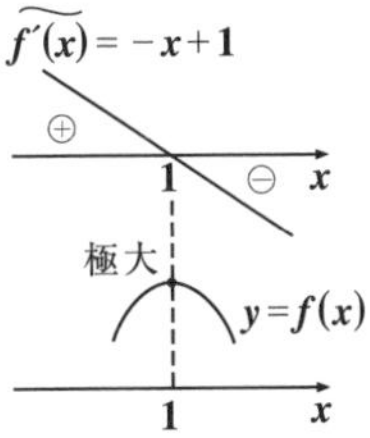

§3. 微分法は方程式・不等式にも応用できる！

微分計算にも慣れ，接線・法線やグラフの描き方もマスターできた？まだ，イマイチって人は，もう一度復習しなおしておくといい。

講義では，いよいよ微分法の重要テーマ，“**微分法の方程式・不等式への応用**”に入ろう。ここまでできれば，さまざまな受験問題に対応できるようになるから，頑張って勉強してくれ。それでは，これから学習する具体的な内容を書いておくから，まずチェックしておこう。

- **関数の最大・最小**
- **微分法の方程式への応用**
- **微分法の不等式への応用**

これらの内容は結局，関数のグラフと関連しているんだよ。だから，これらの内容を学習すれば，グラフの知識がさらに深まるはずだ。

● 関数の最大・最小と極大・極小を区別しよう！

$a \leqq x \leqq b$ の区間における関数 $y=f(x)$ の**最大値**，**最小値**とは，それぞれ区間内の最大の y 座標と，最小の y 座標を表す。

これに対して，**極大値**，**極小値**とは曲線 $y=f(x)$ の山の値（y 座標）と谷の値（y 座標）のことなんだね。

図 1 に，この違いがわかるようなグラフを示しておいた。この場合，極大値と最大値は一致するけれど，極小値と最小値が一致していないのがわかるね。図 1 では，極小値よりも，$f(a)$ の方が明らかに小さいので，これが最小値となるんだね。

図 1　最大・最小と極大・極小

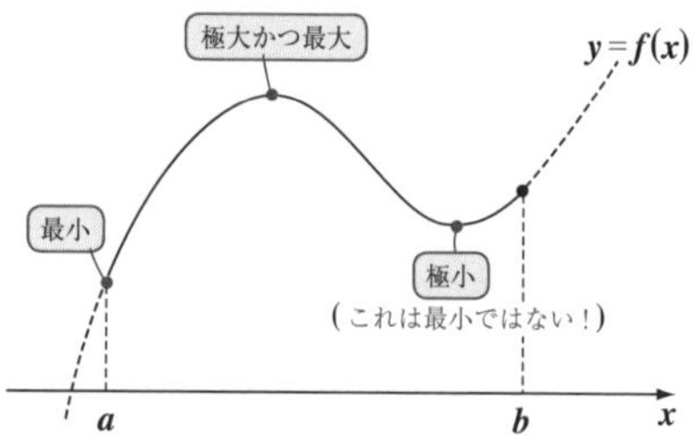

◆例題 10◆

関数 $y = \sin x(1 - \cos x)$ $(-\pi \leqq x \leqq \pi)$ の最大値・最小値を求めよ。

解答

三角関数のようなニョロニョロした関数同士の積の場合，前にやったような2つの関数の積の考え方でグラフの概形を類推しようとすると，頭が混乱すると思う。この場合はすぐに微分から入るのがいいんだ。

$y = f(x) = \sin x(1 - \cos x)$ $(-\pi \leqq x \leqq \pi)$ とおく。

$f(-x) = -f(x)$ だから，$y = f(x)$ は奇関数だ！

$f(-x) = \sin(-x)\{1 - \cos(-x)\} = -\sin x(1 - \cos x) = -f(x)$ より，

$y = f(x)$ は奇関数だね。(原点に関して対称なグラフ)

よって，まず，$0 \leqq x \leqq \pi$ について調べる。

$$f'(x) = \underbrace{(\sin x)'}_{\cos x}(1 - \cos x) + \sin x\underbrace{(1 - \cos x)'}_{\sin x} = \cos x(1 - \cos x) + \underbrace{\sin^2 x}_{1-\cos^2 x}$$

$$= -2\cos^2 x + \cos x + 1 = (2\cos x + 1)(1 - \cos x)$$

$f'(x) = 0$ のとき，$\cos x = -\dfrac{1}{2}$，1 より，$x = 0$，$\dfrac{2}{3}\pi$

$f'\left(\frac{\pi}{2}\right) > 0$　　$f'\left(\frac{5}{6}\pi\right) < 0$

増減表 $(0 \leqq x \leqq \pi)$

x	0		$\frac{2}{3}\pi$		π
$f'(x)$	0	⊕	0	⊖	
$f(x)$	0	↗	極大	↘	0

($f'(x)$ の⊕⊖は，その区間内の適当な x の値を代入して決める。)

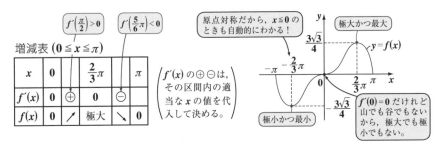

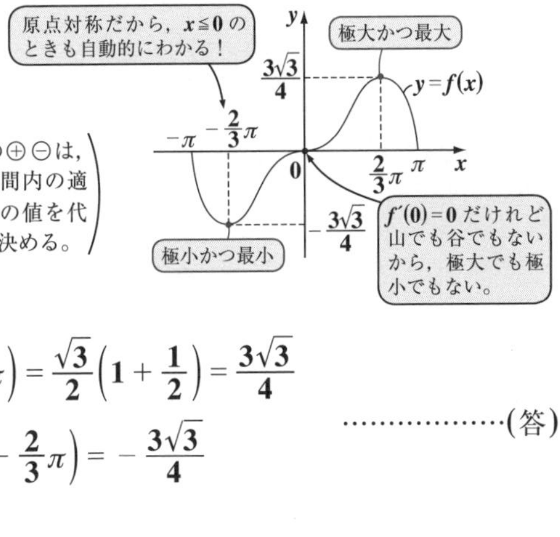

$\therefore$ $x = \dfrac{2}{3}\pi$ のとき，最大値 $f\left(\dfrac{2}{3}\pi\right) = \dfrac{\sqrt{3}}{2}\left(1 + \dfrac{1}{2}\right) = \dfrac{3\sqrt{3}}{4}$

$x = -\dfrac{2}{3}\pi$ のとき，最小値 $f\left(-\dfrac{2}{3}\pi\right) = -\dfrac{3\sqrt{3}}{4}$ ………………(答)

● 方程式への応用では，文字定数を分離しよう！

さァ，いよいよ微分法の最終テーマ"**微分法の方程式への応用**"に入る。一般に，方程式 $f(x)=0$ が与えられたとき，この方程式の実数解は，$y=f(x)$ と，$y=0$（x 軸）との共有点の x 座標になるんだね。それで，実数解の値ではなく，実数解の個数を知りたいのならば，図 2 に示すように，曲線 $y=f(x)$ と x 軸との共有点の個数を調べればいいだけだから，グラフからヴィジュアルにすぐにわかると思う。

図 2　グラフでわかる実数解の個数

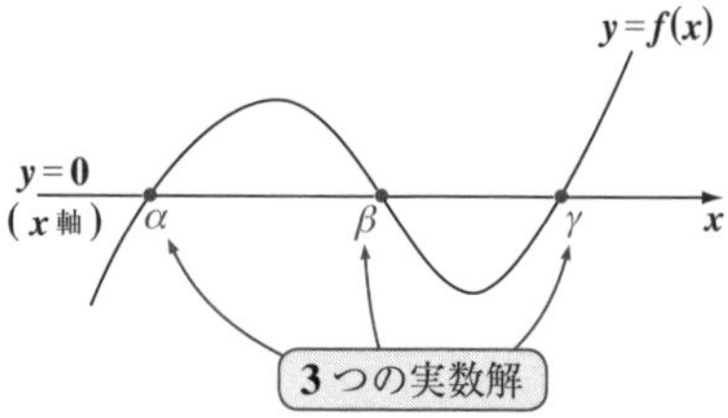

それでは，文字定数 k を含んだ方程式ではどうなるか？　この場合，文字定数 k をうまく分離して，$f(x)=k$ の形にできるのならば，上と同じように実数解の個数をグラフを使って，求めることができる。この解法のパターンを下に書いておく。これは，受験では頻出テーマの 1 つだから，シッカリマスターしよう。

微分法の方程式への応用

文字定数は分離する。

方程式：$f(x)=k$ ……① の相異なる実数解の個数は，次の 2 つの関数のグラフの共有点の個数に等しい。

$$\begin{cases} y=f(x) \\ y=k \quad (x\text{ 軸に平行な直線}) \end{cases}$$

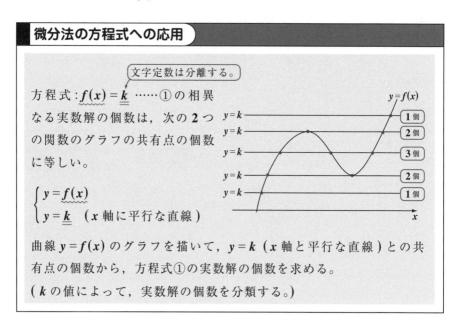

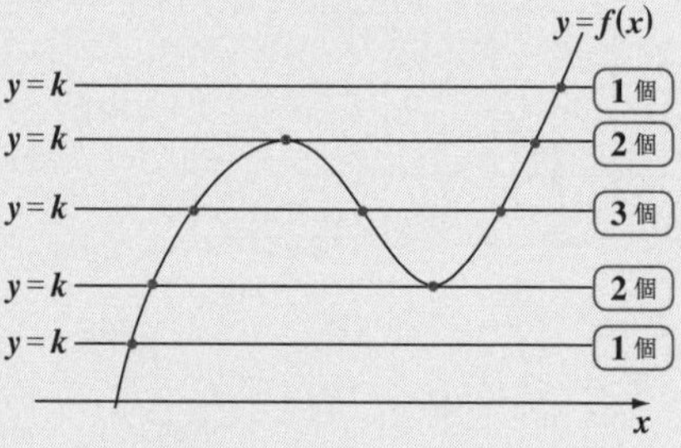

曲線 $y=f(x)$ のグラフを描いて，$y=k$（x 軸と平行な直線）との共有点の個数から，方程式①の実数解の個数を求める。
（k の値によって，実数解の個数を分類する。）

(Ⅰ) たとえば，方程式：$\sin x(1-\cos x)=\underline{\underline{k}}$ ……① $(-\pi \leqq x \leqq \pi)$ の場合，（文字定数：分離されているね。）この異なる実数解の個数は，次の **2** つの関数のグラフの共有点の個数と同じなんだね。

$$\begin{cases} y=f(x)=\sin x(1-\cos x) \\ \qquad\qquad (-\pi \leqq x \leqq \pi) \\ y=k \end{cases}$$

図 **3**

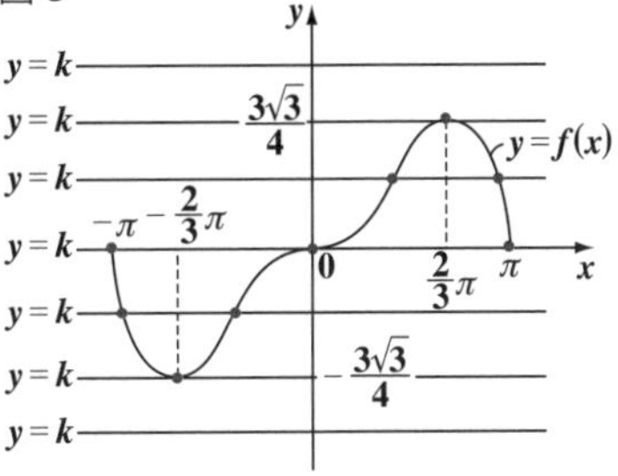

$y=f(x)$ のグラフは，例題 **10** で求めている。図 **3** のグラフより，①の異なる実数解の個数は，

(ⅰ) $k<-\dfrac{3\sqrt{3}}{4}$，$\dfrac{3\sqrt{3}}{4}<k$ のとき，**0** 個

(ⅱ) $k=\pm\dfrac{3\sqrt{3}}{4}$ のとき，**1** 個

(ⅲ) $-\dfrac{3\sqrt{3}}{4}<k<\dfrac{3\sqrt{3}}{4}$ $(k \neq 0)$ のとき，**2** 個

(ⅳ) $k=0$ のとき，**3** 個

(Ⅱ) 方程式：$x=ae^x$ ……② (a：実数定数) のとき，両辺を e^x で割って，

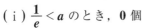

$xe^{-x}=\underline{\underline{a}}$（文字定数を分離した！） これを分解して，

$$\begin{cases} y=g(x)=xe^{-x} & (\text{このグラフは演習問題 25 (P73) 参照}) \\ y=a & (x \text{ 軸に平行な直線}) \end{cases}$$

この **2** つの関数のグラフの共有点の個数が，②の実数解の個数と等しいので，

図 **4**

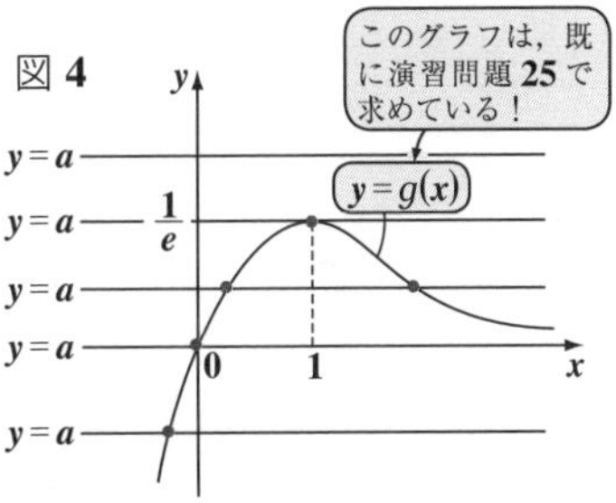

(ⅰ) $\dfrac{1}{e}<a$ のとき，**0** 個

(ⅱ) $a=\dfrac{1}{e}$，$a \leqq 0$ のとき，**1** 個

(ⅲ) $0<a<\dfrac{1}{e}$ のとき，**2** 個

となる。

どう？ 面白かった？ グラフをうまく使うことがコツだ。

● 不等式もグラフを使ってヴィジュアルに解ける！

次，**“微分法の不等式への応用”**の解説に入ろう。これも，**“方程式への応用”**のときと同様に，グラフを使って解いていくといいんだ。難しいと思った微分法も，実は意外と面白いものなんだね。

不等式の証明

$a \leqq x \leqq b$ のとき，不等式 $\underline{\underline{f(x)}} \geqq g(x)$ …(＊) が成り立つことを示したかったら，まず，大きい方から小さい方を引いた差関数 $h(x)$ を作る。

差関数 $y = h(x) = f(x) - g(x) \quad (a \leqq x \leqq b)$

（$f(x)$：大きい方，$g(x)$：小さい方）

そして，$a \leqq x \leqq b$ のとき，$h(x) \geqq 0$ を示す。

この $h(x) \geqq 0$ を示すには，$a \leqq x \leqq b$ における $h(x)$ の最小値 m を求め，その最小値 m でさえ 0 以上，すなわち $m \geqq 0$ を示せば，結局 (＊) の不等式を示したことになるんだね。

この差関数 $y = h(x)$ のグラフのパターンとして，大体次の 3 つをイメージしてくれたらいい。どれも，$h(x) \geqq 0$ が言えるのがわかるね。

図 5　差関数 $y = h(x) = f(x) - g(x)$ のイメージ

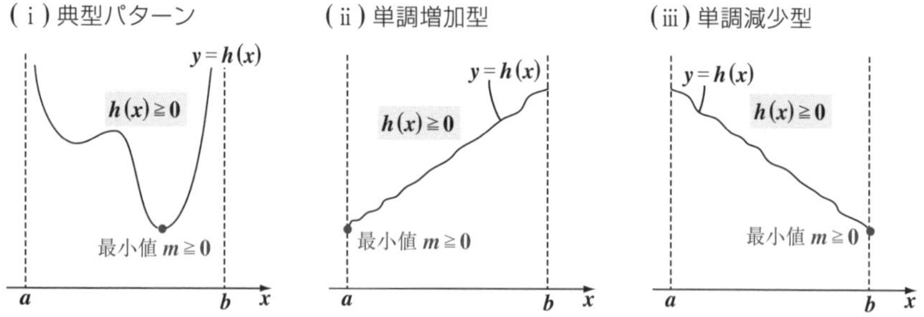

それでは次に，文字定数 k の入った不等式の証明法についても示す。この場合も，“方程式”のときと同様に，文字定数 k をまず分離してから考えるとわかりやすいんだ。

文字定数と不等式

(i) $f(x) \leqq \underline{\underline{k}}$ が成り立つことを示すには，（文字定数・分離）
これを分解して，

$$\begin{cases} y = f(x) \\ y = k \end{cases}$$ とおき，

$f(x)$ の最大値 $\underline{\underline{M \leqq k}}$ を示す。

図(i) $f(x) \leqq k$ のイメージ

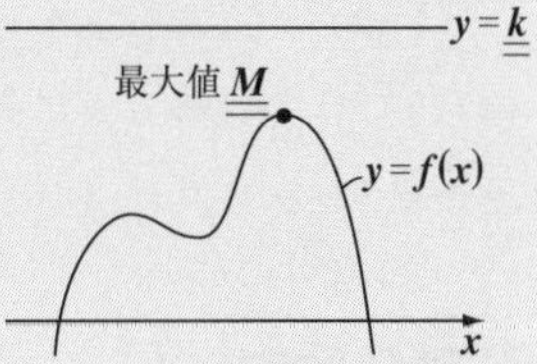

(ii) $f(x) \geqq \underline{\underline{k}}$ が成り立つことを示すには，
これを分解して，

$$\begin{cases} y = f(x) \\ y = k \end{cases}$$ とおき，

$f(x)$ の最小値 $\underline{\underline{m \geqq k}}$ を示す。

図(ii) $f(x) \geqq k$ のイメージ

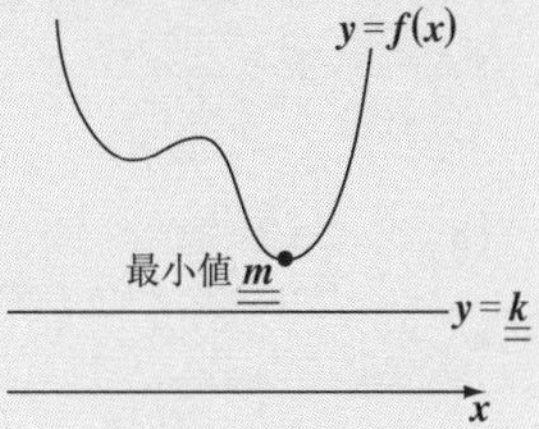

(i) $f(x) \leqq k$ を示したかったら，定数 k が $f(x)$ の最大値 M 以上であることを示し，

(ii) $f(x) \geqq k$ を証明するには，定数 k が $f(x)$ の最小値 m 以下であることを言えばいいわけだ。

それぞれのイメージとして，グラフを付けておいたけれど，これは条件等によって，さまざまに変化する。でも，常にグラフを念頭におきながら，正確な微分の計算力を駆使して問題を解いていくことだ。すると，意外と楽に問題を解くことができるはずだ。それでは，次の演習問題で，さらに実践力を鍛えていこう。

関数の最大値と最小値

演習問題 28	難易度 ★	CHECK 1	CHECK 2	CHECK 3

関数 $f(x)=\sqrt{2-x^2}-x\ \left(-\sqrt{2}\leqq x\leqq\sqrt{2}\right)$ の最大値と最小値を求めよ。

（電気通信大＊）

レクチャー $y=f(x)=\sqrt{2-x^2}+(-x)$ は，分解した 2 つの関数 $y=\sqrt{2-x^2}$ と $y=-x$ の和と考えるといい。（引き算ではなく，たし算とみる）

$y=\sqrt{2-x^2}$ は，半径 $\sqrt{2}$ の上半円だね。よって，$y=f(x)$ は，右図のように極大値をもつグラフとなるね。

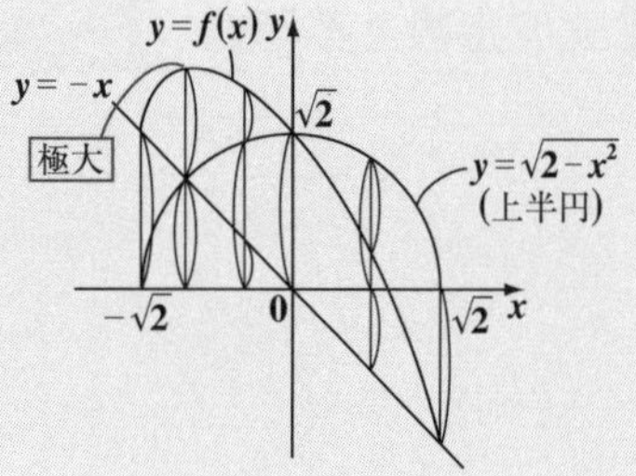

解答＆解説

$y=f(x)=\sqrt{2-x^2}-x=(2-x^2)^{\frac{1}{2}}-x\quad\left(-\sqrt{2}\leqq x\leqq\sqrt{2}\right)$

（$2-x^2=t$ とおいて合成関数の微分だ！）

$$f'(x)=\frac{1}{2}(2-x^2)^{-\frac{1}{2}}(-2x)-1$$

$$=-\frac{x}{\sqrt{2-x^2}}-1=-\frac{x+\sqrt{2-x^2}}{\sqrt{2-x^2}}$$

$f'(x)=0$ のとき，$x+\sqrt{2-x^2}=0$，$\sqrt{2-x^2}=-x$（⊕ ⊖）

両辺を 2 乗して，$2-x^2=x^2\qquad x^2=1$

ここで，$\underline{x<0}$ より，$x=-1$

増減表 $\left(-\sqrt{2}\leqq x\leqq\sqrt{2}\right)$（$f'(-1.1)>0$，$f'(0)<0$）

x	$-\sqrt{2}$		-1		$\sqrt{2}$
$f'(x)$		⊕	0	⊖	
$f(x)$	$\sqrt{2}$	↗	2	↘	$-\sqrt{2}$

$f\left(-\sqrt{2}\right)=\sqrt{2-2}+\sqrt{2}=\sqrt{2}$

$f\left(\sqrt{2}\right)=\sqrt{2-2}-\sqrt{2}=-\sqrt{2}$

$x=-1$ のとき，

極大値 $f(-1)=\sqrt{2-1}+1=2$

以上より，

$$\begin{cases}x=-1\text{ のとき，最大値 }f(-1)=2\\ x=\sqrt{2}\text{ のとき，最小値 }f\left(\sqrt{2}\right)=-\sqrt{2}\end{cases}$$ …………（答）

ココがポイント

参考

円：$x^2+y^2=r^2$ より，

$y^2=r^2-x^2$

$y=\pm\sqrt{r^2-x^2}$ だね。

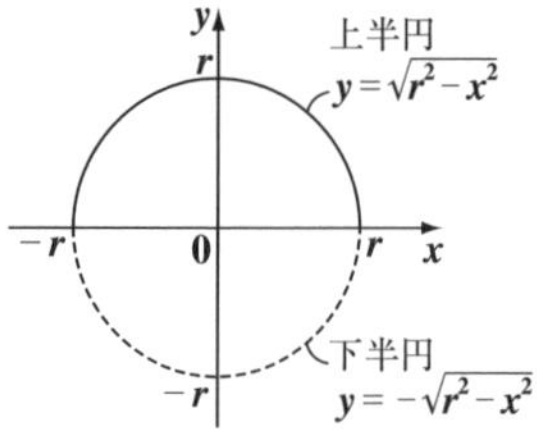

∴上半円：$y=\sqrt{r^2-x^2}$

下半円：$y=-\sqrt{r^2-x^2}$ だ！

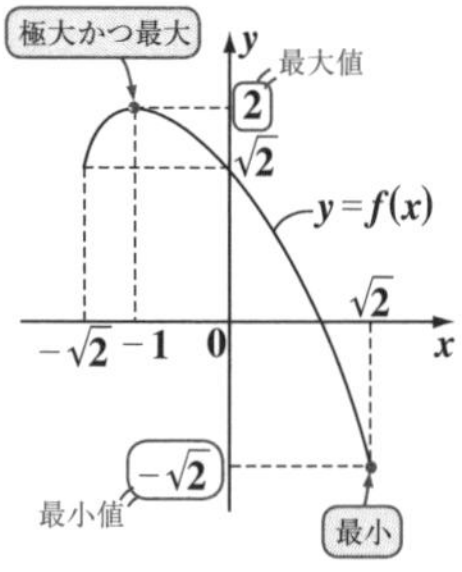

方程式の解の個数と文字定数の分離(Ⅰ)

演習問題 29	難易度 ★★	CHECK 1	CHECK 2	CHECK 3

方程式：$x^2 = ke^x$ ……① が異なる **3** 実数解をもつような実数 k の値の範囲を求めよ。ただし，$\lim\limits_{x\to\infty} x^2e^{-x} = 0$ とする。（立教大·横浜国立大＊）

レクチャー $y = f(x) = x^2 \cdot e^{-x}$ を，$y = x^2$ と $y = e^{-x}$ の積と考えると，

(ⅰ) $f(0) = 0$ ⟶ (0, 0) を通る

(ⅱ) $x > 0$ のとき $f(x) > 0$

　　$x < 0$ のとき $f(x) > 0$

(ⅲ) $\lim\limits_{x\to-\infty} f(x) = \lim\limits_{x\to-\infty} x^2 \cdot e^{-x} = +\infty$ （$x^2 \to +\infty$，$-x \to \infty$，$e^{-x} \to +\infty$）

(ⅳ) $\lim\limits_{x\to\infty} f(x) = \lim\limits_{x\to\infty} \dfrac{x^2}{e^x} = 0$ （x^2：中位の∞，e^x：強い∞）

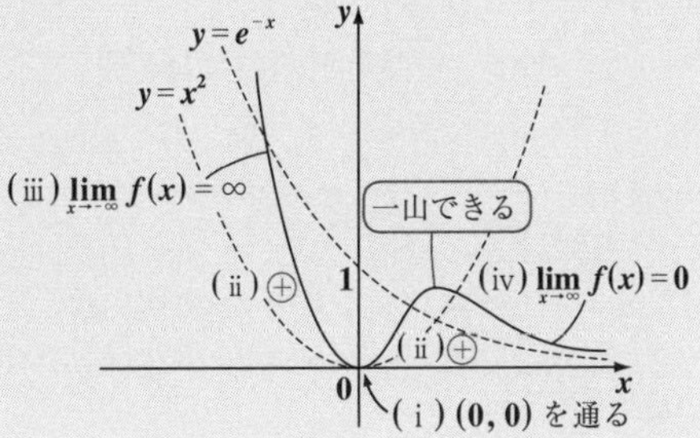

解答＆解説

方程式：$x^2 = ke^x$ ……① の両辺に e^{-x} をかけて，

$x^2e^{-x} = k$ （文字定数・分離）　∴①の方程式の実数解の個数は，次の **2** つの関数のグラフの共有点の個数に等しい。

⇦文字定数 k を分離した！

$$\begin{cases} y = f(x) = x^2e^{-x} \\ y = k \end{cases}$$

$$f'(x) = 2x \cdot e^{-x} + x^2 \cdot (-e^{-x}) = -x(x-2) \cdot e^{-x}$$

（$\widetilde{f'(x)} = -x(x-2)$ は ⊕, 0, ⊖，e^{-x} は ⊕）

$f'(x) = 0$ のとき，$x = 0,\ 2$

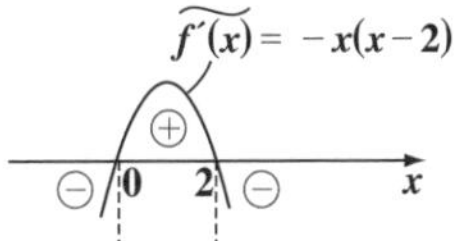

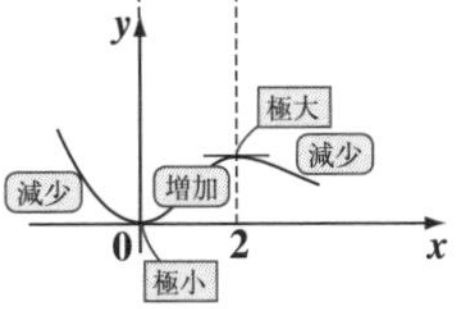

増減表

x		0		2	
$f'(x)$	－	0	＋	0	－
$f(x)$	↘	極小	↗	極大	↘

極小値 $f(0) = 0$

極大値 $f(2) = \dfrac{4}{e^2}$

$$\lim_{x\to-\infty} f(x) = +\infty,\quad \lim_{x\to\infty} f(x) = \lim_{x\to\infty} \frac{x^2}{e^x} = 0$$

（x^2：中位の∞，e^x：強い∞）

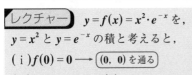

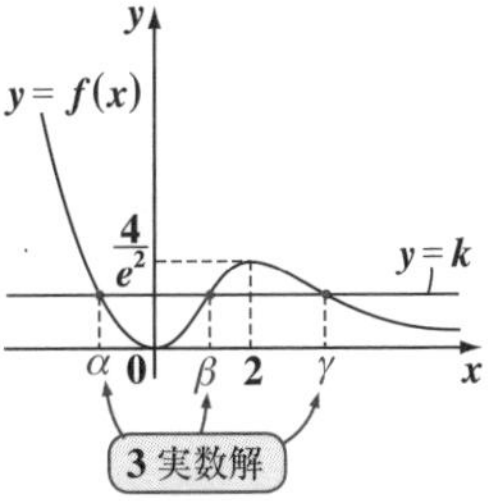

右の $y = f(x)$ のグラフより，①が異なる **3** 実数解をもつための k の条件は，$0 < k < \dfrac{4}{e^2}$ …………(答)

不等式の成立条件と文字定数の分離

演習問題 30	難易度 ★★	CHECK 1	CHECK 2	CHECK 3

$0 \leqq x \leqq 2\pi$ のとき，$ae^x \geqq \sin x$ ……① をみたす実数 a の最小値を求めよ。

レクチャー $y = f(x) = e^{-x}\sin x$ を $y = e^{-x}$ と $y = \sin x$ の積と考える。

(ⅰ) $x = \cdots, 0, \pi, 2\pi, \cdots$ のとき，
$y = \sin x = 0$ だから，$y = f(x)$ も x 軸と交わる。

(ⅱ) $e^{-x} > 0$ より，$y = f(x)$ の正負は $\sin x$ で決まる。

(ⅲ) $y = e^{-x}$ は単調減少関数なので，$y = f(x)$ は減衰しながら，振動を続ける。

よって，$y = f(x)$ のグラフは，次のようになる。

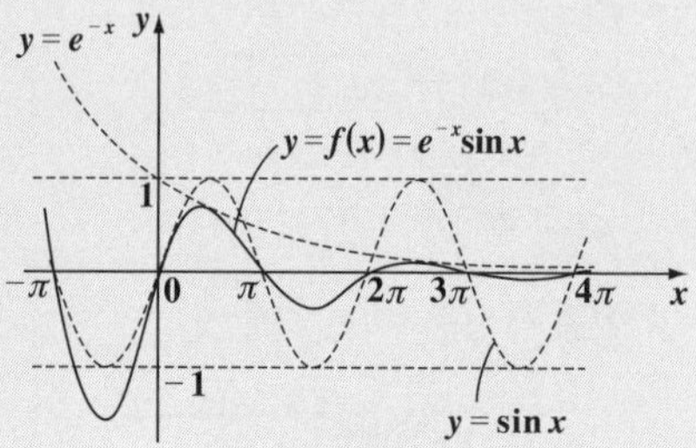

解答＆解説

$ae^x \geqq \sin x$ ……① $(0 \leqq x \leqq 2\pi)$

$e^{-x} > 0$ より，①の両辺に e^{-x} をかけて，

$a \geqq e^{-x}\sin x$ …………②　（y = a，$y = f(x)$）

ここで，$y = f(x) = e^{-x}\sin x$ $(0 \leqq x \leqq 2\pi)$ とおく。（$-x = t$）

$f'(x) = -e^{-x}\sin x + e^{-x}\cos x$

$= e^{-x}(\cos x - \sin x)$　　$f'(x) = 0$ のとき，

（$-x = t$ とおいて合成関数の微分）（e^{-x}：⊕，$f'(x) = \begin{cases} ⊕ \\ 0 \\ ⊖ \end{cases}$）

$\tan x = 1$　　$0 \leqq x \leqq 2\pi$ より，$x = \dfrac{\pi}{4}, \ \dfrac{5}{4}\pi$

$f'\left(\dfrac{\pi}{6}\right) > 0, \ f'\left(\dfrac{\pi}{2}\right) < 0, \ f'\left(\dfrac{3}{2}\pi\right) > 0$

増減表 $(0 \leqq x \leqq 2\pi)$

x	0		$\dfrac{\pi}{4}$		$\dfrac{5}{4}\pi$		2π
$f'(x)$		⊕	0	⊖	0	⊕	
$f(x)$	0	↗	極大	↘	極小	↗	0

$f(0) = f(\pi)$
$= f(2\pi)$
$= 0$

最大値 $f\left(\dfrac{\pi}{4}\right) = e^{-\frac{\pi}{4}}\sin\dfrac{\pi}{4} = \dfrac{1}{\sqrt{2}}e^{-\frac{\pi}{4}}$（$M$（最大値））より，②，すなわち①をみたす a の最小値は，$\dfrac{1}{\sqrt{2}}e^{-\frac{\pi}{4}}$ ………(答)

ココがポイント

⇦ $y = a$，$y = f(x)$ に分離。
$f(x)$ の最大値を M とおくと，$a \geqq M$ より，M が a の最小値となる。

⇦ $f'(x) = 0$ のとき，
$\cos x - \sin x = 0$
$\cos x = \sin x$
$\cos x \neq 0$ より，
$\dfrac{\sin x}{\cos x} = 1$
$\therefore \tan x = 1$

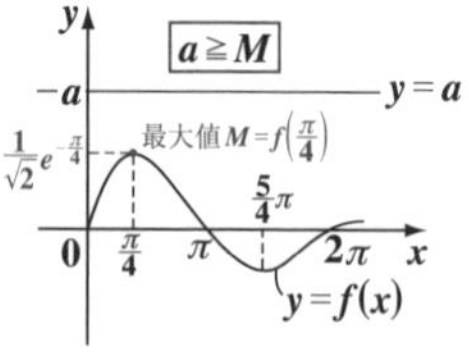

方程式がただ 1 つの実数解をもつ条件

演習問題 31	難易度 ★★★	CHECK 1	CHECK 2	CHECK 3

方程式 $\dfrac{1}{x^n}-\log x-\dfrac{1}{e}=0$ …① (n：自然数) が，$x \geqq 1$ の範囲にただ 1 つの実数解 x_n をもつことを示し，$\displaystyle\lim_{n\to\infty}x_n$ を求めよ。　(東北大)

ヒント！ $f(x)=\dfrac{1}{x^n}-\log x-\dfrac{1}{e}$ とおいて，$x \geqq 1$ で $f(x)$ が単調に減少し，$f(1)>0$，$f\left(e^{\frac{1}{n}}\right)<0$ であることを示せばいい。

解答&解説

$y=f(x)=x^{-n}-\log x-\dfrac{1}{e}\quad(x \geqq 1)$ とおく。

これを x で微分すると，

$$f'(x)=-nx^{-n-1}-\frac{1}{x}=-\underbrace{\frac{n}{x^{n+1}}}_{\oplus}-\underbrace{\frac{1}{x}}_{\oplus}<0$$

よって，曲線 $y=f(x)$ は，$x \geqq 1$ の範囲で単調に減少する。また，

$$\begin{cases} f(1)=1^{-n}-\underbrace{\log 1}_{0}-\dfrac{1}{e}=1-\dfrac{1}{e}>0 \\ f\left(e^{\frac{1}{n}}\right)=\underbrace{\left(e^{\frac{1}{n}}\right)^{-n}}_{\frac{1}{e}}-\log e^{\frac{1}{n}}-\dfrac{1}{e}=-\dfrac{1}{n}<0 \end{cases}$$ より，

方程式：$f(x)=0$ …① は，$x \geqq 1$ の範囲にただ 1 つの実数解 x_n をもつ。 ……………………………(終)

以上より，この実数解 x_n は，$1 \leqq x_n < e^{\frac{1}{n}}$ をみたす。

よって，$n\to\infty$ の極限をとると，

$$1 \leqq \lim_{n\to\infty}x_n \leqq \lim_{n\to\infty}e^{\overset{\to 0}{\frac{1}{n}}}=e^0=1$$

よって，ハサミ打ちの原理より，

$\displaystyle\lim_{n\to\infty}x_n=1$ ……………………………(答)

ココがポイント

⇦ $x \geqq 1$ で $f'(x)<0$ だね。

⇦ $x \geqq 1$ で，$f(x)$ は単調減少より，下のグラフのように，曲線 $y=f(x)$ が $x \geqq 1$ の範囲で正から負に変化することを示せばいいんだね。

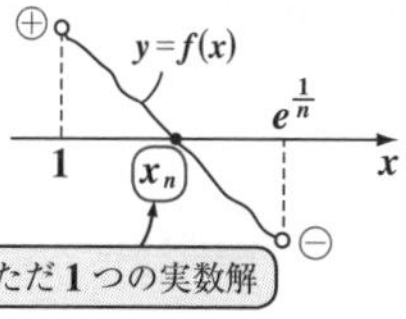

⇦ 右辺の"＜"を"≦"に変えて，等号を加える。

方程式の解の個数と文字定数の分離(Ⅱ)

演習問題 32 難易度 ★★★ CHECK 1 CHECK 2 CHECK 3

次の各問いに答えよ。

(1) $x \geqq 1$ のとき，$2\sqrt{x} \geqq \log x$ が成り立つことを示せ。

(2) (1) の結果を用いて，$\displaystyle\lim_{x\to\infty}\frac{\log x}{x}$ を求めよ。

(3) 方程式 $\log x = ax$ （a：実数）が異なる 2 実数解をもつとき，a の値の範囲を求めよ。

ヒント！ (1) の不等式は，差関数をとって示せばいいね。(2) の極限が 0 となることは知っているけれど，(1) を利用してハサミ打ちで証明する。(3) では，文字定数 a を分離するんだね。頑張れ！

レクチャー $y=f(x)=\dfrac{\log x}{x}=\dfrac{1}{x}\times\log x$ （割り算ではなく，かけ算とみる）

は，$y=\dfrac{1}{x}$ と $y=\log x$ の積と考える。

(ⅰ) $\log 1 = 0$ より，$f(1)=0$ （点 $(1,0)$ を通る）

(ⅱ) $0<x<1$ のとき，$f(x)<0$

$1<x$ のとき，$f(x)>0$

(ⅲ) $\displaystyle\lim_{x\to+0}f(x)=\lim_{x\to+0}\frac{1}{x}\cdot\log x=-\infty$ （$\frac{1}{x}\to+\infty$，$\log x\to-\infty$）

(ⅳ) $\displaystyle\lim_{x\to\infty}f(x)=\lim_{x\to\infty}\frac{\log x}{x}=0$ （分子 $\log x$：弱い∞，分母 x：中位の∞）

これで，グラフの概形がわかる。

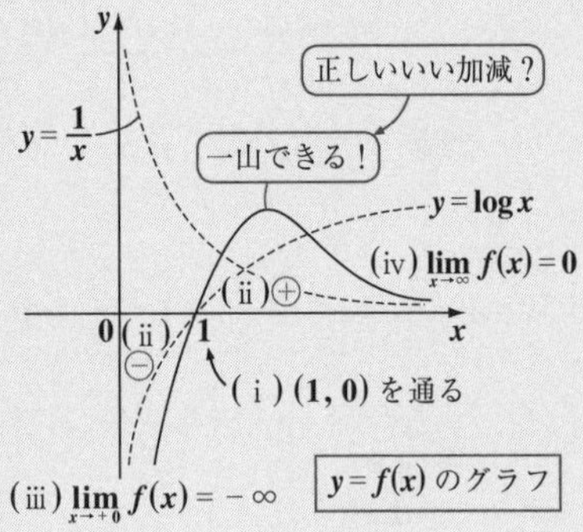

解答＆解説

ココがポイント

(1) $x \geqq 1$ のとき，$2\sqrt{x} \geqq \log x$ ……(＊) を示す。

差関数 $y=g(x)=2\sqrt{x}-\log x$ $(x\geqq 1)$ とおく。（$2\sqrt{x}$：大，$\log x$：小）

⇦ 差関数 $g(x)$ をとって，$x\geqq 1$ のとき $g(x)\geqq 0$ を示す。

$$g'(x)=2\cdot\frac{1}{2}x^{-\frac{1}{2}}-\frac{1}{x}=\frac{1}{\sqrt{x}}-\frac{1}{x}=\frac{\sqrt{x}-1}{x}$$

（分子 $\sqrt{x}-1$：0 以上，分母 x：⊕）

ここで，$x\geqq 1$ より，$g'(x)\geqq 0$

よって，$g(x)$ は単調に増加する。

最小値 $g(1) = 2\sqrt{1} - \log 1 = 2 > 0$

$\therefore\ x \geqq 1$ のとき $g(x) = \boxed{2\sqrt{x} - \log x > 0}$ より，

$2\sqrt{x} \geqq \log x$ ……$(*)$ は成り立つ。……(終)

この等号はつけていい。これは，$x>1$ ならば $x\geqq 1$ と言えるのと同じ

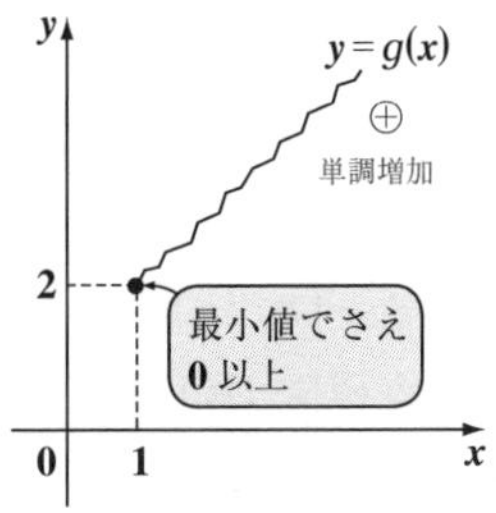

(2) $(*)$ の式より，$0 \leqq \log x \leqq 2\sqrt{x}$ $(x \geqq 1)$

x は正より，各辺を x で割って，

$0 \leqq \dfrac{\log x}{x} \leqq \dfrac{2}{\sqrt{x}}$ ここで，$x \to \infty$ とすると，

ハサミ打ち！

$\underline{0 \leqq \lim_{x\to\infty} \dfrac{\log x}{x}} \leqq \lim_{x\to\infty} \dfrac{2}{\sqrt{x}} = \underline{0}$

⇦ $\lim_{x\to\infty}\dfrac{\log x}{x}$ は，0 以上 0 以下と，0 で“ハサミ打ち”されたから，0 に収束する。

$\therefore\ \lim_{x\to\infty} \dfrac{\log x}{x} = 0$ ……………………………(答)

(3) 方程式 $\log x = ax$ ……① (a : 実数)

①の両辺を x で割って，

$\dfrac{\log x}{x} = a$ ……② ここで，

$y = f(x) = \dfrac{\log x}{x}$，$y = a$

とおく。

⇦ $y=f(x)$ と $y=a$ の共有点の個数が①の実数解の個数だ。

$\widetilde{f'(x)} = \begin{cases}\oplus\\0\\\ominus\end{cases}$ (符号に関する本質的部分)

$f'(x) = \dfrac{\boxed{1 - \log x}}{\boxed{x^2}_{\oplus}}$

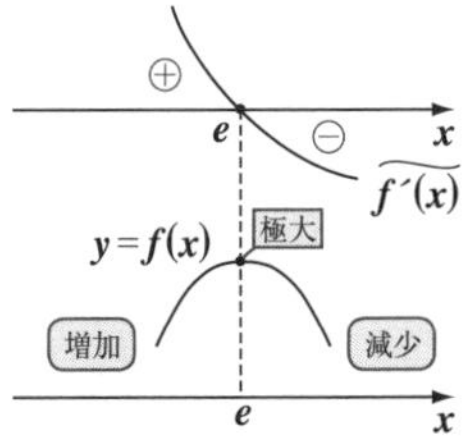

$f'(x) = 0$ のとき，$1 - \log x = 0$ $\therefore\ x = e$

増減表 $(0 < x)$

x	0		e	
$f'(x)$	／	$+$	0	$-$
$f(x)$	／	↗	$\dfrac{1}{e}$	↘

極大値 $f(e) = \dfrac{\log e}{e}$

$= \dfrac{1}{e}$

$\lim_{x\to+0} f(x) = -\infty$

$\lim_{x\to\infty} f(x) = \lim_{x\to\infty} \dfrac{\log x}{x} = 0$

弱い∞

中位の∞

今回は，(2) で，これが 0 に収束することを示した。

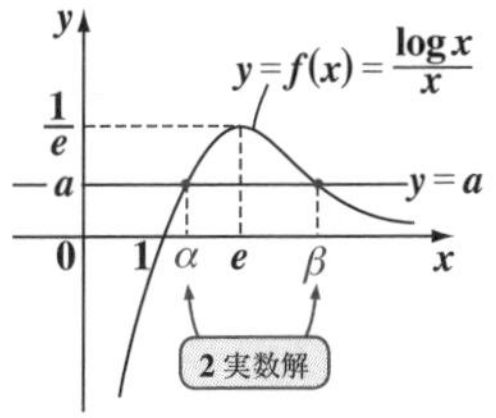

よって，右図より，②，すなわち①の方程式が異なる 2 実数解をもつための a の範囲は，

$0 < a < \dfrac{1}{e}$ ……………………………(答)

関数のグラフと方程式の解の個数(I)

演習問題 33	難易度 ★★★	CHECK 1	CHECK 2	CHECK 3

関数 $f(x)=x^2\log x-ax^2+b$ ……① $(x>0)$ について，次の各問いに答えよ。(ただし，対数は自然対数とし，a，b は定数とする。)

(1) $f'(x)$ を求め，$f(x)$ の極値を求めよ。

(2) 極限 $\displaystyle\lim_{x\to+0}f(x)$ と $\displaystyle\lim_{x\to+\infty}f(x)$ を求めよ。

(3) 方程式 $f(x)=0$ が 2 つの異なる実数解をもつとき，a と b の関係を求め，点 $(a,\ b)$ の存在する領域を図示せよ。

ヒント！ (1) は，$f'(x)$ を求めて，増減表から，関数 $f(x)$ は 1 つの極小値をもつことが分かるんだね。(2) では，$\displaystyle\lim_{x\to+0}x^2\cdot\log x=0\times(-\infty)$ の不定形となるので，$t=\dfrac{1}{x}$ により変数を置換するといい。(3) では，$y=f(x)$ のグラフが x 軸と 2 つの共有点をもつようにすればいいんだね。

解答＆解説

ココがポイント

(1) $y=f(x)=x^2\log x-ax^2+b$ ……① $(x>0)$ を x で微分して，

$$f'(x)=2x\log x+x^2\cdot\frac{1}{x}-a\cdot 2x$$

$$=\underset{\oplus}{x}(2\log x+1-2a)\ \text{……②となる。……(答)}$$

$\widetilde{f'(x)}$ (符号に関する $f'(x)$ の本質的部分)

$f'(x)=0$ のとき，$2\log x+1-2a=0$

$\log x=\dfrac{2a-1}{2}$ より，

$x=e^{\frac{2a-1}{2}}$ となり，

$y=f(x)\ (x>0)$ の増減表は右のようになる。よって，

増減表 $(x>0)$

x	(0)		$e^{\frac{2a-1}{2}}$	
$f'(x)$	/	$-$	0	$+$
$f(x)$	/	↘	極小	↗

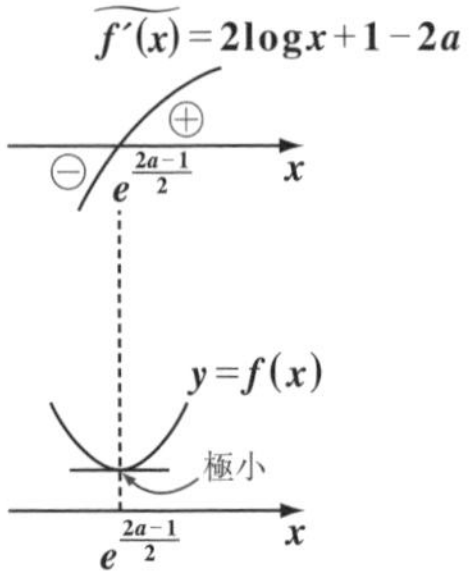

$y=f(x)$ は $x=e^{\frac{2a-1}{2}}$ で

極小値 $f\left(e^{\frac{2a-1}{2}}\right)=e^{2a-1}\left(\underbrace{\log e^{\frac{2a-1}{2}}}_{\cancel{a}-\frac{1}{2}}-\cancel{a}\right)+b$

$$=-\frac{1}{2}e^{2a-1}+b\ \text{をとる。………(答)}$$

(2)・極限 $\lim_{x\to+0} f(x) = \lim_{x\to+0}(\underbrace{x^2\log x}_{0\times(-\infty)\text{の不定形}} - \underbrace{ax^2}_{0} + b)$ について，

$x = \frac{1}{t}\left(t = \frac{1}{x}\right)$ とおくと，$x \to +0$ のとき，

$t \to +\infty$ となり，

$x^2 \cdot \log x = \left(\frac{1}{t}\right)^2 \cdot \log\frac{1}{t} = \frac{1}{t^2}\log t^{-1} = -\frac{\log t}{t^2}$

となる。よって，

$\lim_{x\to+0} f(x) = \lim_{\substack{x\to+0 \\ (t\to+\infty)}}\left(-\underbrace{\frac{\log t}{t^2}}_{0} - \underbrace{ax^2}_{0} + b\right) = b$ となる。 ⇦ $\lim_{t\to+\infty}\frac{\log t}{t^2} = \frac{(\text{弱い}\infty)}{(\text{中位の}\infty)} = 0$

………(答)

・極限 $\lim_{x\to+\infty} f(x) = \lim_{x\to+\infty}\{\underbrace{x^2}_{\infty} \cdot \underbrace{(\log x - a)}_{\infty} + b\} = \infty$ となる。……(答)

(3) 以上より，$y = f(x)$ のグラフが右図のようになるとき，x 軸と異なる 2 点 $x = \alpha, \beta$ で交わるので，方程式 $f(x) = 0$ は相異なる 2 実数解をもつ。

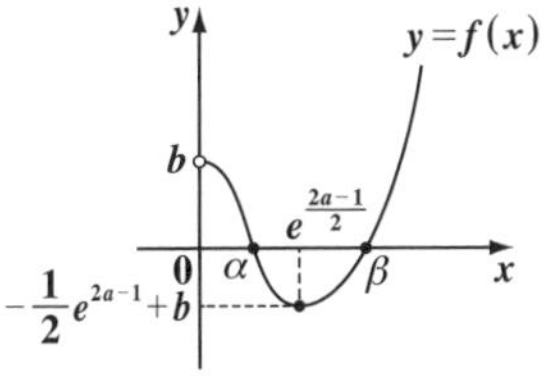

よって，方程式 $f(x) = 0$ が相異なる 2 実数解をもつための条件は，

(i) $b > 0$ かつ

(ii) $-\frac{1}{2}e^{2a-1} + b < 0$，すなわち $b < \frac{1}{2}e^{2a-1}$ である。

………(答)

以上 (i), (ii) より，点 (a, b) の存在領域を ab 座標平面上に示すと，右図の網目部になる。(ただし，境界線はすべて含まない。)

………(答)

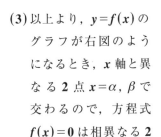

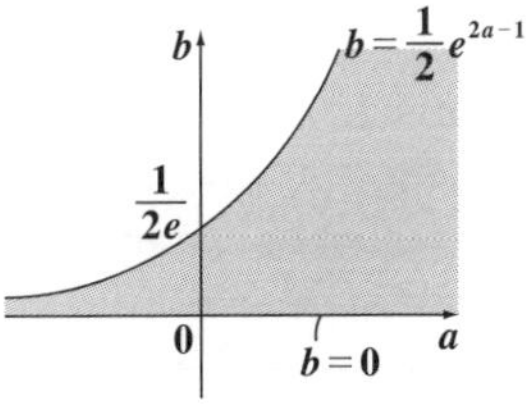

関数のグラフと方程式の解の個数(Ⅱ)

演習問題 34　難易度 ★★★　CHECK 1　CHECK 2　CHECK 3

実数 k に対して，$e^{\frac{1}{3}x}=kx(x-8)$ ……① の実数解の個数を調べよ。
ただし，$\lim_{x\to\infty}\frac{e^x}{x^n}=\infty$ $(n=1,\ 2,\ 3,\ \cdots)$ を用いてもよい。(名古屋市立大)

ヒント！ ①の方程式を $\frac{e^{\frac{1}{3}x}}{x(x-8)}=k$ と変形して，$y=f(x)=\frac{e^{\frac{1}{3}x}}{x(x-8)}$ と $y=k$ に分解しよう。すると，$y=f(x)$ と $y=k$ のグラフの共有点の個数が，①の実数解の個数になるんだね。

解答＆解説

方程式 $e^{\frac{1}{3}x}=kx(x-8)$ ……① について，
$x\neq 0,\ 8$ より，①の両辺を $x(x-8)$ で割って，
$\frac{e^{\frac{1}{3}x}}{x(x-8)}=k$ とし，さらにこれを2つの関数に分解して，

$$\begin{cases} y=f(x)=\dfrac{e^{\frac{1}{3}x}}{x(x-8)} \cdots\cdots ② \ (x\neq 0,\ 8) \\ y=k \cdots\cdots ③ \end{cases}$$
となる。← x 軸に平行な直線

すると，②と③のグラフの共有点の x 座標が方程式①の実数解となるので，②と③のグラフの共有点の個数が，①の方程式の実数解の個数になる。
②を x で微分して，

$$f'(x)=\frac{\frac{1}{3}e^{\frac{1}{3}x}\cdot(x^2-8x)-e^{\frac{1}{3}x}\cdot(2x-8)}{(x^2-8x)^2}$$

$$=\frac{e^{\frac{1}{3}x}(x-2)(x-12)}{3x^2(x-8)^2}$$

（分母は ⊕）　$\widetilde{f'(x)}=(x-2)(x-12)$: $\widetilde{f'(x)}=\begin{cases}⊕\\0\\⊖\end{cases}$ ($f'(x)$ の⊕，⊖に関する本質的な部分)

よって，$f'(x)=0$ のとき，$x=2,\ 12$ であり，
$y=f(x)$ $(x\neq 0,\ 8)$ の増減表は次のようになる。

ココがポイント

⇦ $x=0$ または 8 と仮定すると，①は(⊕の数)$=0$ となって，矛盾する。よって，$x\neq 0,\ 8$ (背理法)

⇦ $f'(x)=\frac{e^{\frac{1}{3}x}\cdot(x^2-8x-6x+24)}{3x^2(x-8)^2}$
$=\frac{e^{\frac{1}{3}x}\cdot(x^2-14x+24)}{3x^2(x-8)^2}$
$=\frac{e^{\frac{1}{3}x}\cdot(x-2)(x-12)}{3x^2(x-8)^2}$

⇦
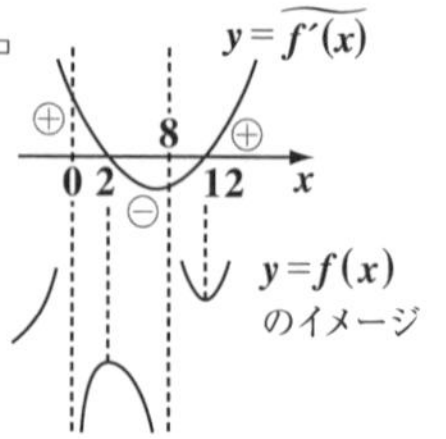

$y=f(x)\ (x \neq 0,\ 8)$ の増減表

x		(0)		2		(8)		12	
$f'(x)$	$+$	／	$+$	0	$-$	／	$-$	0	$+$
$f(x)$	↗	／	↗	極大	↘	／	↘	極小	↗

よって，$y=f(x)$ は，

・$x=2$ で極大値 $f(2)=\dfrac{e^{\frac{2}{3}}}{2\cdot(-6)}=-\dfrac{e^{\frac{2}{3}}}{12}$ をとり，

・$x=12$ で極小値 $f(12)=\dfrac{e^4}{12\cdot 4}=\dfrac{e^4}{48}$ をとる。

$y=f(x)$ のグラフは，$x=0$ と $x=8$ で不連続であることに注意しよう。

また，各極限を調べると，

(i) $\displaystyle\lim_{x\to-\infty} f(x)=\lim_{x\to-\infty}\frac{e^{\frac{1}{3}x}}{x(x-8)}=\frac{+0}{-\infty\times(-\infty)}=\frac{+0}{\infty}=+0$

(ii) $\displaystyle\lim_{x\to-0} f(x)=\lim_{x\to-0}\frac{e^{\frac{1}{3}x}}{x(x-8)}=\frac{1}{-0\times(-8)}=\frac{1}{+0}=+\infty$

(iii) $\displaystyle\lim_{x\to+0} f(x)=\lim_{x\to+0}\frac{e^{\frac{1}{3}x}}{x(x-8)}=\frac{1}{+0\times(-8)}=\frac{1}{-0}=-\infty$

(iv) $\displaystyle\lim_{x\to8-0} f(x)=\lim_{x\to8-0}\frac{e^{\frac{1}{3}x}}{x(x-8)}=\frac{e^{\frac{8}{3}}}{8\times(-0)}=\frac{e^{\frac{8}{3}}}{-0}=-\infty$

(v) $\displaystyle\lim_{x\to8+0} f(x)=\lim_{x\to8+0}\frac{e^{\frac{1}{3}x}}{x(x-8)}=\frac{e^{\frac{8}{3}}}{8\times(+0)}=\frac{e^{\frac{8}{3}}}{+0}=+\infty$

(vi) $\displaystyle\lim_{x\to+\infty} f(x)=\lim_{x\to+\infty}\frac{e^{\frac{1}{3}x}}{x(x-8)}=\infty$ ← $\dfrac{\text{強い}\infty}{\text{中位の}\infty}$

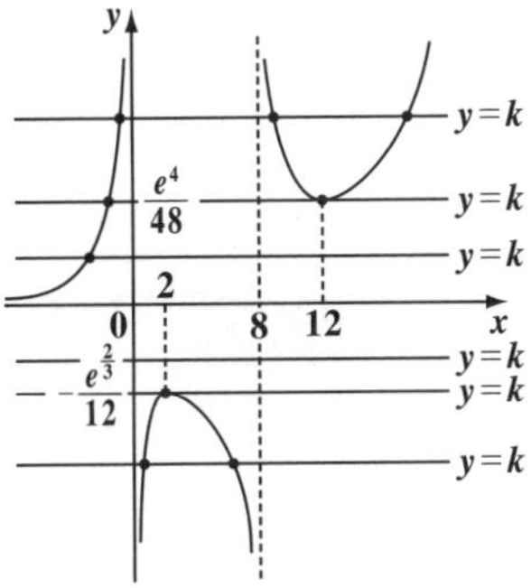

以上より，$y=f(x)$ と $y=k$ のグラフは右図のようになる。よって，①の実数解の個数は，

$-\dfrac{e^{\frac{2}{3}}}{12}<k \leqq 0$ のとき，　　**0** 個

$k=-\dfrac{e^{\frac{2}{3}}}{12}$，$0<k<\dfrac{e^4}{48}$ のとき，**1** 個

$k<-\dfrac{e^{\frac{2}{3}}}{12}$，$k=\dfrac{e^4}{48}$ のとき，　　**2** 個

$\dfrac{e^4}{48}<k$ のとき，　　**3** 個である。

………(答)

§4. 速度・加速度，近似式も押さえよう！

微分法は，**1** 次元や **2** 次元運動する点の**速度**，**加速度**などにも応用できる。さらに，微分係数を定義する極限の式から，**近似式**を導くこともできるんだね。では，微分法の応用の最終テーマに入ろう。

- **x 軸上を運動する点の速度や加速度など**
- **xy 座標平面上を運動する点の速度や加速度など**
- **近似式**

これで，微分法も最後だから，みんな，頑張ろうな！

● x 軸上を運動する点の速度・加速度をマスターしよう！

図 **1** のように x 軸上を運動する動点を $P(x)$ とおくと，**位置** x は時刻 t と共に変化するので，t の関数として，$x(t)$ と表せる。

図 1　x 軸上を運動する点 $P(x)$

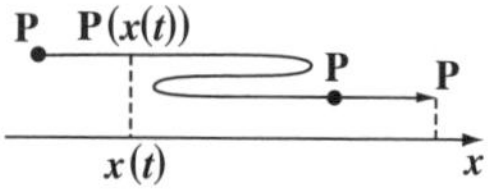

ここで，時刻 t から $t+\triangle t$ までの微小な時間 $\triangle t$ の間に移動する位置の変化量を $\triangle x$ とおくと，この $\triangle t$ の間の動点 P の平均速度は，

$$\frac{\triangle x}{\triangle t}=\frac{x(t+\triangle t)-x(t)}{\triangle t}$$ となる。

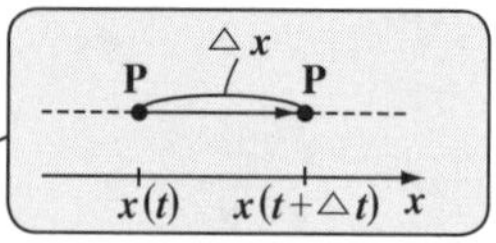

ここで，$\triangle t\to 0$ の極限をとると，時刻 t における動点 P の**速度** v となるんだね。つまり，

$$v=\frac{dx}{dt}=\lim_{\triangle t\to 0}\frac{\triangle x}{\triangle t}=\lim_{\triangle t\to 0}\frac{x(t+\triangle t)-x(t)}{\triangle t}$$ だね。

そして，この速度 v をさらに時刻 t で微分したものが P の**加速度** a となる。

つまり，$a=\dfrac{dv}{dt}=\dfrac{d^2x}{dt^2}$ なんだね。

（dt^2：x を t で **2** 回微分したもの）

さらに，v の絶対値 $|v|$ を**速さ**といい，a の絶対値 $|a|$ を**加速度の大きさ**と呼ぶことも覚えておこう。

● *xy* 平面上を運動する点の速度・加速度はベクトルになる！

図 **2** のように，xy 座標平面上を運動する点を $P(x, y)$ とおくと，x も y も時刻 t の関数，つまり，$x(t)$，$y(t)$ となる。

図 **2**　xy 平面上を運動する点 $P(x,\ y)$

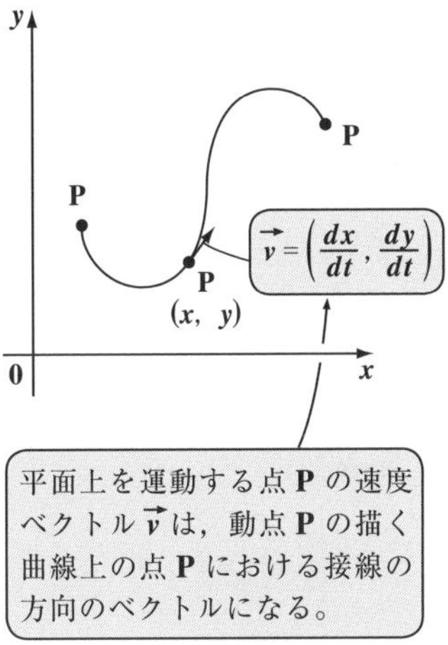
y
P
P
P
(x, y)
v = (dx/dt, dy/dt)
0
x
平面上を運動する点Pの速度ベクトルvは，動点Pの描く曲線上の点Pにおける接線の方向のベクトルになる。

よって，動点 **P** の

(i) $\begin{cases} x \text{ 軸方向の速度成分は } \dfrac{dx}{dt}, \\ y \text{ 軸方向の速度成分は } \dfrac{dy}{dt} \text{ より，} \end{cases}$

P の**速度ベクトル**は $\vec{v} = \left(\dfrac{dx}{dt},\ \dfrac{dy}{dt}\right)$ と表されるし，また

(ii) $\begin{cases} x \text{ 軸方向の加速度成分は } \dfrac{d^2x}{dt^2}, \\ y \text{ 軸方向の加速度成分は } \dfrac{d^2y}{dt^2} \text{ より，} \end{cases}$

P の**加速度ベクトル**は $\vec{a} = \left(\dfrac{d^2x}{dt^2},\ \dfrac{d^2y}{dt^2}\right)$ と表されるんだね。

また，$\vec{v}$ の大きさ $|\vec{v}|$ を**速さ**といい，$|\vec{v}| = \sqrt{\left(\dfrac{dx}{dt}\right)^2 + \left(\dfrac{dy}{dt}\right)^2}$ で求められるし，

$\vec{a}$ の大きさ $|\vec{a}|$ を**加速度の大きさ**といい，$|\vec{a}| = \sqrt{\left(\dfrac{d^2x}{dt^2}\right)^2 + \left(\dfrac{d^2y}{dt^2}\right)^2}$ で計算できる。

では，**P** の位置 $(x,\ y)$ が $x = t - \sin t,\ y = 1 - \cos t$ で表されるとき，**速度**

（サイクロイド $x = a(\theta - \sin\theta)$，$y = a(1 - \cos\theta)$ の a を 1，θ を t にしたものだ。）

$\vec{v}$，速さ $|\vec{v}|$ と**加速度** $\vec{a}$ とその大きさ $|\vec{a}|$ を求めてみよう。

$\dfrac{dx}{dt} = 1 - \cos t,\ \dfrac{dy}{dt} = \sin t$，また $\dfrac{d^2x}{dt^2} = \sin t,\ \dfrac{d^2y}{dt^2} = \cos t$ より

$\vec{v} = (1 - \cos t,\ \sin t)$，$\vec{a} = (\sin t,\ \cos t)$ となるし，また，

$|\vec{v}| = \sqrt{(1 - \cos t)^2 + \sin^2 t} = \sqrt{2(1 - \cos t)}$，$|\vec{a}| = \sqrt{\sin^2 t + \cos^2 t} = 1$ だね。

（$1 - 2\cos t + \cos^2 t + \sin^2 t = 2 - 2\cos t = 2(1 - \cos t)$）←（$\cos^2 t + \sin^2 t = 1$）

● 近似公式のポイントは，接線だ！

近似式は，関数の極限の公式から，簡単に導くことができる。次の **3** つの関数の極限の公式：

(ⅰ) $\lim_{x \to 0} \frac{\sin x}{x} = 1$，(ⅱ) $\lim_{x \to 0} \frac{e^x - 1}{x} = 1$，(ⅲ) $\lim_{x \to 0} \frac{\log(x+1)}{x} = 1$ は，いずれも，x を限りなく 0 に近づけるときのものだけれど，この条件を少しゆるめて，$x \fallingdotseq 0$，つまり 0 付近の式とすると，それぞれ次のような近似公式が導ける。

(ⅰ) $x \fallingdotseq 0$ のとき

$\frac{\sin x}{x} \fallingdotseq 1$ より

$\sin x \fallingdotseq x$

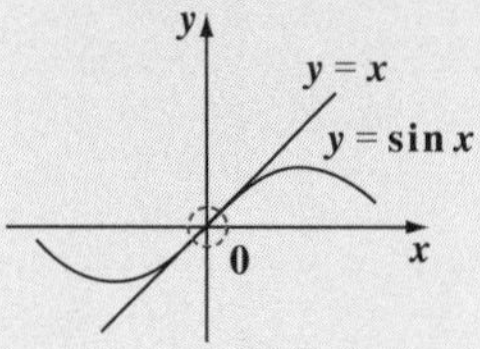

(ⅱ) $x \fallingdotseq 0$ のとき

$\frac{e^x - 1}{x} \fallingdotseq 1$ より

$e^x \fallingdotseq x + 1$

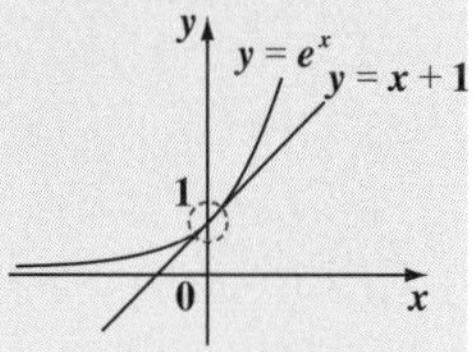

(ⅲ) $x \fallingdotseq 0$ のとき

$\frac{\log(x+1)}{x} \fallingdotseq 1$ より

$\log(x+1) \fallingdotseq x$

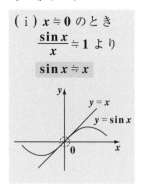

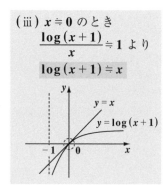

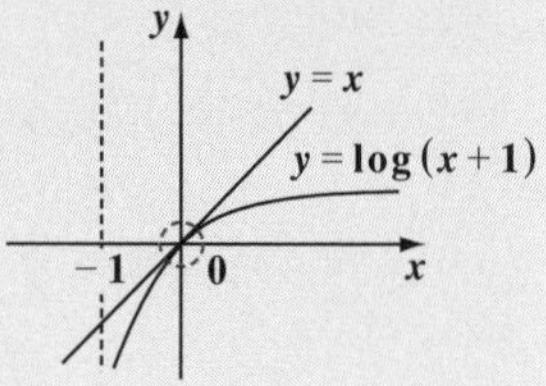

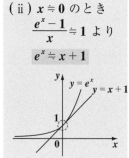

(ⅰ) $y = \sin x$ と $y = x$ は，まったく異なる関数だけれど，$x \fallingdotseq 0$ 付近では，グラフで見る限り，ほとんど区別がつかない。つまり，曲線 $y = \sin x$ が直線 $y = x$ で近似できることが分かると思う。(ⅱ)，(ⅲ) も同様だね。

より一般的な**近似公式**は，微分係数の定義式：

$\lim_{h \to 0} \frac{f(a+h) - f(a)}{h} = f'(a)$ ……① から導ける。

これも，$h \to 0$ の条件をゆるめて，$h \fallingdotseq 0$ とすると，①より近似式

$\frac{f(a+h) - f(a)}{h} \fallingdotseq f'(a)$ ……② が導ける。よって，②より，

近似公式：$f(a+h) \fallingdotseq f(a) + hf'(a)$ ……(＊1) が導ける。

さらに，(＊1) の a を 0 に，h を x に置き換えると，もう **1** つの

近似公式：$f(x) \fallingdotseq f(0) + x \cdot f'(0)$ ……(＊2) も導ける。

ン？(＊2) は，$y = f(x)$ 上の点 $(0,\ f(0))$ における傾き $f'(0)$ の接線の公式

$y=f'(0)\cdot x+f(0)$ とソックリじゃないかって!? …，その通り！よく気付いたね。実は，さっき解説した，$x \fallingdotseq 0$ のときの近似公式 (i)，(ii)，(iii) は，すべて，この $(*2)$ のパターンの近似式だったんだね。

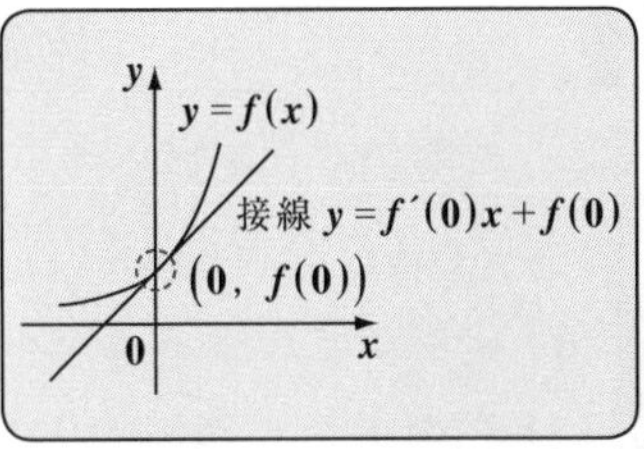

例えば，(i) $f(x)=\sin x$ とおくと，$f'(x)=\cos x$　よって，点 $(0,\ \sin 0)=(0,\ 0)$ における $y=f(x)$ の接線の式は $y=\underbrace{f'(0)}_{\cos 0=1}\cdot x+\underbrace{f(0)}_{\sin 0=0}=1\cdot x+0=x$ より，$x \fallingdotseq 0$ のとき，近似式 $\sin x \fallingdotseq x$ が成り立つ。(ii)，(iii) も，自分で確認してごらん。

では，$(*1)$ はどうか？実は，これも同様だ。$a+h=x$ とおいてみよう。a は定数，h は，$h \fallingdotseq 0$ の変数なので，x は，$x=a$ の付近の変数になる。また，$h=x-a$ なので，以上を，$f(\underbrace{a+h}_{x}) \fallingdotseq f(a)+\underbrace{h}_{(x-a)}\cdot f'(a)$ に代入すると，

$f(x) \fallingdotseq f'(a)(x-a)+f(a)$ ……$(*1)'$ となるね。よって，これは曲線 $y=f(x)$ 上の点 $\left(a,\ f(a)\right)$ における傾き $f'(a)$ の接線の方程式

$y=f'(a)(x-a)+f(a)$　とソックリなんだね。つまり，$x \fallingdotseq a$ であれば，右図のように，曲線 $y=f(x)$ は，接線 $y=f'(a)(x-a)+f(a)$ で近似できると言っているんだね。納得いった？

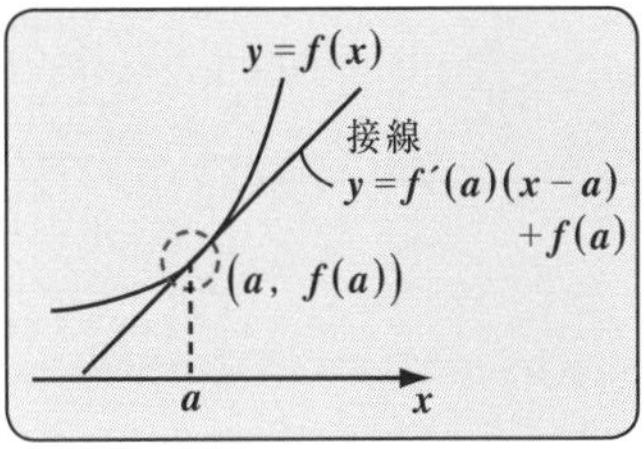

(ex) では，$\log(0.999e)$ の近似式を求めてみよう。

$f(x)=\log x$ とおくと，$f'(x)=\dfrac{1}{x}$ より，$x \fallingdotseq e$ のとき次の近似式が成り立つ。

$$\log x \fallingdotseq \frac{1}{e}(x-e)+\log e \quad \left[f(x) \fallingdotseq f'(e)(x-e)+f(e)\right]$$

$$\log x \fallingdotseq \frac{1}{e}(x-e)+1 \quad \cdots\cdots①$$

①の両辺に $x=0.999e$ を代入して，

$$\log(0.999e) \fallingdotseq \frac{1}{e}(0.999e-e)+1=0.999-\cancel{1}+\cancel{1}=0.999$$

$\therefore \log(0.999e) \fallingdotseq 0.999$ であることが分かったんだね。大丈夫？

らせんの位置ベクトルと速度ベクトル

演習問題 35 難易度 ★★ CHECK 1 CHECK 2 CHECK 3

xy 座標平面上を動く点 $\mathbf{P}$ の時刻 t における座標が，
$x = e^t\cos t,\ y = e^t\sin t\ (t \geqq 0)$ で表されるとき，
(1) 時刻 t における速度ベクトル $\vec{v}$ を求めよ。
(2) 動点 $\mathbf{P}$ の位置ベクトル $\overrightarrow{\mathrm{OP}}$ と速度ベクトル $\vec{v}$ のなす角 θ は，時刻 t の値にかかわらず常に一定であることを示せ。 (東京都市大)

ヒント！ これは回転しながら半径が増加していくらせんの問題だね。媒介変数 t に時刻の意味をもたせることにより，位置と速度の問題になったんだね。**(2)** では $\overrightarrow{\mathrm{OP}}\cdot\vec{v}$ (内積) を使おう。

解答＆解説

(1) $x = e^t\cos t,\ y = e^t\sin t\ (t \geqq 0)$

$$\frac{dx}{dt} = \underbrace{e^t}_{(e^t)'}\cos t + e^t(\underbrace{-\sin t}_{(\cos t)'}) = e^t(\cos t - \sin t)$$

$$\frac{dy}{dt} = \underbrace{e^t}_{(e^t)'}\sin t + e^t\underbrace{\cos t}_{(\sin t)'} = e^t(\cos t + \sin t)$$

よって，$\overrightarrow{\mathrm{OP}} = (\underbrace{e^t\cos t}_{x_1},\ \underbrace{e^t\sin t}_{y_1})$

$$\vec{v} = (\underbrace{e^t(\cos t - \sin t)}_{x_2},\ \underbrace{e^t(\cos t + \sin t)}_{y_2}) \cdots(\text{答})$$

(2) (i) $|\overrightarrow{\mathrm{OP}}| = \sqrt{e^{2t}\cos^2 t + e^{2t}\sin^2 t} = \sqrt{e^{2t}} = e^t$

$e^{2t}(\cos^2 t + \sin^2 t) = e^{2t}$

(ii) $|\vec{v}| = \sqrt{e^{2t}(\cos t - \sin t)^2 + e^{2t}(\cos t + \sin t)^2}$

$e^{2t}(\cos^2 t - 2\cos t\sin t + \sin^2 t + \cos^2 t + 2\cos t\sin t + \sin^2 t)$

$= \sqrt{2e^{2t}} = \sqrt{2}e^t$

(iii) $\overrightarrow{\mathrm{OP}}\cdot\vec{v} = e^{2t}\cos t(\cos t - \sin t) + e^{2t}\sin t(\cos t + \sin t)$

$= e^{2t}$　　$e^{2t}(\cos^2 t - \cos t\sin t + \cos t\sin t + \sin^2 t)$

(i)(ii)(iii) より，

$$\cos\theta = \frac{\overrightarrow{\mathrm{OP}}\cdot\vec{v}}{|\overrightarrow{\mathrm{OP}}|\cdot|\vec{v}|} = \frac{e^{2t}}{e^t\sqrt{2}e^t} = \frac{1}{\sqrt{2}}\ (\text{一定})$$

$\therefore\ \theta = \dfrac{\pi}{4}$ となり，t の値によらず一定である。…(終)

ココがポイント

⇦ $\overrightarrow{\mathrm{OP}} = (x,\ y)$

$\vec{v} = \left(\dfrac{dx}{dt},\ \dfrac{dy}{dt}\right)$ だね。

ここで，$\overrightarrow{\mathrm{OP}} = (x_1,\ y_1)$，$\vec{v} = (x_2,\ y_2)$ とおき，$\overrightarrow{\mathrm{OP}}$ と $\vec{v}$ のなす角を θ とすると，
$\overrightarrow{\mathrm{OP}}\cdot\vec{v} = |\overrightarrow{\mathrm{OP}}|\cdot|\vec{v}|\cos\theta$

$\therefore\ \cos\theta = \dfrac{\overrightarrow{\mathrm{OP}}\cdot\vec{v}}{|\overrightarrow{\mathrm{OP}}|\cdot|\vec{v}|}$ …㋐

(i) $|\overrightarrow{\mathrm{OP}}| = \sqrt{{x_1}^2 + {y_1}^2}$

(ii) $|\vec{v}| = \sqrt{{x_2}^2 + {y_2}^2}$

(iii) $\overrightarrow{\mathrm{OP}}\cdot\vec{v} = x_1x_2 + y_1y_2$

以上 (i)(ii)(iii) を㋐に代入して，$\cos\theta$ つまり θ が一定であることを示すんだ！ 頑張れ！

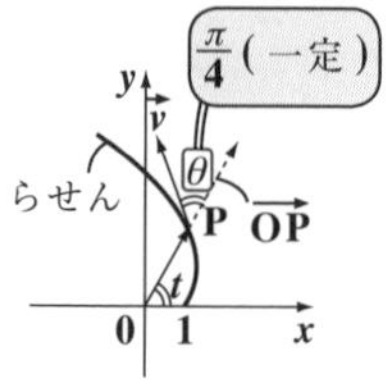

(これがこの問題のイメージだ！)

近似式による近似解

演習問題 36 難易度 ★★ CHECK 1 CHECK 2 CHECK 3

方程式 $\tan x=1$ $\left(0<x<\frac{\pi}{2}\right)$ の解は，$x=\frac{\pi}{4}$ である。$x\fallingdotseq\frac{\pi}{4}$ のときの $\tan x$ の近似式を用いて，方程式 $\tan x=1.001$ ……① $\left(0<x<\frac{\pi}{2}\right)$ の近似解を求めよ。

ヒント！ $f(x)=\tan x$ とおいて，$x\fallingdotseq\frac{\pi}{4}$ における $f(x)$ の近似式：$f(x)\fallingdotseq f'\left(\frac{\pi}{4}\right)\left(x-\frac{\pi}{4}\right)+f\left(\frac{\pi}{4}\right)$ を利用するんだね。

解答＆解説

$f(x)=\tan x$ $\left(0<x<\frac{\pi}{2}\right)$ とおくと，

$f'(x)=(\tan x)'=\frac{1}{\cos^2 x}$

よって，$x\fallingdotseq\frac{\pi}{4}$ における $f(x)$ の近似式は，

$f(x)\fallingdotseq f'\left(\frac{\pi}{4}\right)\cdot\left(x-\frac{\pi}{4}\right)+f\left(\frac{\pi}{4}\right)$ より，

$\tan x\fallingdotseq\frac{1}{\cos^2\frac{\pi}{4}}\left(x-\frac{\pi}{4}\right)+\tan\frac{\pi}{4}$

$\cos\frac{\pi}{4}=\frac{1}{\sqrt{2}}$，$\tan\frac{\pi}{4}=1$ より

$\tan x\fallingdotseq 2\left(x-\frac{\pi}{4}\right)+1$ ……②

よって，方程式 $\tan x=1.001$ ……① $\left(0<x<\frac{\pi}{2}\right)$ を②に代入すると，

$1.001\fallingdotseq 2\left(x-\frac{\pi}{4}\right)+1$ より，①の近似解は，

$x\fallingdotseq\frac{\pi}{4}+\frac{1}{2000}$ である。……………………………(答)

ココがポイント

⇦この右辺は，$y=f(x)$ 上の点 $\left(\frac{\pi}{4}, f\left(\frac{\pi}{4}\right)\right)$ における接線の方程式の右辺そのものなんだね。

⇦ $2\left(x-\frac{\pi}{4}\right)\fallingdotseq 0.001$

$x-\frac{\pi}{4}\fallingdotseq 0.0005$

$x\fallingdotseq\frac{\pi}{4}+0.0005$

$=\frac{\pi}{4}+\frac{1}{2000}$

講義2 ● 微分法とその応用　公式エッセンス

1. 微分計算の公式

(1) $(x^\alpha)' = \alpha x^{\alpha-1}$　　(2) $(\sin x)' = \cos x$　　(3) $(\cos x)' = -\sin x$　など

2. 平均値の定理

$f(x)$ が微分可能な関数のとき，$\dfrac{f(b)-f(a)}{b-a} = f'(c)$　$(a < c < b)$

をみたす c が少なくとも 1 つ存在する。

3. 2 曲線の共接条件

2 曲線 $y=f(x)$ と $y=g(x)$ が $x=t$ で接するための条件は，

$f(t)=g(t)$ かつ $f'(t)=g'(t)$

4. 曲線の凹凸

(ⅰ) $f''(x)>0$ のとき，$y=f(x)$ は下に凸

(ⅱ) $f''(x)<0$ のとき，$y=f(x)$ は上に凸

$f''(x)=0$ のとき，$y=f(x)$ は**変曲点**をもつ可能性がある。

5. 微分法の方程式への応用

方程式 $f(x)=k$　(k：定数) の実数解の個数は，$y=f(x)$ と $y=k$ の 2 つのグラフの共有点の個数に等しい。

6. 微分法の不等式への応用

$f(x) \leqq k$ (k：定数) が成り立つことを示すには，これを分解して，

$\begin{cases} y=f(x) \\ y=k \end{cases}$　とおき，

$f(x)$ の最大値 $M \leqq k$ を示す。

図(ⅰ)　$f(x) \leqq k$ のイメージ

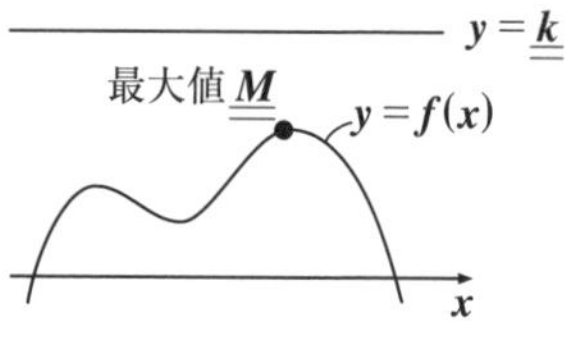

7. 速度 $\vec{v}$，加速度 $\vec{a}$　(xy 座標平面上の運動)

(ⅰ) 速度 $\vec{v} = \left(\dfrac{dx}{dt}, \dfrac{dy}{dt}\right)$　　(ⅱ) 加速度 $\vec{a} = \left(\dfrac{d^2x}{dt^2}, \dfrac{d^2y}{dt^2}\right)$

8. 近似式

(ⅰ) $x \fallingdotseq 0$ のとき，$f(x) \fallingdotseq f'(0)\cdot x + f(0)$

(ⅱ) $h \fallingdotseq 0$ のとき，$f(a+h) \fallingdotseq f(a) + hf'(a)$

講義
Lecture

3 積分法とその応用（数学III）

テーマ

▶ さまざまな積分計算のテクニック

▶ 定積分で表された関数・区分求積法

▶ 面積，体積，曲線の長さの計算とその応用

講義3 積分法とその応用

“**合格！数学Ⅲ·C Part2**”の講義もいよいよ最終テーマ，“**積分法**”の講義に入ろう。この積分法を使えば，面積や体積など，さまざまな問題が解けるようになるんだ。そのためにも，まず積分計算に強くならないといけないね。積分計算は，微分の逆の操作で，微分を楽な“下り”とすると，積分はつらい“登り”ってことになると思う。

エッ？ 大変そうって？ 確かに，覚えないといけないことが沢山あるので，微分にまだ自信が持てないと思う人は，もう一度，微分法をよく復習してから，この積分法にチャレンジするといい。でも，今回もできるだけわかりやすく解説するから，それ程心配しなくても大丈夫だ。

積分法では，“**部分積分法**”と“**置換積分法**”の**2**つの大技がある。でも，これは後で教えることにして，ここでは，まず積分法のいろんな小技のテクニックについて詳しく話すつもりだ。この小技だけでも，相当たくさんの積分計算ができるようになる。ポイントは，“**合成関数の微分**”を逆に利用することだ。それでは，積分計算の講義を始めよう！

§1. 積分計算(Ⅰ)さまざまなテクを身につけよう！

● 積分って，微分の反対の操作だ！

微分と**積分**とは，次のようにまったく反対の操作なんだね。

微分と積分

$$f(x) \underset{\text{微分}}{\overset{\text{積分}}{\rightleftarrows}} F(x)$$

$$F'(x) = f(x)$$

$$\underbrace{F(x)}_{\text{不定積分}} = \int \underbrace{f(x)}_{\text{被積分関数}} dx$$

それで，この $F(x)$ を $f(x)$ の**不定積分**(または，**原始関数**)と呼び，$f(x)$ を**被積分関数**という。そして，一般に積分を使って面積や体積を求める場合，次のような**定積分**の形で計算するんだね。

定積分

$$\int_a^b f(x)\,dx = \left[F(x)\right]_a^b = F(b) - F(a)$$

定積分の結果，これはある定数になる。

以上のことは，数学Ⅱで既に習っているはずだ。ただし，数学Ⅱの積分と違って，数学Ⅲの積分では，いろんなテクニックが必要になるんだよ。でも，一つずつていねいに教えていくから，シッカリついてきてくれ。

まず，積分計算に絶対必要な公式(知識)を書いておくから，完璧に覚えよう。これが，すべてのベースになるからだ。

これは絶対暗記だ！

積分計算(8つの知識)

(1) $\int x^\alpha dx = \frac{1}{\alpha+1}x^{\alpha+1} + C$ (積分定数)

(2) $\int \cos x\,dx = \sin x + C$

(3) $\int \sin x\,dx = -\cos x + C$

(4) $\int \frac{1}{\cos^2 x}dx = \tan x + C$

(5) $\int e^x dx = e^x + C$

(6) $\int a^x dx = \frac{a^x}{\log a} + C$

(7) $\int \frac{1}{x}dx = \log|x| + C$

(8) $\int \frac{f'(x)}{f(x)}dx = \log|f(x)| + C$

(ただし，$\alpha \neq -1$，$a > 0$ かつ $a \neq 1$，対数は自然対数)

これらは，右辺の積分結果を微分するとすべて，左辺の元の関数(被積分関数）になる。つまり，微分計算の **8** つの知識を逆に書いただけなんだね。この公式の使い方は，これからやる例題でマスターしよう。

まず，小手調べに，次の **3** つの積分計算をやってみよう。

たし算は項別に積分できる！
係数は別にして後でかける！

(1) $\int(2\cos x+3\sin x)dx=2\int\cos x dx+3\int\sin x dx$

$=2\sin x+3(-\cos x)+C=2\sin x-3\cos x+C$ （積分定数）

次，定積分を **2** 題やろう。

(2) $\int_0^{\frac{\pi}{4}}\tan^2 x dx$　　これは，公式 $1+\tan^2 x=\frac{1}{\cos^2 x}$ を使うといい。

$\int_0^{\frac{\pi}{4}}\tan^2 x dx=\int_0^{\frac{\pi}{4}}\left(\frac{1}{\cos^2 x}-1\right)dx=\left[\tan x-x\right]_0^{\frac{\pi}{4}}$

引き算は項別に積分！

$=\underbrace{\tan\frac{\pi}{4}}_{1}-\frac{\pi}{4}-(\tan 0-0)=1-\frac{\pi}{4}$

(3) $\int_0^1(2e^x-2x)dx=[2e^x-x^2]_0^1=2e^1-1^2-(2\underbrace{e^0}_{1}-0^2)$

$=2e-3$

どう？ 公式の使い方は大丈夫か？ では次，

$f(x)=f,\ f'(x)=f'$ と略記した！

$\int_0^{\frac{\pi}{3}}\tan x dx$ をやってみよう。これは，実は，公式 $\int\frac{f'}{f}dx=\log|f|$ の応用問題なんだね。

定数係数は表に出せる！

以降，積分定数 C は省略して書くよ。

$\int_0^{\frac{\pi}{3}}\tan x dx=\int_0^{\frac{\pi}{3}}\frac{\sin x}{\cos x}dx=-\int_0^{\frac{\pi}{3}}\frac{\overbrace{-\sin x}^{f'}}{\underbrace{\cos x}_{f}}dx$

$=-[\overbrace{\log|\cos x|}^{\log|f|}]_0^{\frac{\pi}{3}}=-\left\{\log\left(\overbrace{\cos\frac{\pi}{3}}^{\frac{1}{2}}\right)-\underbrace{\log(\overbrace{\cos 0}^{1})}_{0}\right\}$

$=-\log 2^{-1}=\log 2$　となる。

それでは，さらに $\int\frac{f'}{f}dx=\log|f|$ の公式を使って練習してみよう。

◆例題 11◆

次の定積分の値を求めよ。

(1) $\displaystyle\int_0^1 \frac{x}{x^2+1}dx$　　(2) $\displaystyle\int_1^2 \frac{1}{x^2+x}dx$

解答

分数関数の積分では，公式 $\displaystyle\int \frac{f'}{f}dx = \log|f|$ を使うのが鉄則だ。

(1) 分母 x^2+1 の微分は $(x^2+1)' = 2x$ だから，

$$\int_0^1 \frac{x}{x^2+1}dx = \frac{1}{2}\int_0^1 \frac{2x}{x^2+1}dx = \frac{1}{2}\Big[\log(x^2+1)\Big]_0^1 = \frac{1}{2}\log 2 \text{ だ！}$$

（定数係数は積分の外に出せる！）（これは⊕だから絶対値記号は要らない！）

……(答)

(2) それでは，分母 x^2+x の微分が，$(x^2+x)' = 2x+1$ だからといって，次のように計算しちゃ，絶対ダメだ!!

$$\int_1^2 \frac{1}{x^2+x}dx = \frac{1}{2x+1}\int_1^2 \frac{2x+1}{x^2+x}dx$$

（x での積分だから，x の式は積分記号の外には絶対に出せない！）

これは，$\dfrac{1}{x^2+x} = \dfrac{1}{x(x+1)} = \dfrac{1}{x} - \dfrac{1}{x+1}$ と部分分数に分解すればよかったんだ。

$$\int_1^2 \frac{1}{x^2+x}dx = \int_1^2\left(\frac{1}{x} - \frac{1}{x+1}\right)dx = \Big[\log|x| - \log|x+1|\Big]_1^2$$

$$= \log 2 - \log 3 - (\log 1 - \log 2) = 2\log 2 - \log 3$$

$$= \log 2^2 - \log 3 = \log\frac{4}{3}$$ ……(答)

少しは，積分計算にも自信が出てきた？ 大いに結構だね。次は，“**合成関数の微分**”を逆手にとった“**積分テクニック**”を教えよう。

● 合成関数の微分を逆手にとろう！

合成関数の微分を使えば，$\sin 2x$ の微分は，

$(\sin\underset{t}{\boxed{2x}})' = (\cos\underset{t}{\boxed{2x}})\cdot\underset{(2x)'}{\boxed{2}} = 2\cos 2x$ となるね。よって，この両辺を 2 で割って，積分の形で書きかえると，$\int \cos 2x dx = \frac{1}{2}\sin 2x + C$ だ。

このように，合成関数の微分を逆に考えると，次の公式が出てくる。

以後，積分公式では
積分定数 C は略して書く。

cos mx，sin mx の積分公式

(1) $\int \cos mx dx = \frac{1}{m}\sin mx$　(2) $\int \sin mx dx = -\frac{1}{m}\cos mx$

これらは，右辺を微分したら，なるほど左辺の被積分関数になるだろう。したがって，$\sin^2 x$ や $\cos^2 x$ の積分は，半角の公式

$\sin^2 x = \frac{1-\cos 2x}{2}$，$\cos^2 x = \frac{1+\cos 2x}{2}$ を使うとうまくいく。

また，三角関数同士の積の積分も，積→和(差)の公式を使えばすぐ求まるね。積→和(差)の公式を忘れている人は，「**合格！ 数学 II・B**」でもう 1 度復習しておくといい。

例を 2 つ入れておこう。

半角の公式　　合成関数の微分を逆手にとって積分！

(1) $\int_0^{\frac{\pi}{2}} \sin^2 x dx = \int_0^{\frac{\pi}{2}} \frac{1-\cos 2x}{2} dx = \frac{1}{2}\int_0^{\frac{\pi}{2}} (1-\cos 2x) dx$

$\sin\pi = 0,\ \sin 0 = 0$

$= \frac{1}{2}\left[x - \frac{1}{2}\sin 2x\right]_0^{\frac{\pi}{2}} = \frac{1}{2}\times\frac{\pi}{2} = \frac{\pi}{4}$

積→和の公式だ！

(2) $\int_0^{\frac{\pi}{4}} \sin\underset{\alpha}{\boxed{3x}}\cos\underset{\beta}{\boxed{x}} dx = \int_0^{\frac{\pi}{4}} \frac{1}{2}(\sin\underset{(\alpha+\beta)}{\boxed{4x}} + \sin\underset{(\alpha-\beta)}{\boxed{2x}}) dx$

$\sin 3x\cos x = \frac{1}{2}\{\sin(\alpha+\beta)+\sin(\alpha-\beta)\}$

$$= \frac{1}{2}\left[-\frac{1}{4}\cos 4x - \frac{1}{2}\cos 2x\right]_0^{\frac{\pi}{4}} = -\frac{1}{8}\left[\cos 4x + 2\cos 2x\right]_0^{\frac{\pi}{4}}$$

$$= -\frac{1}{8}\left(\underbrace{\cos\pi}_{-1} + \underbrace{2\cos\frac{\pi}{2}}_{0} - \underbrace{\cos 0}_{1} - 2\underbrace{\cos 0}_{1}\right) = \frac{1}{2}$$

それでは，もう **1** つ役に立つ公式を書いておこう。

$f^{\alpha}f'$ の積分

$f(x) = f$，$f'(x) = f'$ と略記すると，次の公式が成り立つ。

$$\int f^{\alpha}\cdot f'\,dx = \frac{1}{\alpha+1}f^{\alpha+1} \quad (ただし，\alpha \neq -1)$$

これも，合成関数の微分を逆に見るとわかるね。$\{f(x)\}^{\alpha+1}$ の $f(x)$ を t とおいて，これを微分すると，

$[\{\underbrace{f(x)}_{t}\}^{\alpha+1}]' = (\alpha+1)\cdot\{\underbrace{f(x)}_{t}\}^{\alpha}\cdot f'(x)$ だから，この両辺を $\alpha+1$ で割って積分の形にしたものが上の公式だ！ 納得いった？

それでは，この例題をいくつか挙げておくから，是非慣れてくれ。

(1) $\displaystyle\int_0^{\frac{\pi}{2}} \underbrace{\sin^3 x}_{f^3}\,\underbrace{\cos x}_{f'}\,dx = \left[\underbrace{\frac{1}{4}\sin^4 x}_{\frac{1}{4}f^4}\right]_0^{\frac{\pi}{2}} = \frac{1}{4}$

$f = \sin x$ とおくと，$f' = \cos x$ だね。

(2) $\displaystyle\int_1^e \frac{\log x}{x}dx = \int_1^e (\underbrace{\log x}_{f})\underbrace{\frac{1}{x}}_{f'}dx = \left[\underbrace{\frac{1}{2}(\log x)^2}_{\frac{1}{2}f^2}\right]_1^e = \frac{1}{2}$

$f = \log x$ とおくと，$f' = \dfrac{1}{x}$ だね。

どう？ これまで教えたのは積分の小技のテクニックだったんだけれど，これだけでも，ずい分沢山の積分が出来るようになっただろう。さらに，演習問題で，実力にみがきをかけるといいよ。

分数関数の積分

演習問題 37 難易度 ★★ CHECK 1 CHECK 2 CHECK 3

次の定積分の値を求めよ。

(1) $\displaystyle\int_0^1 \frac{4x^3-6x+9}{x^4-3x^2+9x+10}dx$ (埼玉大＊)

(2) $\displaystyle\int_0^2 \frac{3x+7}{x^2+4x+3}dx$ (信州大＊)　　(3) $\displaystyle\int_0^1 \frac{e^x-1}{e^x+1}dx$

ヒント！ 分数関数の積分の問題だ。(1) は $\dfrac{f'}{f}$ の積分だ。(2) は $\dfrac{f'}{f}$ の形ではないので，部分分数に分解するんだね。(3) はテクニックをうまく使えば解ける！

解答＆解説

(1) $\displaystyle\int_0^1 \frac{\overset{f'}{(4x^3-6x+9)}}{\underset{f}{(x^4-3x^2+9x+10)}}dx$

$=\left[\log|x^4-3x^2+9x+10|\right]_0^1$

$=\log17-\log10=\log\dfrac{17}{10}$ ……………(答)

(2) $\displaystyle\int_0^2 \frac{3x+7}{(x+1)(x+3)}dx=\int_0^2\left(2\cdot\frac{\overset{f'}{1}}{\underset{f}{x+1}}+\frac{\overset{g'}{1}}{\underset{g}{x+3}}\right)dx$

部分分数に分解

$=\left[2\cdot\log|x+1|+\log|x+3|\right]_0^2$

$=\log3+\log5=\log15$ ……(答)

(3) $\displaystyle\int_0^1 \frac{e^x-1}{e^x+1}dx=\int_0^1\left(\frac{e^x}{e^x+1}-\frac{1}{e^x+1}\right)dx$

分子・分母に e^{-x} をかける

$=\displaystyle\int_0^1\left(\frac{\overset{f'}{e^x}}{\underset{f}{e^x+1}}+\frac{\overset{g'}{-e^{-x}}}{\underset{g}{1+e^{-x}}}\right)dx$

$(1+e^{-x})'=-e^{-x}$ だ！

$=\left[\log(e^x+1)+\log(e^{-x}+1)\right]_0^1$

$=\log(e+1)+\log(e^{-1}+1)-\log2-\log2$

$=\log\dfrac{(e+1)^2}{4e}$ ……………………………(答)

ココがポイント

⇦ 公式：$\displaystyle\int\frac{f'}{f}dx=\log|f|$ を使えばいい。

⇦ $\dfrac{A}{x+1}+\dfrac{B}{x+3}$

$=\dfrac{(\overset{3}{A+B})x+(\overset{7}{3A+B})}{(x+1)(x+3)}$

これから，$A=2$，$B=1$ だね。

⇦ $\dfrac{1}{e^x+1}=\dfrac{e^{-x}}{e^{-x}(e^x+1)}$

$=\dfrac{e^{-x}}{1+e^{-x}}$ となる。

⇦ $\log\dfrac{(e+1)(e^{-1}+1)}{2\cdot2}$　（分子・分母に e をかける）

$=\log\dfrac{(e+1)(e+1)}{4e}$

$=\log\dfrac{(e+1)^2}{4e}$ となる。

三角関数の積分

演習問題 38	難易度 ★	CHECK 1	CHECK 2	CHECK 3

次の定積分の値を求めよ。

(1) $\displaystyle\int_0^{\pi}\cos^2 2x\,dx$　　(2) $\displaystyle\int_0^{\frac{\pi}{4}}\cos 3x\cdot\cos x\,dx$　（宮崎大＊）

(3) $\displaystyle\int_0^{\frac{\pi}{2}}\sin 2x\cdot\sin x\,dx$　　(4) $\displaystyle\int_0^{\frac{\pi}{4}}\left(\frac{\tan x}{\cos x}\right)^2 dx$　（名古屋市立大＊）

ヒント！ (1)は，$\cos^2 2x$ に半角の公式を使うんだね。(2)，(3)は当然，積→和（差）の公式を使って積分すればいい。(4)は $\tan x = f$ とみれば，$f^2\cdot f'$ の積分になっていることに気付く？

解答＆解説

(1) $\displaystyle\int_0^{\pi}\frac{1+\cos 4x}{2}dx = \frac{1}{2}\int_0^{\pi}(1+\cos 4x)dx$

$\sin 4\pi = 0,\ \sin 0 = 0$

$\displaystyle = \frac{1}{2}\left[x+\frac{1}{4}\sin 4x\right]_0^{\pi} = \frac{\pi}{2}$ ……………………（答）

(2) $\displaystyle\int_0^{\frac{\pi}{4}}\cos\underset{\alpha}{3x}\cdot\cos\underset{\beta}{x}\,dx = \frac{1}{2}\int_0^{\frac{\pi}{4}}(\cos 4x+\cos 2x)dx$

$\frac{1}{2}\{\cos(\alpha+\beta)+\cos(\alpha-\beta)\}$

$\sin\pi = 0,\ \sin 0 = 0$

$\displaystyle = \frac{1}{2}\left[\frac{1}{4}\sin 4x+\frac{1}{2}\sin 2x\right]_0^{\frac{\pi}{4}} = \frac{1}{4}$ ……………（答）

(3) $\displaystyle\int_0^{\frac{\pi}{2}}\sin\underset{\alpha}{2x}\cdot\sin\underset{\beta}{x}\,dx = -\frac{1}{2}\int_0^{\frac{\pi}{2}}(\cos 3x-\cos x)dx$

$-\frac{1}{2}\{\cos(\alpha+\beta)-\cos(\alpha-\beta)\}$

$\displaystyle = -\frac{1}{2}\left[\frac{1}{3}\sin 3x-\sin x\right]_0^{\frac{\pi}{2}} = \frac{2}{3}$ ……………（答）

(4) $\displaystyle\int_0^{\frac{\pi}{4}}\left(\frac{\tan x}{\cos x}\right)^2 dx = \int_0^{\frac{\pi}{4}}\underbrace{\tan^2 x}_{f^2}\underbrace{\frac{1}{\cos^2 x}}_{f'}dx$

$\displaystyle = \left[\underbrace{\frac{1}{3}\tan^3 x}_{\frac{1}{3}f^3}\right]_0^{\frac{\pi}{4}} = \frac{1}{3}$ …………（答）

(4)がスグ思いつくようになれば，プロだよ！

ココがポイント

⇦ 半角の公式：$\cos^2\theta = \dfrac{1+\cos 2\theta}{2}$ を使った！

⇦ 積→和の公式：$\cos\alpha\cdot\cos\beta = \dfrac{1}{2}\{\cos(\alpha+\beta)+\cos(\alpha-\beta)\}$ を使った！

⇦ 積→和（差）の公式：$\sin\alpha\cdot\sin\beta = -\dfrac{1}{2}\{\cos(\alpha+\beta)-\cos(\alpha-\beta)\}$ を使った！

⇦ 公式：$\displaystyle\int f^{\alpha}f'dx = \frac{1}{\alpha+1}f^{\alpha+1}$ を使った！

⇦ $\frac{1}{3}(1^3-0^3) = \frac{1}{3}$ だね。

合成関数の微分法を逆手にとる積分

演習問題 39 難易度★★ CHECK 1 CHECK 2 CHECK 3

次の定積分の値を求めよ。

(1) $\displaystyle\int_1^e \frac{\log x}{x}dx$ (東北学院大)　(2) $\displaystyle\int_0^1 xe^{-x^2}dx$ (久留米大＊)

(3) $\displaystyle\int_1^3 (x+1)^3 dx$　(4) $\displaystyle\int_0^1 x\sqrt{x^2+1}\,dx$

ヒント！ 今回はすべて，合成関数の微分を逆に利用して積分する問題だ。$(e^{-x})'=-e^{-x}$，$(e^{-x^2})'=-2xe^{-x^2}$ などを利用して，積分結果を予想していくんだね。これだけ練習すれば十分な力がつくはずだ。

解答＆解説

(1) $\displaystyle\int_1^e \underset{f}{\log x}\cdot\underset{f'}{\frac{1}{x}}dx=\Big[\underset{\frac{1}{2}f^2}{\frac{1}{2}(\log x)^2}\Big]_1^e=\frac{1}{2}$ …………(答)

(2) 合成関数の微分：$(e^{\overset{t}{-x^2}})'=\overset{(-x^2)'}{-2x}\,e^{-x^2}$ より，

$$\int_0^1 xe^{-x^2}dx=\Big[-\frac{1}{2}e^{-x^2}\Big]_0^1=-\frac{1}{2}(e^{-1}-e^0)$$

$$=\frac{1}{2}\Big(1-\frac{1}{e}\Big)$$ ……………………(答)

(3) 合成関数の微分：$\{(\overset{t}{x+1})^4\}'=4(x+1)^3$ より，

$$\int_1^3 (x+1)^3dx=\Big[\frac{1}{4}(x+1)^4\Big]_1^3=\frac{1}{4}(4^4-2^4)$$

$$=4^3-2^2=60$$ ………………(答)

(4) 合成関数の微分：$\{(\overset{t}{x^2+1})^{\frac{3}{2}}\}'=3x(x^2+1)^{\frac{1}{2}}$ より，

$$\int_0^1 x(x^2+1)^{\frac{1}{2}}dx=\Big[\frac{1}{3}(x^2+1)^{\frac{3}{2}}\Big]_0^1$$

(4) がスグ思いつくようになれば，スバラシイ！

$$=\frac{1}{3}(2^{\frac{3}{2}}-1^{\frac{3}{2}})=\frac{1}{3}(2\sqrt{2}-1)$$

…………(答)

ココがポイント

⇦ $\Big[\frac{1}{2}(\log x)^2\Big]_1^e=\frac{1}{2}(1^2-0^2)$

⇦ $(e^{-x^2})'=e^{-x^2}(-x^2)'$
$=-2xe^{-x^2}$ だね。
よって，
$\int xe^{-x^2}dx=-\frac{1}{2}e^{-x^2}$

⇦ $\{(x+1)^4\}'=4(x+1)^3(x+1)'$
$=4(x+1)^3$ だ。
よって，
$\int (x+1)^3dx=\frac{1}{4}(x+1)^4$

⇦ $\{(x^2+1)^{\frac{3}{2}}\}'$
$=\frac{3}{2}(x^2+1)^{\frac{1}{2}}(x^2+1)'$
$=3x(x^2+1)^{\frac{1}{2}}$
よって，
$\int x(x^2+1)^{\frac{1}{2}}dx=\frac{1}{3}(x^2+1)^{\frac{3}{2}}$

絶対値記号入りの定積分

演習問題 40　難易度 ★★　CHECK 1　CHECK 2　CHECK 3

次の定積分の値を求めよ。

(1) $\displaystyle\int_0^{\frac{\pi}{2}}\left|\cos x-\frac{1}{2}\right|dx$ (琉球大)　(2) $\displaystyle\int_{-1}^{1}|e^x-1|dx$ (弘前大＊)

ヒント！ (1), (2) ともに絶対値記号のついた関数の積分で，絶対値記号内の符号に注意するんだね。ポイントは，$|\text{大}-\text{小}|=\text{大}-\text{小}$（⊕），$|\text{小}-\text{大}|=-(\text{小}-\text{大})$（⊖）となることだね。納得いった？

解答&解説

(1) $0\leqq x\leqq\dfrac{\pi}{3}$ のとき，$\underset{\text{大}}{\cos x}-\underset{\text{小}}{\dfrac{1}{2}}\geqq 0$

$\dfrac{\pi}{3}\leqq x\leqq\dfrac{\pi}{2}$ のとき，$\underset{\text{小}}{\cos x}-\underset{\text{大}}{\dfrac{1}{2}}\leqq 0$ より，

$$与式=\int_0^{\frac{\pi}{3}}\left(\underset{\text{大}}{\cos x}-\underset{\text{小}}{\frac{1}{2}}\right)dx-\int_{\frac{\pi}{3}}^{\frac{\pi}{2}}\left(\underset{\text{小}}{\cos x}-\underset{\text{大}}{\frac{1}{2}}\right)dx$$

$$=\left[\sin x-\frac{1}{2}x\right]_0^{\frac{\pi}{3}}-\left[\sin x-\frac{1}{2}x\right]_{\frac{\pi}{3}}^{\frac{\pi}{2}}$$

$$=2\left(\frac{\sqrt{3}}{2}-\frac{\pi}{6}\right)-\left(1-\frac{\pi}{4}\right)$$

$$=\sqrt{3}-1-\frac{\pi}{12}\ \cdots\cdots\text{(答)}$$

ココがポイント

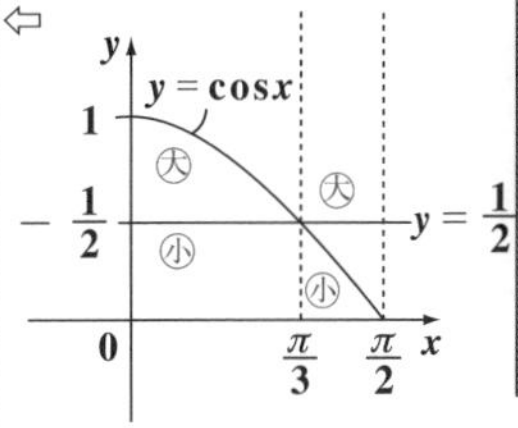

⇦ 同じ $\dfrac{\pi}{3}$ を代入したものは打ち消し合うのではなくて，たされて 2 倍になる。

(2) $-1\leqq x\leqq 0$ のとき，$(e^x-1)\leqq 0$ （小－大）

$0\leqq x\leqq 1$ のとき，$(e^x-1)\geqq 0$ （大－小）より，

$$与式=-\int_{-1}^{0}\underset{⊖}{(e^x-1)}dx+\int_0^1\underset{⊕}{(e^x-1)}dx$$

$$=-\left[e^x-x\right]_{-1}^{0}+\left[e^x-x\right]_0^1$$

$$=-2(e^0-0)+(e^{-1}+\cancel{1})+(e^1-\cancel{1})$$

$$=e+\frac{1}{e}-2\ \cdots\cdots\text{(答)}$$

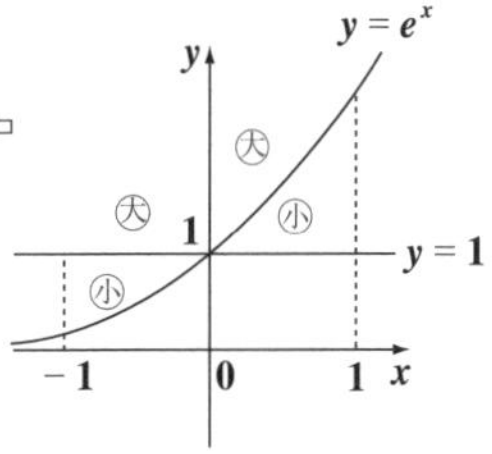

⇦ 同じ 0 を代入したものは打ち消し合うのではなくて，2 倍になる。

§2. 積分計算(Ⅱ)部分積分・置換積分を攻略しよう！

それでは，積分法の大技“**部分積分法**”と“**置換積分法**”を教えよう。これをマスターすれば，さらに計算力をパワーアップできる。

2 つの関数の和や差の積分は，項別に積分すればいい。また，関数の商，つまり分数関数の積分では公式を利用するんだったね。そして，**2** つの関数の積の積分では，これから話す“**部分積分法**”が大きな威力を発揮する。

さらに，何か複雑な関数の積分が出てきたとき，変数を置き換えることにより，スッキリ積分できる場合もあるんだ。これを，“**置換積分法**”という。

それではこれから，例題を沢山示しながら，わかりやすく解説するから，シッカリついてきてくれ。

● 部分積分法では，右辺の積分を簡単化しよう！

2 つの関数の積の積分に威力を発揮する**部分積分法**の公式をまず下に示す。

部分積分法の公式

(1) $\underbrace{\int_a^b f'\cdot g\,dx}_{\text{複雑な積分}} = [f\cdot g]_a^b - \underbrace{\int_a^b f\cdot g'\,dx}_{\text{簡単化！}}$

(2) $\underbrace{\int_a^b f\cdot g'\,dx}_{\text{複雑な積分}} = [f\cdot g]_a^b - \underbrace{\int_a^b f'\cdot g\,dx}_{\text{簡単化！}}$

公式は，定積分の形で書いておいた。**(1)** と **(2)** は，**2** つの積分を移項しただけだから，同じ式なんだね。ただ，どちらの式も公式として使う場合の鉄則がある。それは，左辺の積分は難しいけれど，変形した右辺の内の第 **2** 項の積分は簡単化されているってことなんだ。

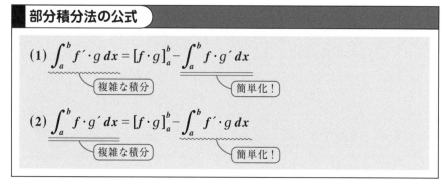

例題として，$\int_0^{\frac{\pi}{2}} x\cdot\sin x dx$ について考えよう。この場合，x または $\sin x$ のいずれか一方を積分して，$'$ をつける（微分する）必要があるんだね。どちらの場合も，公式にしたがって変形できる。

積分して，微分するから元の関数と同じなんだね。

(i) $\int_0^{\frac{\pi}{2}} \left(\frac{1}{2}x^2\right)'\cdot\sin x dx = \left[\frac{1}{2}x^2\cdot\sin x\right]_0^{\frac{\pi}{2}} - \int_0^{\frac{\pi}{2}} \frac{1}{2}x^2\cdot\cos x dx$

公式 $\int_0^{\frac{\pi}{2}} f'\cdot g\, dx = [f\cdot g]_0^{\frac{\pi}{2}} - \int_0^{\frac{\pi}{2}} f\cdot g'\, dx$ を使った！

より複雑になった！ 失敗！

(ii) $\int_0^{\frac{\pi}{2}} x\cdot(-\cos x)' dx = \left[-x\cdot\cos x\right]_0^{\frac{\pi}{2}} - \int_0^{\frac{\pi}{2}} 1\cdot(-\cos x) dx$

公式 $\int_0^{\frac{\pi}{2}} f\cdot g'\, dx = [f\cdot g]_0^{\frac{\pi}{2}} - \int_0^{\frac{\pi}{2}} f'\cdot g\, dx$ を使った！

なるほど簡単になった！
オメデトウ，成功です！

$$= \int_0^{\frac{\pi}{2}} \cos x dx = [\sin x]_0^{\frac{\pi}{2}} = 1$$

この（ii）の例のように，後の定積分が簡単になるように変形するのがコツだ。それでは，もう 1 つ例題を入れておこう。

$\int_1^e \log x dx$ をやってみよう。$\log x$ の場合，$\log x$ でないもの，すなわち 1 を積分して，$'$ をつけるとうまくいく。

$$\int_1^e 1\cdot\log x dx = \int_1^e x'\cdot\log x dx = [x\cdot\log x]_1^e - \int_1^e x\cdot\underbrace{\frac{1}{x}}_{(\log x)'} dx$$

簡単化！

$$= e\cdot\underbrace{\log e}_{1} - 1\cdot\log 1 - [x]_1^e = e-(e-1) = 1$$ となる。

$\log x$ の積分は頻出なので，$\int \log x dx = x\cdot\log x - x$ は公式として覚えておいた方がいいと思う。

積分定数 C は省略

● 置換積分法も必要なパターンは覚えよう！

チョット複雑な関数の積分になると，頭をかかえこんでしまうことが多くなるんだけれど，そんな時，役に立つのが“**置換積分法**”だ。

置換積分法では，**3** つのステップをとって積分しやすい形にもち込む。例題として，$\int_0^1 x\sqrt{1-x}\,dx$ について考えよう。これは，合成関数の微分を逆手にとることもできないね。こういうときは，たとえば，$\sqrt{}$ 内の式を $1-x=t$ とでも置換してみるといい。その後の置換積分の手順を示す。

(ⅰ) $\underline{1-x=t}$ $(x=1-t)$ とおく。←(ステップ **1**：x の式を t で置換する)

(ⅱ) $x:0\to 1$ のとき，$t=1-x$ より，

$\underline{t:1\to 0}$ ←(ステップ **2**：t の積分区間を求める)

(ⅲ) $(1-x)'dx = t'dt$ より，$(-1)dx=dt$ 　$\therefore\ \underline{dx=(-1)dt}$

x の式は x で微分して，dx をかける

t の式は t で微分して，dt をかける

(ステップ **3**：dx と dt の関係式を求める)

以上 (ⅰ)(ⅱ)(ⅲ) より，

$$\int_0^1 \underset{1-t}{x}\sqrt{\underset{t}{1-x}}\,dx=\int_1^0 (1-t)\sqrt{t}\,(-1)dt$$

−**1** 倍は，積分区間を切り替える切り替えスイッチと思ってくれ。

$$=\int_0^1 (1-t)\cdot t^{\frac{1}{2}}dt$$

公式
$$\int_a^b \{-f(x)\}dx=\int_b^a f(x)dx$$

$$=\int_0^1 \left(t^{\frac{1}{2}}-t^{\frac{3}{2}}\right)dt$$ ←積分できる形になった！ 成功！

$$=\left[\frac{2}{3}t^{\frac{3}{2}}-\frac{2}{5}t^{\frac{5}{2}}\right]_0^1=\frac{2}{3}-\frac{2}{5}=\frac{4}{15}$$ と，無事積分できた。

どう，最初難しいと思った積分が，変数を x から t にウマク置き換えることにより，アッサリ解けたでしょう。だから，自分なりに変数を置換して積分にトライする習慣をつけておくといいんだね。

ただし，いくつかの置換積分についてはパターンの決まった公式があるので，これを予め覚えておくといい。積分計算が楽になるはずだ。

置換積分のパターン公式

$\int \frac{1}{\sqrt{a^2-x^2}}dx$, $\int x^2\sqrt{a^2-x^2}dx$ などもこのパターン

(1) $\int \sqrt{a^2-x^2}\,dx$ などの場合，$x = a\sin\theta$ とおく。(a：正の定数)

これは，$x = a\cos\theta$ とおいてもいい。

(2) $\int \frac{1}{a^2+x^2}\,dx$ の場合，$x = a\tan\theta$ とおく。(a：正の定数)

(3) $\int f(\sin x)\cdot\cos x\,dx$ の場合，$\sin x = t$ とおく。

(4) $\int f(\cos x)\cdot\sin x\,dx$ の場合，$\cos x = t$ とおく。

たとえば，$\int_0^{\frac{\pi}{2}} \boxed{(\sin x+1)^2}\cdot\cos x dx$ の場合，(3) のパターンだから，

$f(\sin x)$ とみる。

(ⅰ) $\sin x = t$ とおく。(ⅱ) $x：0 \to \frac{\pi}{2}$ のとき，$t：\boxed{0} \to \boxed{1}$（$\sin 0$，$\sin\frac{\pi}{2}$）

(ⅲ) $\boxed{\cos x dx} = \boxed{dt}$

t を t で微分したものに，dt をかけた！

$\sin x$ を x で微分したものに，dx をかけた！

$\therefore$ 与式 $= \int_0^1 (t+1)^2 dt = \left[\frac{1}{3}(t+1)^3\right]_0^1 = \frac{1}{3}(2^3-1^3) = \frac{7}{3}$ ……………………(答)

同様に，$\int_0^{\frac{\pi}{2}} \sin^3 x\,dx$ の場合，$\int_0^{\frac{\pi}{2}} (1-\cos^2 x)\sin x\,dx$ と変形すれば，(4)

$\sin^2 x\cdot\sin x = (1-\cos^2 x)\sin x$　　$f(\cos x)$ とみる。

のパターンだから，$\cos x = t$ とおけばいい。$x：0 \to \frac{\pi}{2}$ のとき，$t：1 \to 0$

となり，また，$-\sin x dx = dt$ より，$\sin x dx = -dt$ だね。よって，

$$\int_0^{\frac{\pi}{2}} \sin^3 x\,dx = \int_1^0 (1-t^2)(-1)dt = \int_0^1 (1-t^2)dt = \left[t-\frac{1}{3}t^3\right]_0^1 = \frac{2}{3}$$

となる。大丈夫？

指数関数と三角関数の積の積分

演習問題 41	難易度 ★★	CHECK 1	CHECK 2	CHECK 3

次の定積分の値を求めよ。

$$I=\int_0^{\frac{\pi}{2}} e^{-x}\cdot \sin x\,dx$$ (広島市立大＊)

ヒント！ 指数関数と三角関数の積の積分，すなわち，$I=\int e^{mx}\cdot\sin nx\,dx$ や $J=\int e^{mx}\cdot\cos nx\,dx$ の場合，部分積分を **2** 回行って，自分自身を導き出せばいい。このとき，**1** 回目の部分積分で，三角関数の方を積分して ′ をつけたのなら，**2** 回目も三角関数を積分して ′ するんだ。もし，**1** 回目に指数関数を積分して ′ したのなら，**2** 回目も指数関数を積分して ′ する。気を付けよう！

解答＆解説

$$I=\int_0^{\frac{\pi}{2}} e^{-x}\cdot\sin x\,dx=\int_0^{\frac{\pi}{2}} e^{-x}\cdot(-\cos x)'dx$$

$$=\left[e^{-x}(-\cos x)\right]_0^{\frac{\pi}{2}}-\int_0^{\frac{\pi}{2}}(-e^{-x})\cdot(-\cos x)dx$$

$$=0+1-\int_0^{\frac{\pi}{2}} e^{-x}\cdot(\sin x)'dx$$

これは簡単化されていないけれど，めげずにもう **1** 回部分積分だ！

$$=1-\left\{\left[e^{-x}\sin x\right]_0^{\frac{\pi}{2}}-\int_0^{\frac{\pi}{2}}(-e^{-x})\cdot\sin x\,dx\right\}$$

$$=1-\left(e^{-\frac{\pi}{2}}-0+\int_0^{\frac{\pi}{2}} e^{-x}\cdot\sin x\,dx\right)$$

これは，元の I のことだ！

$$=1-e^{-\frac{\pi}{2}}-I$$

以上より，

$$I=1-e^{-\frac{\pi}{2}}-I,\quad 2I=1-e^{-\frac{\pi}{2}}$$

I の方程式を解く。

∴求める定積分 I の値は，

$$I=\frac{1}{2}\left(1-e^{-\frac{\pi}{2}}\right)$$ ……………………………………(答)

ココがポイント

⇦今回は $\sin x=(-\cos x)'$ として部分積分した。自分で $e^{-x}=(-e^{-x})'$ とした場合の変形もやってごらん。

⇦ **2** 度目の部分積分も $\cos x=(\sin x)'$ と，三角関数の方を積分して ′ した！

⇦ **2** 回部分積分すると I が導き出される！

$I_n=\int_0^{\frac{\pi}{2}}\sin^n x\,dx$ の積分

演習問題 42　難易度 ★★　CHECK 1　CHECK 2　CHECK 3

$I_n=\int_0^{\frac{\pi}{2}}\sin^n x\,dx\ \ (n=0,\ 1,\ 2,\ \cdots)$ のとき，

$I_n=\dfrac{n-1}{n}I_{n-2}\ \cdots(*)\ (n=2,\ 3,\ 4,\ \cdots)$ が成り立つことを示せ。(埼玉大＊)

ヒント！ $I_n=\int_0^{\frac{\pi}{2}}\sin^{n-1}x\cdot\sin x\,dx=\int_0^{\frac{\pi}{2}}\sin^{n-1}x\cdot(-\cos x)'dx$ として，部分積分にもち込むことがポイントなんだよ。頑張れ！

解答＆解説

$$I_n=\int_0^{\frac{\pi}{2}}\sin^{n-1}x\cdot\sin x\,dx\quad(n=2,\ 3,\ 4,\ \cdots)$$

$$=\int_0^{\frac{\pi}{2}}\sin^{n-1}x(-\cos x)'dx\ \longrightarrow\ \text{部分積分}$$

$$=\underbrace{-[\sin^{n-1}x\cdot\cos x]_0^{\frac{\pi}{2}}}_{0}-\int_0^{\frac{\pi}{2}}\underbrace{(\sin^{n-1}x)'}_{(n-1)\sin^{n-2}x\cdot\cos x}\cdot(-\cos x)dx$$

$$=(n-1)\int_0^{\frac{\pi}{2}}\sin^{n-2}x\cdot\underbrace{\cos^2 x}_{(1-\sin^2x)}dx$$

$$=(n-1)\int_0^{\frac{\pi}{2}}\sin^{n-2}x\cdot(1-\sin^2x)dx$$

$$=(n-1)\Big(\underbrace{\int_0^{\frac{\pi}{2}}\sin^{n-2}x\,dx}_{I_{n-2}}-\underbrace{\int_0^{\frac{\pi}{2}}\sin^n x\,dx}_{I_n}\Big)$$

$\therefore\ I_n=(n-1)(I_{n-2}-I_n)$ より，

$nI_n=(n-1)I_{n-2}$

（I_{n-2} があるので，$n=2$ スタートだ！）

$\therefore\ I_n=\dfrac{n-1}{n}I_{n-2}\ \cdots\cdots(*)\ (n=\underline{2},\ 3,\ 4,\ \cdots)$

は成り立つ。 ……………………………………………(終)

$J_n=\int_0^{\frac{\pi}{2}}\cos^n x\,dx$ について，同様に $J_n=\dfrac{n-1}{n}J_{n-2}$ が導ける。自分で確かめてみてごらん。

ココがポイント

⇦ $\sin^n x=\sin^{n-1}x\cdot(-\cos x)'$ とすることがポイント！

⇦ 合成関数の微分

この公式の使い方

$I_n=\dfrac{n-1}{n}I_{n-2}$ から，

$\cdot I_4=\dfrac{3}{4}\cdot I_2=\dfrac{3}{4}\cdot\dfrac{1}{2}\cdot I_0=\dfrac{3}{4}\cdot\dfrac{1}{2}\cdot\dfrac{\pi}{2}$　（$\int_0^{\frac{\pi}{2}}1dx=\frac{\pi}{2}$）

$\cdot I_3=\dfrac{2}{3}\cdot I_1=\dfrac{2}{3}\cdot1$　（$\int_0^{\frac{\pi}{2}}\sin x\,dx=[-\cos x]_0^{\frac{\pi}{2}}=1$）

などのように計算ができる。

パターン公式による置換積分(Ⅰ)

演習問題 43 難易度★ CHECK1 CHECK2 CHECK3

次の定積分の値を求めよ。

(1) $\displaystyle\int_0^3 \frac{1}{9+x^2}dx$ (宮崎大)　　(2) $\displaystyle\int_0^2 \sqrt{4-x^2}\,dx$ (小樽商大＊)

ヒント! これらはいずれも置換積分の問題だね。(1)では $x=3\tan\theta$ と置き換えるといいね。(2)は $\sqrt{a^2-x^2}$ の形の積分だから，$x=2\sin\theta$（または $x=2\cos\theta$）とおくといい。頑張ろう！

解答&解説

(1) $\displaystyle\int_0^3 \frac{1}{9+x^2}dx$ について，$x=3\tan\theta$ とおく。

$x:0\to3$ のとき，$\theta:0\to\dfrac{\pi}{4}$，$dx=\dfrac{3}{\cos^2\theta}d\theta$

$$\therefore 与式=\int_0^{\frac{\pi}{4}}\frac{1}{9+(3\tan\theta)^2}\cdot\frac{3}{\cos^2\theta}d\theta$$

$$=\int_0^{\frac{\pi}{4}}\frac{1}{9(1+\tan^2\theta)}\cdot\frac{3}{\cos^2\theta}d\theta$$

$1+\tan^2\theta=\dfrac{1}{\cos^2\theta}$

公式 $1+\tan^2\theta=\dfrac{1}{\cos^2\theta}$ だ！

$$=\frac{1}{3}\int_0^{\frac{\pi}{4}}1\,d\theta=\frac{1}{3}\Big[\theta\Big]_0^{\frac{\pi}{4}}=\frac{\pi}{12}$$ ……………(答)

(2) $\displaystyle\int_0^2\sqrt{4-x^2}\,dx$ について，$x=2\sin\theta$ とおく。

$x:0\to2$ のとき，$\theta:0\to\dfrac{\pi}{2}$，$dx=2\cos\theta d\theta$

$2\sqrt{1-\sin^2\theta}=2\sqrt{\cos^2\theta}=2|\cos\theta|=2\cos\theta$ $(\because \cos\theta\geqq0)$

$$\therefore 与式=\int_0^{\frac{\pi}{2}}\sqrt{4-(2\sin\theta)^2}\,2\cos\theta d\theta$$

$$=4\int_0^{\frac{\pi}{2}}\cos^2\theta d\theta=2\int_0^{\frac{\pi}{2}}(1+\cos2\theta)d\theta$$

$\cos^2\theta=\dfrac{1+\cos2\theta}{2}$

$\sin\pi=0,\ \sin0=0$

$$=2\Big[\theta+\frac{1}{2}\sin2\theta\Big]_0^{\frac{\pi}{2}}=\pi$$ ……………………(答)

ココがポイント

⇦ $\displaystyle\int\frac{1}{a^2+x^2}dx$ の場合，$x=a\tan\theta$ とおく。

⇦ $x=0$ のとき，$\tan\theta=0$ $\therefore\theta=0$
$x=3$ のとき，$\tan\theta=1$ $\therefore\theta=\dfrac{\pi}{4}$
（$\tan\theta$ の場合，θ の値は $-\dfrac{\pi}{2}<\theta<\dfrac{\pi}{2}$ の範囲でとる！）

⇦ $\displaystyle\int\sqrt{a^2-x^2}dx$ の場合，$x=a\sin\theta$ とおく。

⇦ $\sin\theta$ の場合，θ は $-\dfrac{\pi}{2}\leqq\theta\leqq\dfrac{\pi}{2}$ の範囲で考える。

⇦ この積分結果は，実は，4分の1円の面積だと，直感的にすぐわかる！

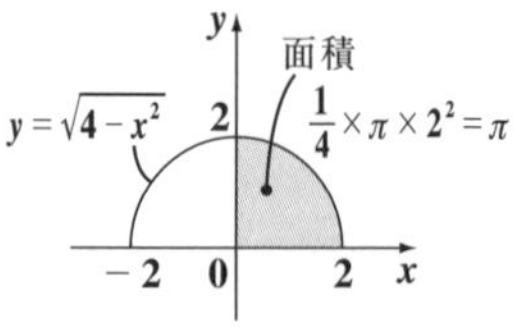

パターン公式による置換積分(Ⅱ)

演習問題 44	難易度 ★★	CHECK 1	CHECK 2	CHECK 3

次の定積分の値を求めよ。

$$\int_{\frac{\pi}{3}}^{\frac{\pi}{2}} \frac{1}{\sin x}\,dx$$

(香川医科大＊)

ヒント! これは意外と難しい。$\frac{1}{\sin x}=\frac{\sin x}{\sin^2 x}=\frac{1}{1-\cos^2 x}\times\sin x$ とおくと，$f(\cos x)\cdot\sin x$ の形の積分になるから，$\cos x=t$ と置換すればいいんだね。頑張ろう！

解答＆解説

$$\int_{\frac{\pi}{3}}^{\frac{\pi}{2}} \frac{1}{\sin x}\,dx=\int_{\frac{\pi}{3}}^{\frac{\pi}{2}} \frac{\sin x}{\sin^2 x}\,dx$$

分子・分母に $\sin x$ をかけた！

$$=\int_{\frac{\pi}{3}}^{\frac{\pi}{2}} \underbrace{\frac{1}{1-\cos^2 x}}_{f(\cos x)}\cdot\sin x\,dx$$

ここで，$\cos x=t$ とおくと，

$x:\frac{\pi}{3}\to\frac{\pi}{2}$ のとき，$t:\frac{1}{2}\to 0$

$-\sin x\,dx=dt\quad \therefore \sin x\,dx=(-1)dt$

置換積分の 3 つのステップ

$$\therefore 与式=\int_{\frac{1}{2}}^{0}\frac{1}{1-t^2}(-1)dt=\int_0^{\frac{1}{2}}\frac{1}{1-t^2}dt$$

-1 倍は積分区間を切り替える切り替えスイッチ

$$=\frac{1}{2}\int_0^{\frac{1}{2}}\left(\frac{1}{1+t}+\frac{1}{1-t}\right)dt$$

$$=\frac{1}{2}\int_0^{\frac{1}{2}}\left(\frac{\overset{f'}{1}}{\underset{f}{1+t}}-\frac{\overset{g'}{-1}}{\underset{g}{1-t}}\right)dt$$

$$=\frac{1}{2}\Big[\log|1+t|-\log|1-t|\Big]_0^{\frac{1}{2}}$$

$$=\frac{1}{2}\Big(\log\frac{3}{2}-\log\frac{1}{2}-\underbrace{\log 1}_{0}+\underbrace{\log 1}_{0}\Big)$$

$$=\frac{1}{2}\log 3 \quad\cdots\cdots\cdots(答)$$

ココがポイント

⇦ これは，$\int f(\cos x)\cdot\sin x\,dx$ の形だから，$\cos x=t$ とおくパターンだ。

⇦ $(\cos x)'dx=t'dt$

⇦ $\frac{1}{1-t^2}=\frac{1}{(1+t)(1-t)}=\frac{1}{2}\left(\frac{1}{1+t}+\frac{1}{1-t}\right)$
(部分分数に分解だ！)

⇦ 公式 $\int\frac{f'}{f}dx=\log|f|$ を使った！

⇦ $\log\frac{3}{2}-\log\frac{1}{2}=\log\frac{\frac{3}{2}}{\frac{1}{2}}=\log 3$ だ！

§3. 積分法を応用すれば，解ける問題の幅がグッと広がる！

積分計算にも慣れただろうね。それでは次，"**積分法の応用**"の解説に入ろう。これまでに培った積分の計算力に，これから話す基本的な解法のパターンを加えていけば，これまでさっぱりわからなかったさまざまな問題が面白いように解けるようになるんだよ。

それでは，今回の講義のポイントをまず下に列挙しておこう。

- **定積分で表された関数**
- **偶関数と奇関数の積分**
- **2 変数関数の積分**
- **区分求積法**

● 定積分で表された関数には 2 つのパターンがある！

定積分の入った式の問題は，大きく分けて次の 2 つのパターンがあるので，まず頭に入れておこう。

定積分で表された関数

(Ⅰ) $\int_a^b f(t)dt$ （a, b：定数）の場合，（定数）

$\int_a^b f(t)dt = A$（定数）とおく。

(Ⅱ) $\int_a^x f(t)dt$ （a：定数，x：変数）の場合，（x の関数）

（ⅰ）x に a を代入して，$\int_a^a f(t)dt = 0$

（ⅱ）x で微分して，$\left\{\int_a^x f(t)dt\right\}' = f(x)$

$\int f(t)dt = F(t)$ とおくと，

(Ⅰ) $\int_a^b f(t)dt = [F(t)]_a^b$

$= F(b) - F(a)$

$=$（定数）$-$（定数）

$=$ 定数

(Ⅱ) $\int_a^x f(t)dt = [F(t)]_a^x$

$= F(x) - F(a)$

$= (x$ の関数$) -$（定数）

$= x$ の関数

(Ⅰ)の定積分が定数となるのは大丈夫だね。それに対して，(Ⅱ)の定積分は，x の関数になることに注意してくれ。ここで，$\int f(t)dt = F(t)$ とおくと，$F'(t) = f(t)$ だね。この文字変数 t を変えて別の文字変数にしても同じことなので，$F'(x) = f(x)$ と書ける。

(Ⅱ)-(ⅰ) x に a を代入して，$\int_a^a f(t)dt = [F(t)]_a^a = F(a) - F(a) = 0$

(Ⅱ)-(ⅱ) x で微分して，$\left\{\int_a^x f(t)dt\right\}' = \left\{[F(t)]_a^x\right\}' = \{F(x) - F(a)\}'$

$= F'(x) - F'(a) = f(x)$ となる。

（$F'(x) = f(x)$，$F'(a)$：定数の微分は 0）

それでは，(Ⅰ)の方の例題をここでやっておこう。

$f(x) = \sin x + \int_0^{\frac{\pi}{6}} f(t)\cos t\,dt$ ……① のとき，関数 $f(x)$ を求めよう。（$\frac{\pi}{6}$，0：定数）

これを見て難しそ～！ とか思ってはいけない。この定積分は定数だから，

$A = \int_0^{\frac{\pi}{6}} f(t)\cos t\,dt$ ……② と，バーンとおける。すると①は，

$f(x) = \sin x + A$ ……①′ $[f(t) = \sin t + A]$ だね。 ← 後は，A の値を求めるだけだ。

①′を②に代入して，

$$A = \int_0^{\frac{\pi}{6}} (\sin t + A)\cos t\,dt = \int_0^{\frac{\pi}{6}} (\sin t \cdot \cos t + A \cdot \cos t)dt$$

（$\sin t = f$，$\cos t = f'$）

$$= \left[\frac{1}{2}\sin^2 t + A \cdot \sin t\right]_0^{\frac{\pi}{6}} = \frac{1}{2}\left(\frac{1}{2}\right)^2 + A \cdot \frac{1}{2}$$

（$\frac{1}{2}\sin^2 t = \frac{1}{2}f^2$，$\frac{1}{2} = \sin\frac{\pi}{6}$）

$A = \frac{1}{8} + \frac{1}{2}A$ より，$\frac{1}{2}A = \frac{1}{8}$　$\therefore A = \frac{1}{4}$

これを①′に代入して，$f(x) = \sin x + \frac{1}{4}$ となって，答えだ！

● 定積分でも偶関数・奇関数は役に立つ！

$\int_{-a}^{a} f(x)dx$ の形の定積分では，**偶関数・奇関数**の性質が役に立つ。

偶関数・奇関数と定積分

（Ⅰ）$f(x)$：偶関数のとき，定義：$f(-x)=f(x)$

y 軸に関して対称なグラフとなるので，

$$\int_{-a}^{a} f(x)\,dx = 2\int_{0}^{a} f(x)\,dx$$

右半分の面積を求めて 2 倍すればいい！

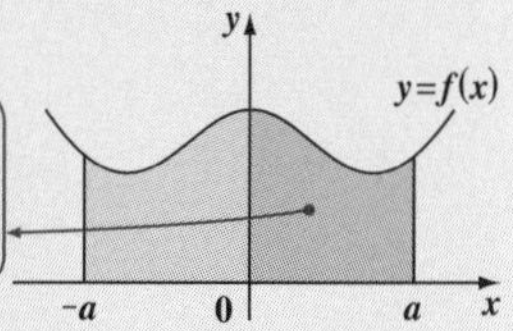

（Ⅱ）$f(x)$：奇関数のとき，定義：$f(-x)=-f(x)$

原点に関して対称なグラフとなるので，

$$\int_{-a}^{a} f(x)\,dx = 0$$

絶対値の等しい⊕⊖の面積で打ち消し合う。

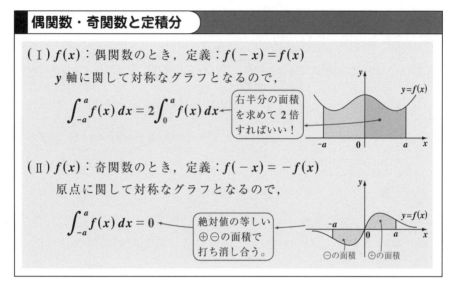

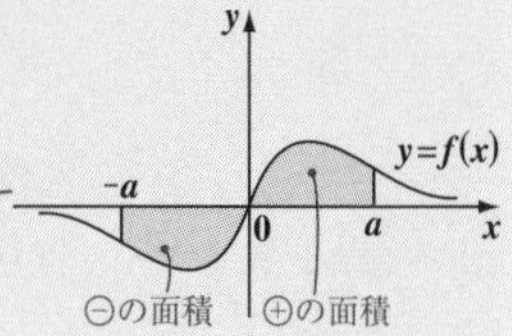

この例題を **1** つやっておこう。

定積分 $\int_{-\frac{\pi}{2}}^{\frac{\pi}{2}} (\sin x + \cos x - x\cos x + 2x^2\sin x)dx$ を求めよう。

たし算，引き算では項別に積分できることに注意すると

$\sin(-x) = -\sin x$，$\cos(-x) = \cos x$

$\sin x$ は㊍　$\cos x$ は㊝

$(-x)\cos(-x) = -x\cos x$，$2(-x)^2\sin(-x) = -2x^2\sin x$

$x \cdot \cos x$ は㊍　$2x^2\sin x$ は㊍

・$\sin(-x) = -\sin x$
・$\cos(-x) = \cos x$
・$\tan(-x) = -\tan x$
これ常識だ！

$$\therefore \int_{-\frac{\pi}{2}}^{\frac{\pi}{2}} (\underbrace{\sin x}_{奇} + \underbrace{\cos x}_{偶} - \underbrace{x\cos x}_{奇} + \underbrace{2x^2\sin x}_{奇})dx = 2\int_{0}^{\frac{\pi}{2}} \cos x dx$$

$$= 2[\sin x]_{0}^{\frac{\pi}{2}} = 2$$ と，計算がとても楽になるんだ。

● 2 変数関数の積分にも慣れよう！

数学で **2** つの変数が入った式が出てきた場合，一方が変数として動くとき，他方は定数として扱うんだ。エッ，よくわからないって？

いいよ。次の例で詳しく話そう。たとえば，同じ $2xt-t^2$ を，積分区間 $[0,1]$ で積分する場合，x で積分するか，t で積分するかで，結果がまったく異なるものになる。実際にこれらの違いを下に示そう。

(1) $\displaystyle\int_0^1 (2t\cdot x-t^2)dx=\left[2t\cdot\frac{1}{2}x^2-t^2x\right]_0^1=t-t^2$

（$2t$, t^2：定数　x：変数　まず，定数扱い　x で積分　x に **1** と **0** を代入して，引く！　最終的に x はなくなって，t の式になる！）

(2) $\displaystyle\int_0^1 (2x\cdot t-t^2)dt=\left[2x\cdot\frac{1}{2}t^2-\frac{1}{3}t^3\right]_0^1=x-\frac{1}{3}$

（$2x$：定数　まず，定数扱い　t：変数　t で積分　t に **1** と **0** を代入して，引く！　最終的に t はなくなって，x の式になる！）

どう？ この違い，わかった？

それでは，次の積分の変形の意味もわかるね。

$$\int_{-\pi}^{\pi}(\sin\theta-x\cdot\theta)^2d\theta=\int_{-\pi}^{\pi}(\sin^2\theta-2x\cdot\theta\sin\theta+x^2\theta^2)d\theta$$

（x：まず，定数扱い　θ で積分　$\sin^2\theta$：偶　$\theta\sin\theta$：偶　θ^2：偶）

$$=2\int_0^{\pi}(\sin^2\theta-2x\cdot\theta\sin\theta+x^2\theta^2)d\theta$$

（$2x$, x^2：まず，定数扱い　θ で積分）

$$=2\left(\int_0^{\pi}\sin^2\theta d\theta-2x\int_0^{\pi}\theta\sin\theta d\theta+x^2\int_0^{\pi}\theta^2d\theta\right)$$

（$C=\int_0^{\pi}\sin^2\theta d\theta$，$B=\int_0^{\pi}\theta\sin\theta d\theta$，$A=\int_0^{\pi}\theta^2d\theta$　最終的に θ はなくなって，x の式になる。）

$=2Ax^2-4Bx+2C$ と，これは最終的には x の **2** 次式になるんだね。

この続きは，演習問題 **46** でやろう！

● 区分求積法って，そば打ち職人？

前に，無限等比級数や部分分数分解型の無限級数の話をしたけれど，今回の“**区分求積法**”も，無限級数の和の解法の**1**つと考えていいよ。

区分求積法の公式

$$\lim_{n\to\infty}\frac{1}{n}\sum_{k=1}^{n}f\left(\frac{k}{n}\right)=\int_0^1 f(x)\,dx$$

← lim，Σ，∫と，知っている記号が全部出てきたね。

$$\left[\text{または，}\lim_{n\to\infty}\frac{1}{n}\sum_{k=0}^{n-1}f\left(\frac{k}{n}\right)=\int_0^1 f(x)\,dx\right]$$

これは，$y=f(x)$ と x 軸，$x=0$，$x=1$ で囲まれた部分を，そば打ち職人がそばを切るようにトントン… と n 等分に切ったとする。そして，その右肩の y 座標が $y=f(x)$ の y 座標と一致する n 個の長方形を作ったと考えよう。(図1)

図1 n 区間に分けた長方形

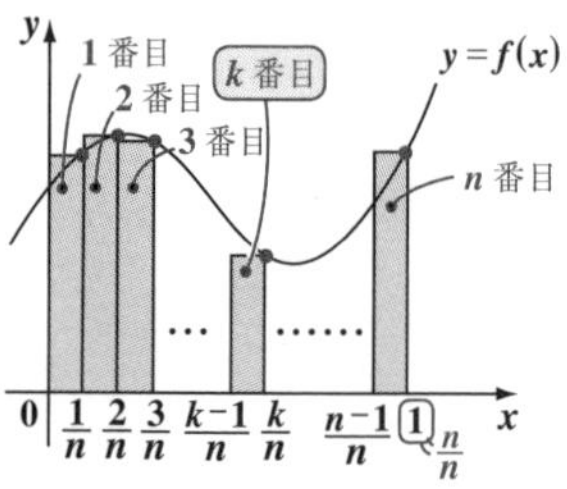

このうち，k 番目の長方形の面積 S_k は，

図2から，$S_k=\frac{1}{n}f\left(\frac{k}{n}\right)$ $(k=1,\ 2,\ \cdots,\ n)$

となる。

$k=1,2,\cdots,n$ と k が動く。n は定数扱い。

図2 k番目の長方形

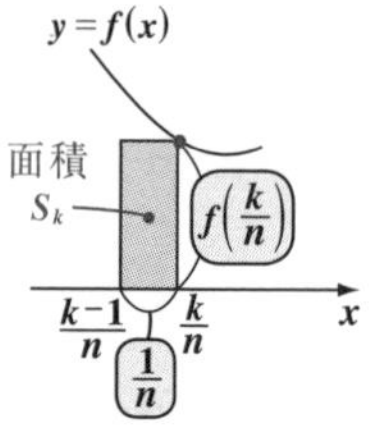

この $S_1, S_2, \cdots, S_n$ の和をとると，

$$\sum_{k=1}^{n}S_k=\sum_{k=1}^{n}\frac{1}{n}f\left(\frac{k}{n}\right)=\frac{1}{n}\sum_{k=1}^{n}f\left(\frac{k}{n}\right)\text{ となる。}$$

ここで，$n\to\infty$ とすると，

$n\to\infty$ とすると，このギザギザが小さくなって気にならなくなる！

$\frac{1}{n}\sum_{k=1}^{n}f\left(\frac{k}{n}\right)$ が，$\lim_{n\to\infty}\frac{1}{n}\sum_{k=1}^{n}f\left(\frac{k}{n}\right)=\int_0^1 f(x)dx$ になると言っているんだ。

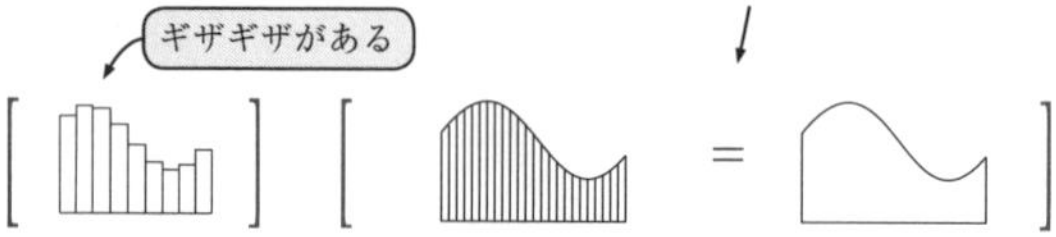

長方形の左肩の y 座標と $y=f(x)$ の y 座標を一致させて，同様に考えて得られる公式が，$\lim_{n\to\infty}\frac{1}{n}\sum_{k=0}^{n-1}f\left(\frac{k}{n}\right)=\int_0^1 f(x)dx$ だ。図形的に考えれば，これらの公式の意味もよくわかると思う。

そして，実際に問題を解くときは，これらの公式の形に当てはめて解いていけばいいだけだ。思ったよりも簡単なんだね。

◆例題 12◆

$\lim_{n\to\infty}\left(\frac{1}{n+2}+\frac{1}{n+4}+\frac{1}{n+6}+\cdots\cdots+\frac{1}{n+2n}\right)$ を求めよ。（関西大）

解答

$$\lim_{n\to\infty}\left(\frac{1}{n+2}+\frac{1}{n+4}+\frac{1}{n+6}+\cdots\cdots+\frac{1}{n+2n}\right)$$

まず，$\frac{1}{n}$ をくくり出す。

$$=\lim_{n\to\infty}\frac{1}{n}\left(\frac{1}{1+\frac{2\cdot1}{n}}+\frac{1}{1+\frac{2\cdot2}{n}}+\frac{1}{1+\frac{2\cdot3}{n}}+\cdots\cdots+\frac{1}{1+\frac{2\cdot n}{n}}\right)$$

1, 2, 3, …, n と動いていく部分を k とおいて，Σ 計算にもち込む。

$$=\lim_{n\to\infty}\frac{1}{n}\sum_{k=1}^{n}\boxed{\frac{1}{1+2\cdot\frac{k}{n}}}$$

これを $f\left(\frac{k}{n}\right)$ とみると，区分求積法の形になっているのがわかるね。

$$=\int_0^1\underbrace{\boxed{\frac{1}{1+2x}}}_{f(x)}dx=\frac{1}{2}\int_0^1\frac{\overset{g'}{\boxed{2}}}{\underset{g}{\boxed{1+2x}}}dx=\frac{1}{2}\Big[\log|2x+1|\Big]_0^1$$

$=\frac{1}{2}(\log3-\underbrace{\log1}_{0})=\frac{1}{2}\log3$　となって，答えだ！　納得いった？

定積分で表された関数

演習問題 45	難易度 ★	CHECK 1	CHECK 2	CHECK 3

(1) 次の関数 $f(x)$ を求めよ。

$$f(x) = x + \int_0^1 e^t f(t)\,dt \quad \cdots\cdots ①$$

（名城大＊）

(2) $\int_a^x g(t)\,dt = \dfrac{x-2}{x}$ のとき，a の値と $g(x)$ を求めよ。

ヒント！ (1) の定積分は A（定数）とおくパターンだ。(2) では，(ⅰ) $x=a$ を代入する，(ⅱ) x で微分する，の 2 つをやるんだね。

解答＆解説

(1) $A = \int_0^1 e^t \underline{f(t)}\,dt \cdots\cdots ②$ とおくと，①は，

$f(x) = \underline{x + A} \cdots\cdots ③$ 　　③を②に代入して，

$A = \int_0^1 e^t(\underline{t+A})\,dt = \int_0^1 (e^t)'(t+A)\,dt$ 　部分積分

$= \left[e^t(t+A)\right]_0^1 - \boxed{\int_0^1 e^t \cdot 1\,dt}$ 　簡単！

$= (e-1)A + 1$

$\therefore A = (e-1)A + 1$ より，$A = \dfrac{1}{2-e}$

これを③に代入して，$f(x) = x + \dfrac{1}{2-e} \cdots\cdots$（答）

(2) $\int_a^x g(t)\,dt = \dfrac{x-2}{x} \cdots\cdots ④$

(ⅰ) ④の両辺に $x=a$ を代入して，

$\underline{\underline{0}} = \dfrac{a-2}{a}$ 　　$\therefore a = 2$ ……………………（答）

(ⅱ) ④の両辺を x で微分して，

$\left(\dfrac{分子}{分母}\right)' = \dfrac{(分子)' \cdot 分母 - 分子 \cdot (分母)'}{(分母)^2}$

$g(x) = \dfrac{1 \cdot x - (x-2) \cdot 1}{x^2} = \dfrac{2}{x^2}$ ……………（答）

ココがポイント

⇦ $\int_0^1 e^t f(t)\,dt = A$（定数）だ！

⇦ $e^1(1+A) - A - [e^t]_0^1$
$= e + eA - A - (e-1)$
$= (e-1)A + 1$

⇦ A の方程式を解いて③に代入すれば，$f(x)$ が求まるね。

⇦ $\int_a^x g(t)\,dt$ は x の関数。

⇦ $\int_a^a g(t)\,dt = \underline{\underline{0}}$

⇦ 左辺は公式 $\left\{\int_a^x g(t)\,dt\right\}' = g(x)$ を使った。

2 変数関数の積分，偶関数の積分

演習問題 46	難易度 ★★	CHECK 1	CHECK 2	CHECK 3

関数 $f(x) = \int_{-\pi}^{\pi}(\sin\theta - x\theta)^2 d\theta$ を最小にする x の値を求めよ。（関西大＊）

ヒント！ これは講義で話した通り，**2** 変数関数の積分や偶関数の積分など，複数の要素が融合した問題だね。そして，最終的に $f(x)$ は下に凸な放物線になるから，$f'(x) = 0$ のとき $f(x)$ は最小になる。

解答＆解説

$$f(x) = \int_{-\pi}^{\pi}(\underbrace{\sin^2\theta}_{偶} - 2x\underbrace{\theta\sin\theta}_{偶} + x^2\underbrace{\theta^2}_{偶})d\theta$$

⇦ $\cdot\sin^2(-\theta) = \sin^2\theta$
$\cdot(-\theta)\cdot\sin(-\theta) = \theta\sin\theta$
$\cdot(-\theta)^2 = \theta^2$

$$= 2\int_0^{\pi}(\sin^2\theta - 2x\theta\sin\theta + x^2\theta^2)d\theta$$

（θ で積分）（まず，定数扱い：$2x$, x^2）

$$= 2\Big(\underbrace{\int_0^{\pi}\sin^2\theta d\theta}_{㋐\ \frac{\pi}{2}} - 2x\underbrace{\int_0^{\pi}\theta\sin\theta d\theta}_{㋑\ \pi} + x^2\underbrace{\int_0^{\pi}\theta^2 d\theta}_{㋒\ \frac{\pi^3}{3}}\Big)$$

⇦ $2x$ や x^2 は定数扱いなので積分の外に出した。

ここで，

㋐ $\frac{1}{2}\int_0^{\pi}(1-\cos2\theta)d\theta = \frac{1}{2}\Big[\theta - \frac{1}{2}\sin2\theta\Big]_0^{\pi} = \boxed{\frac{\pi}{2}}$

⇦ $\sin^2\theta = \frac{1}{2}(1-\cos2\theta)$ だ。

㋑ $\int_0^{\pi}\theta(-\cos\theta)'d\theta$

$= [-\theta\cos\theta]_0^{\pi} - \int_0^{\pi}1\cdot(-\cos\theta)d\theta$

$= -\pi\cdot(-1) + [\sin\theta]_0^{\pi} = \boxed{\pi}$

⇦ $\sin\theta = (-\cos\theta)'$ として部分積分だ。

㋒ $\int_0^{\pi}\theta^2 d\theta = \Big[\frac{1}{3}\theta^3\Big]_0^{\pi} = \boxed{\frac{\pi^3}{3}}$

以上㋐，㋑，㋒より，$f(x)$ は，

$f(x) = \frac{2}{3}\pi^3x^2 - 4\pi x + \pi$　となる。

これは下に凸な放物線である。よって，

$f'(x) = \frac{4}{3}\pi^3x - 4\pi = 0$ のとき，$x = \frac{3}{\pi^2}$ より，

$f(x)$ を最小にする x の値は，$x = \frac{3}{\pi^2}$ …………（答）

⇦
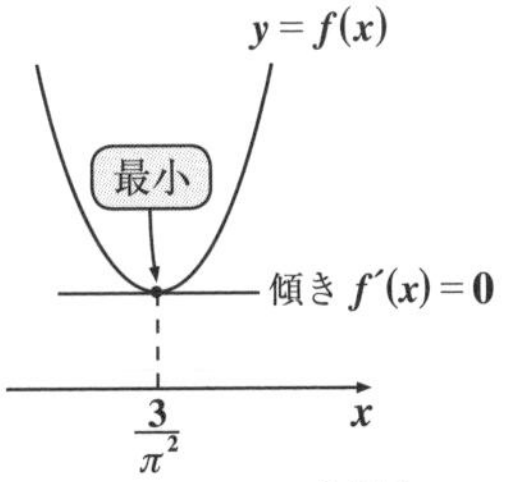

絶対値の付いた 2 変数関数の積分

演習問題 47	難易度 ★★★	CHECK 1	CHECK 2	CHECK 3

関数 $f(t)=\int_0^{\frac{\pi}{2}}|\cos x-\cos t|dx\ \left(0<t<\frac{\pi}{2}\right)$ を最小にする t の値を求めよ。 (南山大＊)

ヒント！ これは x で積分するので，まず $\cos t$ は定数扱いだね。だから，絶対値記号内の 2 つの関数で，$y=\cos x$ は曲線だけれど，$y=\cos t$ は x 軸に平行な直線になる。$\cos t$ は定数だからだね。

解答＆解説

ココがポイント

右図の $y=\cos x$（曲線）と $y=\cos t$（直線）$\left(0<t<\frac{\pi}{2}\right)$ のグラフより，

$$\begin{cases}(\text{i})\ 0\leqq x\leqq t\ \text{のとき，}\ \cos x\geqq\cos t\\ (\text{ii})\ t\leqq x\leqq\frac{\pi}{2}\ \text{のとき，}\ \cos x\leqq\cos t\end{cases}$$

今は $\frac{1}{2}$ とでも思いなさい。

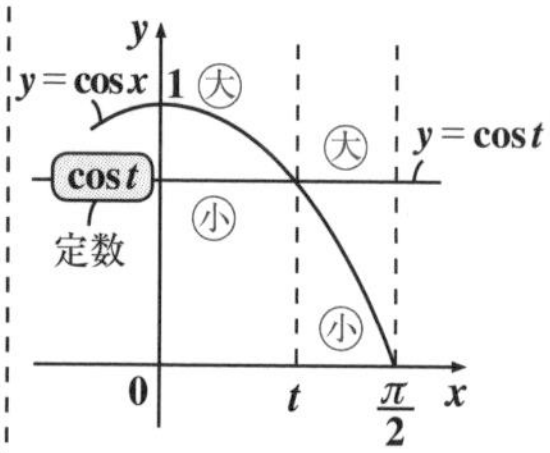

$$f(t)=\int_0^t(\underset{大}{\cos x}-\underset{小}{\cos t})dx-\int_t^{\frac{\pi}{2}}(\underset{小}{\cos x}-\underset{大}{\cos t})dx$$

（$\cos t$ は定数扱い）

⇦ $|小-大|=-(小-大)$ となる。

$$=\Big[\sin x-x\cos t\Big]_0^t-\Big[\sin x-x\cos t\Big]_t^{\frac{\pi}{2}}$$

（定数扱い）

$$=2(\sin t-t\cos t)-\left(1-\frac{\pi}{2}\cos t\right)$$

$$\therefore\ f(t)=2\sin t+\left(\frac{\pi}{2}-2t\right)\cos t-1\quad\left(0<t<\frac{\pi}{2}\right)$$

⇦ $f(t)$ を t で微分すると，
$f'(t)=2\cos t-2\cos t-\left(\frac{\pi}{2}-2t\right)\sin t=\left(2t-\frac{\pi}{2}\right)\sin t$

$$f'(t)=\left(2t-\frac{\pi}{2}\right)\underset{\oplus}{\sin t}\qquad \widetilde{f'(t)}=\begin{cases}\oplus\\0\\\ominus\end{cases}$$

$f'(t)=0$ のとき，$t=\frac{\pi}{4}$

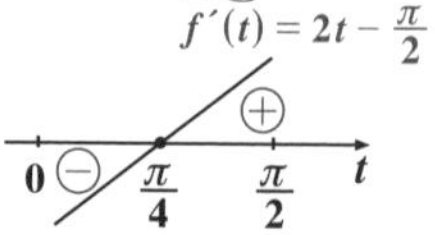

$\therefore\ f(t)$ を最小にする t の値は，右表より，

$t=\frac{\pi}{4}$ ………(答)

増減表 $\left(0<t<\frac{\pi}{2}\right)$

t	(0)		$\frac{\pi}{4}$		$\left(\frac{\pi}{2}\right)$
$f'(t)$	／	$-$	0	$+$	／
$f(t)$	／	↘	極小	↗	／

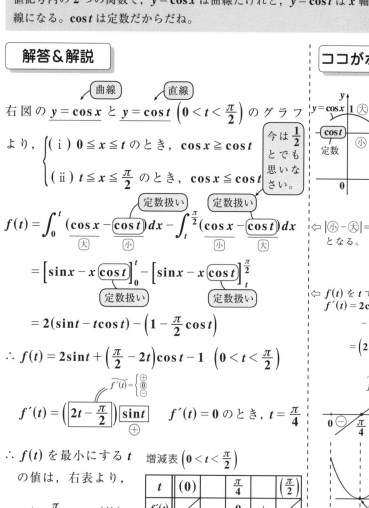

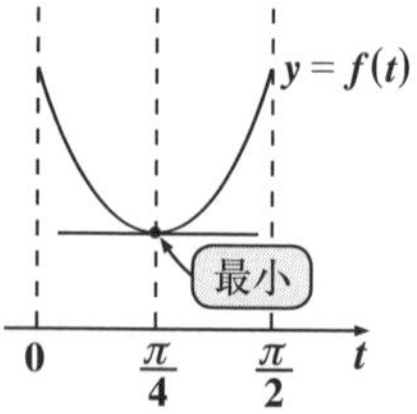

区分求積法

演習問題 48	難易度 ★★	CHECK 1	CHECK 2	CHECK 3

次の極限を定積分で表し,その値を求めよ。

(1) $I=\lim_{n\to\infty}\sum_{k=1}^{n}\frac{n}{n^2+k^2}$ （岐阜大）

(2) $J=\lim_{n\to\infty}\frac{1}{n}\log\left\{\left(2+\frac{1}{n}\right)\cdot\left(2+\frac{2}{n}\right)\cdots\cdots\left(2+\frac{n}{n}\right)\right\}$ （富山医科薬科大＊）

ヒント！ (1),(2) 共に区分求積法の問題だね。この問題では，公式 $\lim_{n\to\infty}\frac{1}{n}\sum_{k=1}^{n}f\left(\frac{k}{n}\right)=\int_0^1 f(x)dx$ を使う。

解答＆解説

(1) $I=\lim_{n\to\infty}\sum_{k=1}^{n}\frac{n}{n^2\left(1+\frac{k^2}{n^2}\right)}=\lim_{n\to\infty}\frac{1}{n}\sum_{k=1}^{n}\underbrace{\frac{1}{1+\left(\frac{k}{n}\right)^2}}_{f\left(\frac{k}{n}\right)}$ （$\frac{1}{n}$ をくくり出す）

⇦ 区分求積法の公式 $\lim_{n\to\infty}\frac{1}{n}\sum_{k=1}^{n}f\left(\frac{k}{n}\right)=\int_0^1 f(x)dx$

$=\int_0^1\underbrace{\frac{1}{1+x^2}}_{f(x)}dx$ 　ここで，$x=\tan\theta$ とおくと，

⇦ $\int\frac{1}{1+x^2}dx$ の場合，$x=\tan\theta$ とおく。

$x:0\to1$ のとき，$\theta:0\to\frac{\pi}{4}$，$dx=\frac{1}{\cos^2\theta}d\theta$ より，

$I=\int_0^{\frac{\pi}{4}}\frac{1}{1+\tan^2\theta}\cdot\frac{1}{\cos^2\theta}d\theta=[\theta]_0^{\frac{\pi}{4}}=\frac{\pi}{4}$ ……(答)

⇦ $1+\tan^2\theta=\frac{1}{\cos^2\theta}$

(2) $J=\lim_{n\to\infty}\frac{1}{n}\log\left\{\left(2+\frac{1}{n}\right)\cdot\left(2+\frac{2}{n}\right)\cdots\cdots\left(2+\frac{n}{n}\right)\right\}$

$=\lim_{n\to\infty}\frac{1}{n}\left\{\log\left(2+\frac{1}{n}\right)+\log\left(2+\frac{2}{n}\right)+\cdots+\log\left(2+\frac{n}{n}\right)\right\}$

$=\lim_{n\to\infty}\frac{1}{n}\sum_{k=1}^{n}\underbrace{\log\left(2+\frac{k}{n}\right)}_{f\left(\frac{k}{n}\right)}$

⇦ 区分求積法の公式を使う！

$=\int_0^1\underbrace{\log(2+x)}_{f(x)}dx=\int_0^1(2+x)'\log(2+x)dx$ （部分積分法だ！）

⇦ $1=(2+x)'$ として部分積分にもち込むとうまくいく。

$=\left[(2+x)\log(2+x)\right]_0^1-\int_0^1(2+x)\cdot\frac{1}{x+2}dx$ （簡単！）

$=3\log3-2\log2-[x]_0^1=3\log3-2\log2-1$ …(答)

区分求積法の応用

演習問題 49 　難易度 ★★★　CHECK 1　CHECK 2　CHECK 3

$Q_n = \left\{ \dfrac{(2n)!}{n^n \cdot n!} \right\}^{\frac{1}{n}}$　$(n = 1, 2, 3, \cdots)$ について，次の各問いに答えよ。

(1) Q_n の自然対数 $\log Q_n$ を求めよ。

(2) 極限 $\displaystyle\lim_{n\to\infty} \log Q_n$ を求めることにより，極限 $\displaystyle\lim_{n\to\infty} Q_n$ を求めよ。

ヒント！ コチコチに乾燥した干ししいたけなどは水につけてほぐすだろう？それと同様に今回の問題の $Q_n = \left\{ \dfrac{(2n)!}{n^n \cdot n!} \right\}^{\frac{1}{n}}$ のように，コチコチに固まった形の式は，自然対数をとって変形すれば，区分求積法の形が見えてくるんだね。チャレンジしてみよう！

解答＆解説

(1) まず，Q_n の式を変形すると，

$$Q_n = \left\{ \frac{1}{n^n} \cdot \underbrace{\frac{(2n)!}{n!}}_{(n+1)(n+2)(n+3)\cdots\cdots(n+n)} \right\}^{\frac{1}{n}}$$

$$= \left\{ \frac{(n+1)(n+2)(n+3)\cdots\cdots(n+n)}{n^n} \right\}^{\frac{1}{n}}$$

$$= \left\{ \frac{n+1}{n} \cdot \frac{n+2}{n} \cdot \frac{n+3}{n} \cdot \cdots\cdots \cdot \frac{(n+n)}{n} \right\}^{\frac{1}{n}}$$

$$\therefore Q_n = \left\{ \left(1+\frac{1}{n}\right) \cdot \left(1+\frac{2}{n}\right) \cdot \left(1+\frac{3}{n}\right) \cdot \cdots \cdot \left(1+\frac{n}{n}\right) \right\}^{\frac{1}{n}} \quad \cdots\cdots①$$

$(n = 1, 2, 3, \cdots)$ となる。

よって，Q_n は正より，①の両辺の自然対数をとると，

$$\log Q_n = \log\left\{ \left(1+\frac{1}{n}\right) \cdot \left(1+\frac{2}{n}\right) \cdot \left(1+\frac{3}{n}\right) \cdot \cdots \cdot \left(1+\frac{n}{n}\right) \right\}^{\boxed{\frac{1}{n}}}$$

$$= \frac{1}{n} \left\{ \log\left(1+\frac{1}{n}\right) + \log\left(1+\frac{2}{n}\right) + \log\left(1+\frac{3}{n}\right) + \cdots\cdots + \log\left(1+\frac{n}{n}\right) \right\}$$

$$\therefore \log Q_n = \frac{1}{n} \sum_{k=1}^{n} \log\left(1+\frac{k}{n}\right) \quad \cdots\cdots② \cdots\cdots\cdots(答)$$

ココがポイント

⇦ $\dfrac{(2n)!}{n!}$

$= \dfrac{1\cdot 2\cdot\cdots\cdot n\cdot(n+1)(n+2)\cdot\cdots\cdot 2n}{1\cdot 2\cdot\cdots\cdot n}$

$=(n+1)(n+2)\cdot\cdots\cdot 2n$

⇦分子の $(n+1)(n+2)\cdots(n+n)$ の n 項の積を $n^n = n\cdot n\cdot\cdots\cdot n$ の n 項の n で 1 つずつ割っていけばいい。

⇦①の自然対数をとると，$\dfrac{1}{n}\displaystyle\sum_{k=1}^{n} f\left(\frac{k}{n}\right)$ の形の式になるので，この $n\to\infty$ の極限をとると，区分求積法の問題になるんだね。

⇦対数計算の公式：
- $\log x^p = p\log x$
- $\log xy = \log x + \log y$

を用いた。

(2) $\log Q_n = \frac{1}{n}\sum_{k=1}^{n}\underbrace{\log\left(1+\frac{k}{n}\right)}_{f\left(\frac{k}{n}\right)}$ ……② の $n\to\infty$ の極限をとると，区分求積法により，

$$\lim_{n\to\infty}\log Q_n = \lim_{n\to\infty}\frac{1}{n}\sum_{k=1}^{n}\log\left(1+\frac{k}{n}\right)$$

$$=\int_0^1 \log(1+x)\,dx$$

$$=\int_0^1 (1+x)'\cdot\log(1+x)\,dx$$

$$=\underbrace{\left[(1+x)\cdot\log(1+x)\right]_0^1}_{2\log 2-1\cdot\log 1\ (\log 1=0)}-\underbrace{\int_0^1 (1+x)\cdot\frac{1}{1+x}\,dx}_{\int_0^1 1\cdot dx=[x]_0^1=1}$$

$$=2\log 2-1 \quad \cdots\cdots③$$ となる。……(答)

⇦区分求積法
$\lim_{n\to\infty}\frac{1}{n}\sum_{k=1}^{n}f\left(\frac{k}{n}\right)=\int_0^1 f(x)dx$

⇦ 被積分関数に，$(1+x)'(=1)$ をかけることにより，部分積分法にもち込む。
部分積分法：
$\int_0^1 f'\cdot g\,dx = [f\cdot g]_0^1-\int_0^1 f\cdot g'\,dx$

③をさらに変形して，

$$\lim_{n\to\infty}\log \underline{\underline{Q_n}} = ②\log 2 - \underbrace{\log e}_{1}$$

$$=\log 4-\log e=\log\underline{\underline{\frac{4}{e}}}$$ となる。

⇦ $\lim_{n\to\infty}\log\underline{\underline{Q_n}}=\log\underline{\underline{\frac{4}{e}}}$ より，Q_n の極限が，$\lim_{n\to\infty}Q_n=\frac{4}{e}$ と求まるんだね。

∴求める極限 $\lim_{n\to\infty}Q_n$ は，

$\lim_{n\to\infty}Q_n=\frac{4}{e}$ である。……………………………(答)

定積分と不等式

演習問題 50	難易度 ★★★	CHECK 1	CHECK 2	CHECK 3

(1) $x \geqq 0$ のとき，$e^x \geqq 1+x$ ……$(*1)$ が成り立つことを示せ。

(2) $0 \leqq x \leqq 1$ のとき，$0 \leqq e^{-x^2}\sin\frac{\pi}{2}x \leqq \frac{1}{1+x^2}$ ……$(*2)$，および

$0 \leqq \int_0^1 e^{-x^2}\sin\frac{\pi}{2}x\,dx \leqq \frac{\pi}{4}$ ……$(*3)$ が成り立つことを示せ。

レクチャー $a \leqq x \leqq b$ で定義された 2 つの関数 $f(x)$ と $g(x)$ について，右図のように，$f(x) \geqq g(x)$ であるならば，次式が成り立つ。

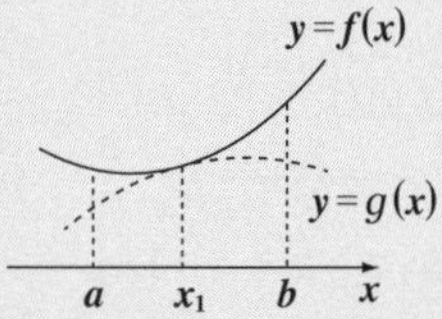

$$\int_a^b f(x)\,dx > \int_a^b g(x)\,dx \quad ……①$$

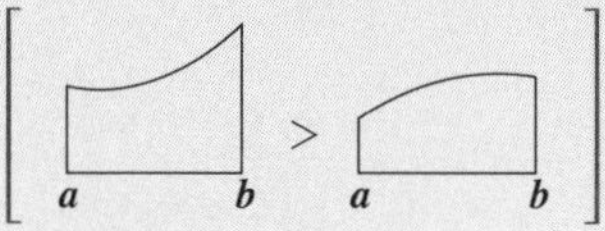

図のように，$f(x_1)=g(x_1)$ となる点があっても，$f(x)$ と $g(x)$ がまったく同じ関数でない限り，$\int_a^b f(x)\,dx$ は $\int_a^b g(x)\,dx$ より大きい。

でも，一般論として，命題「$A>B$ ならば，$A \geqq B$」は成り立つので，①に等号をつけて

$\int_a^b f(x)\,dx \geqq \int_a^b g(x)\,dx$ としても構わない。納得いった？

解答＆解説

(1) $x \geqq 0$ のとき，$e^x \geqq 1+x$ ……$(*1)$ が成り立つことを示す。ここで，$f(x)=e^x-1-x \quad (x \geqq 0)$ とおくと，$f'(x)=e^x-1 \geqq 0$ となる。

よって，$x \geqq 0$ のとき関数 $y=f(x)$ は単調に増加する。

そして，$f(0)=\underbrace{e^0}_{1}-1-0=0$ より

$x \geqq 0$ で，$f(x)=e^x-1-x \geqq 0$

$\therefore$ $x \geqq 0$ のとき，$e^x \geqq 1+x$…$(*1)$ は成り立つ。

………(終)

ココがポイント

⇦

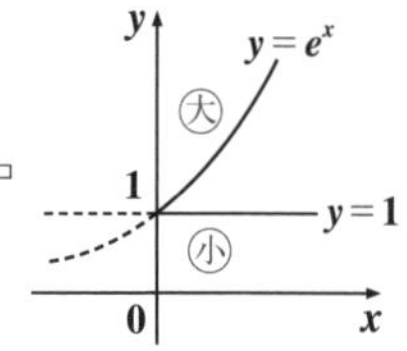

⇦ $y=f(x)$ は，$f(0)=0$ で $x \geqq 0$ のとき単調に増加するので，イメージは下のようになる。

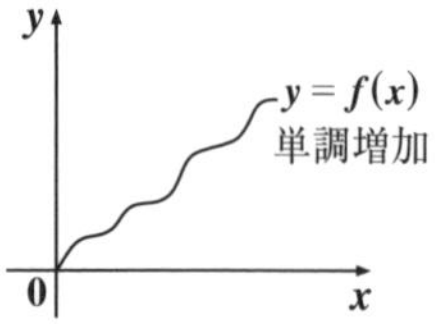

(2) ($*1$) より，$0 \le x \le 1$ のとき，($*1$) は成り立つ
ので，($*1$) の x に x^2 を代入した次の不等式：

$e^{x^2} \ge 1 + x^2$ ……($*1$)′ も成り立つ。

$e^{x^2} > 0$，$1 + x^2 > 0$ より，($*1$)′ の両辺を

$e^{x^2}(1 + x^2)\ (>0)$ で割ると，$\dfrac{1}{1 + x^2} \ge \dfrac{1}{e^{x^2}}$

$\therefore\ 0 \le e^{-x^2} \le \dfrac{1}{1 + x^2}$ ……①

また，$0 \le x \le 1$ のとき

$\quad 0 \le \sin\dfrac{\pi}{2}x \le 1$ ……② となる。

①，②より，$0 \le x \le 1$ のとき，

$0 \le e^{-x^2}\sin\dfrac{\pi}{2}x \le \dfrac{1}{1 + x^2}$ …($*2$)

が成り立つ。……………(終)

$\left\{\begin{array}{l}0 \le A \le B \\ 0 \le C \le D\end{array}\right.$ ならば，
$0 \le A \times C \le B \times D$
となるからね。

($*2$) の各辺を積分区間 $[0,\ 1]$ で積分すると，

$0 < \displaystyle\int_0^1 e^{-x^2}\sin\dfrac{\pi}{2}x\ dx < \int_0^1 \dfrac{1}{1 + x^2}\ dx$ ……③

③の右辺の定積分 $\displaystyle\int_0^1 \dfrac{1}{1 + x^2}\ dx$ について，

$x = \tan\theta$ とおくと，

$x : 0 \to 1$ のとき，$\theta : 0 \to \dfrac{\pi}{4}$，

また，$dx = \dfrac{1}{\cos^2\theta}d\theta$ より

$\displaystyle\int_0^1 \dfrac{1}{1 + x^2}\ dx = \int_0^{\frac{\pi}{4}} \dfrac{1}{1 + \tan^2\theta} \cdot \dfrac{1}{\cos^2\theta}\ d\theta$

$\qquad\qquad\qquad = \dfrac{\pi}{4}$ ……④ となる。

④を③に代入し，かつ等号を付け加えることに
より，

$0 \le \displaystyle\int_0^1 e^{-x^2}\sin\dfrac{\pi}{2}x\ dx \le \dfrac{\pi}{4}$ ……($*3$) となる。

…………(終)

⇦ $0 \le x \le 1$ のとき，
$0 \le x^2 \le 1$ だからね。

⇦ $e^{-x^2} > 0$ より，$e^{-x^2} \ge 0$ だ。
「$A > B \Rightarrow A \ge B$」は成
り立つからね。

⇦

⇦ これに，等号を付けても
いいんだね。
「$0 < A < B \Rightarrow 0 \le A \le B$」
としてもいいからだ。

⇦ $\displaystyle\int \dfrac{1}{a^2 + x^2}\ dx$ は，
$x = a\tan\theta$ とおく。

⇦ $\displaystyle\int_0^1 \dfrac{1}{1 + x^2}\ dx$

$= \displaystyle\int_0^{\frac{\pi}{4}} \dfrac{1}{(1 + \tan^2\theta)} \cdot \dfrac{1}{\cos^2\theta}d\theta$

$\boxed{\dfrac{1}{\cos^2\theta}}$

$= \displaystyle\int_0^{\frac{\pi}{4}} 1\ d\theta = [\theta]_0^{\frac{\pi}{4}} = \dfrac{\pi}{4}$

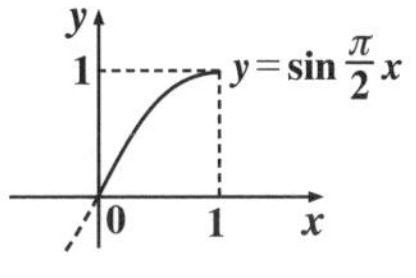

§4. 面積計算は，積分のメインテーマの１つだ！

前回から，"**積分法の応用**" に入っているけれど，今回は "**面積計算**" に入ろう。これは，受験でも最も出題される分野だから，特に力を入れて解説する。数学Ⅱのときのような便利な "面積公式" はないんだけれど，数学Ⅲの面積計算でもさまざまなテクニックを覚えると，数学がさらに面白くなると思う。

実は，面積計算の考え方は，偶関数・奇関数の積分などで既に使っているんだね。でも，これから本格的な面積計算の解説講義に入るから，シッカリ勉強していこう。

● 面積計算では，上下関係が大切だ！

面積計算の基本は，図１に示すように，区間 $[a, b]$ の範囲で，２曲線 $y = f(x)$ と $y = g(x)$ ではさまれる部分の面積を求めることなんだね。

図１　２曲線ではさまれる部分の面積

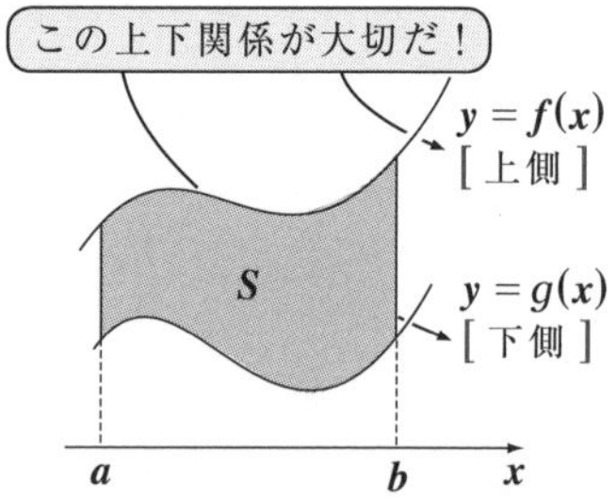

そして，面積計算を行う上での一番重要な基本公式は次の通りだ。

面積計算の基本公式

面積 $\underline{S} = \int dS$ ……①　（dS：微小面積）

（積分定数 C は無視している！）

$\int dS = \int 1 dS$ と考えると，１を S で積分したら，積分定数 C を無視すれば，なるほど S になるから当然の式だね。それでは，この dS（微小面積）をどのように表すか，図２を見てくれ。

高さ $f(x)-g(x)$ に微小な厚さ dx をかけたものが，近似的に微小面積 dS だね。よって，

$dS=\{f(x)-g(x)\}dx$ ……②

②を①に代入して，積分区分 $[a,b]$ での定積分にすると，次のような面積の積分公式が導けるんだね。

図2 微小面積 dS

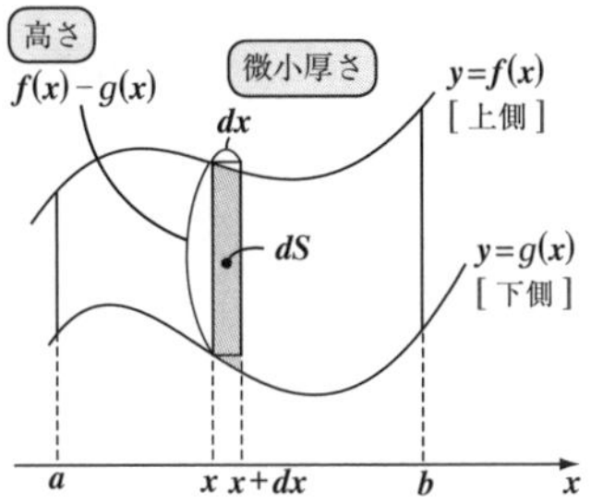

$$\text{面積 } S=\int_a^b\{\underbrace{f(x)}_{\text{上側}}-\underbrace{g(x)}_{\text{下側}}\}dx$$

特に，$y=f(x)$ と x 軸とではさまれる部分の面積の計算では，$f(x)$ が 0 以上か，0 以下かに注意するんだよ。

(i) $f(x)\geqq 0$ のとき，

曲線 $y=f(x)$ は，直線 $y=0$ [x 軸] の上側にあるから，その面積 S_1 は，

$$S_1=\int_a^b f(x)\,dx \quad \left(\underbrace{f(x)}_{\text{上側}}-\underbrace{0}_{\text{下側}}\right)$$ だね。

(ii) $f(x)\leqq 0$ のとき，

曲線 $y=f(x)$ は，直線 $y=0$ [x 軸] の下側にあるから，その面積 S_2 は，

$$S_2=-\int_a^b f(x)\,dx \quad \left(\underbrace{0}_{\text{上側}}-\underbrace{f(x)}_{\text{下側}}\right)$$

となる。

図3 (i) $f(x)\geqq 0$ のとき

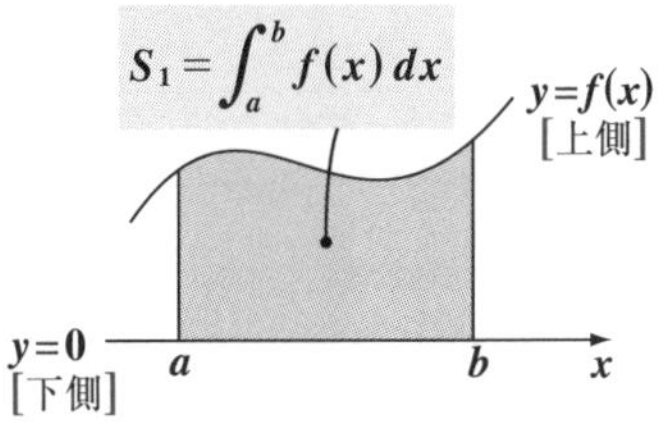

(ii) $f(x)\leqq 0$ のとき

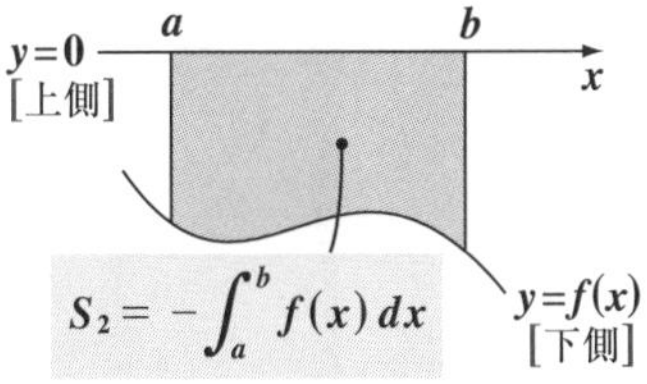

● 具体的に面積を求めてみよう！

それでは，次の例題を使って，ウォーミングアップしてみるよ。
曲線 $y = f(x) = \sqrt{x}(x-1)$ と x 軸で囲まれる部分の面積と，曲線 $y = f(x)$，x 軸および直線 $x = 2$ で囲まれる部分の面積の和を求めてみよう。$f(x)$ の中に $\sqrt{x}$ があるから，当然 $x \geqq 0$ だね。

$y = f(x) = \sqrt{x}(x-1)$ は，$y = \sqrt{x}$ と $y = x - 1$ に分解して考えると，

(ｉ) $x = 0$，1 のとき，$f(x) = 0$
(ⅱ) $0 < x < 1$ のとき，$f(x) < 0$
(ⅲ) $1 < x$ のとき，$f(x) > 0$
(ⅳ) $\displaystyle\lim_{x\to\infty} f(x) = \infty$
(ｖ) 空いてる部分は谷の形でつなぐ。

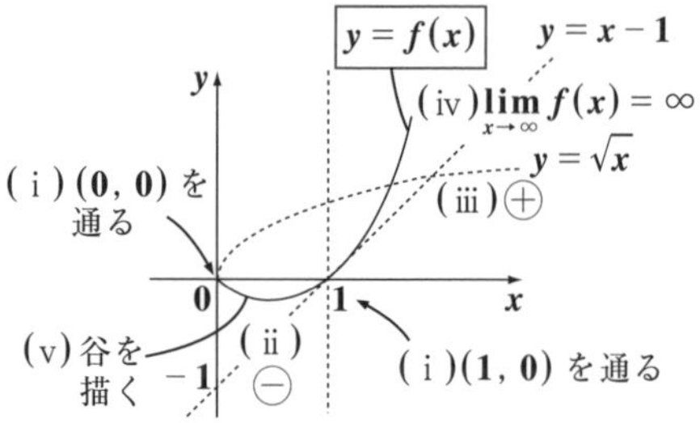

以上で，曲線 $y = f(x)$ の概形がわかったので，いよいよ面積 S を求めよう。

面積 $S = -\displaystyle\int_0^1 f(x)dx + \int_1^2 f(x)dx$

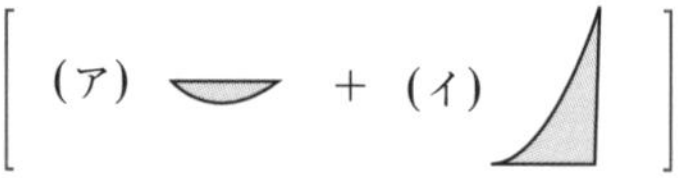

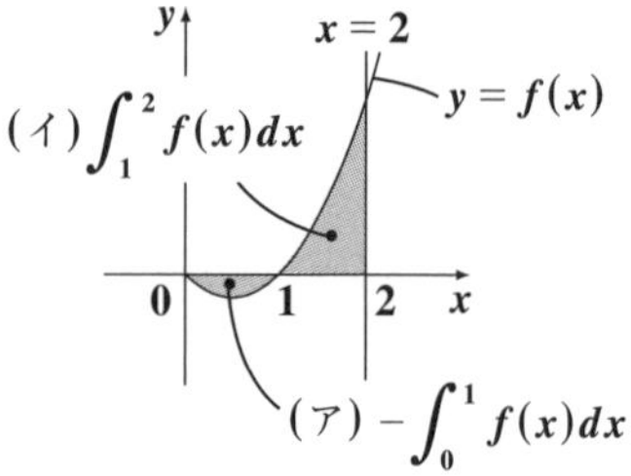

$$= -\int_0^1 x^{\frac{1}{2}}(x-1)dx + \int_1^2 x^{\frac{1}{2}}(x-1)dx$$

$$= -\int_0^1 \left(x^{\frac{3}{2}} - x^{\frac{1}{2}}\right)dx + \int_1^2 \left(x^{\frac{3}{2}} - x^{\frac{1}{2}}\right)dx$$

$$= -\left[\frac{2}{5}x^{\frac{5}{2}} - \frac{2}{3}x^{\frac{3}{2}}\right]_0^1 + \left[\frac{2}{5}x^{\frac{5}{2}} - \frac{2}{3}x^{\frac{3}{2}}\right]_1^2$$

$$= -2\left(\frac{2}{5} - \frac{2}{3}\right) + \left(\frac{2}{5}\cdot 4\sqrt{2} - \frac{2}{3}\cdot 2\sqrt{2}\right) = \frac{8 + 4\sqrt{2}}{15}$$ ……………………(答)

$f(x) \geqq 0$，$f(x) \leqq 0$ に気を付けて，面積を計算することが重要だ！

● 媒介変数表示された曲線の面積問題も解こう！

それでは，$0 \leqq \theta \leqq 2\pi$ の範囲でのサイクロイド曲線（「Part1」P106）と x 軸とで囲まれる部分の面積を求めることにしよう。これから話す考え方は，媒介変数表示されたすべての曲線に当てはまるので，とても大事だ。

サイクロイド曲線は，媒介変数 θ で表された曲線だから，実は本当ではないんだけれど，便宜上まずこの曲線が $y=f(x)$ の形で表されたものとして，面積 S を求める公式を立てるんだ。

図4 面積計算

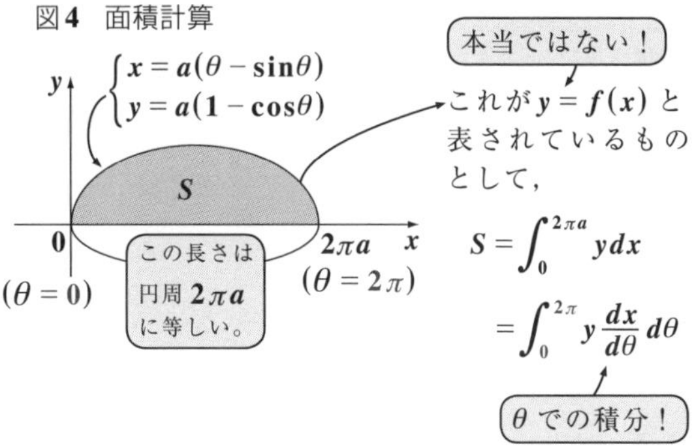

$$S = \int_0^{2\pi a} y\,dx$$

そして，この後，これを θ での積分に書き換えればいいんだね。見かけ上，dx を $d\theta$ で割り，その分 $d\theta$ をかければいい。

（$d\theta$ で割った分 $d\theta$ をかけた！）

$$S = \int_0^{2\pi a} y\,dx = \int_0^{2\pi} y \frac{dx}{d\theta} d\theta$$

すると，y も，$\frac{dx}{d\theta}$ も θ の式だね。よって，$y \cdot \frac{dx}{d\theta}$，すなわち θ の関数を θ で積分するわけだから，何の問題もないんだね。

ここで，$\begin{cases} x \text{ での積分区間：} 0 \to 2\pi a & \text{を，} \\ \theta \text{ での積分区間：} 0 \to 2\pi & \text{に書き換えることも忘れないで} \end{cases}$

くれ。実際の計算は演習問題 **54**（**P139**）でやろう！

ン？極方程式で表された曲線の面積計算はどうなるのかって？向学心旺盛だねェ！極方程式 $r = f(\theta)$ の形で表された曲線の面積計算の問題については，演習問題 **56** で扱うつもりだ。モリモリ勉強してくれ!!

演習問題 51　難易度 ★★　CHECK 1　CHECK 2　CHECK 3

2 つのだ円 $\frac{x^2}{3}+y^2=1$ ……① と $x^2+\frac{y^2}{3}=1$ ……② で囲まれる共通部分の面積 S を求めよ。 (山口大＊)

ヒント！ だ円について自信のない人は,「**Part1**」の **P98** を参照してくれ。①と②の **2** つのだ円は, x と y を入れ替えただけなので, 直線 $y=x$ に関して対称な図形なんだね。

解答＆解説

2 つのだ円①と②は右図に示すように, 直線 $y=x$ に関して対称な図形となる。よって, この直線上の①と②の交点 **P** の x 座標をまず求める。

$y=x$ ……③ を①に代入して,

$$\frac{x^2}{3}+x^2=1 \qquad \frac{4}{3}x^2=1 \qquad x=\pm\frac{\sqrt{3}}{2}$$

よって, ①と②の第 **1** 象限にある交点 **P** の x 座標は $x=\frac{\sqrt{3}}{2}$ である。

さらに, 図に示すように, $y=\sqrt{1-\frac{x^2}{3}}$ と $y=x$ と y 軸とで囲まれる図形の面積を S_1 とおくと, ①と②の共通部分の面積 S は, その対称性から $S=8S_1$ となる。

$$\therefore S=8S_1=8\int_0^{\frac{\sqrt{3}}{2}}\left(\sqrt{1-\frac{x^2}{3}}-x\right)dx$$

$$=8\left(\int_0^{\frac{\sqrt{3}}{2}}\sqrt{1-\frac{x^2}{3}}\,dx-\int_0^{\frac{\sqrt{3}}{2}}x\,dx\right)$$

$$\frac{1}{2}\left[x^2\right]_0^{\frac{\sqrt{3}}{2}}=\frac{1}{2}\cdot\frac{3}{4}$$

$$\int_0^{\frac{\pi}{6}}\sqrt{1-\sin^2\theta}\cdot\sqrt{3}\cos\theta\,d\theta=\int_0^{\frac{\pi}{6}}\sqrt{3}\cos^2\theta\,d\theta$$
$$=\frac{\sqrt{3}}{2}\int_0^{\frac{\pi}{6}}(1+\cos2\theta)\,d\theta=\frac{\sqrt{3}}{2}\left[\theta+\frac{1}{2}\sin2\theta\right]_0^{\frac{\pi}{6}}$$

$$=8\left\{\frac{\sqrt{3}}{2}\left(\frac{\pi}{6}+\frac{\sqrt{3}}{4}\right)-\frac{3}{8}\right\}=\frac{2\sqrt{3}}{3}\pi \quad \text{………(答)}$$

ココがポイント

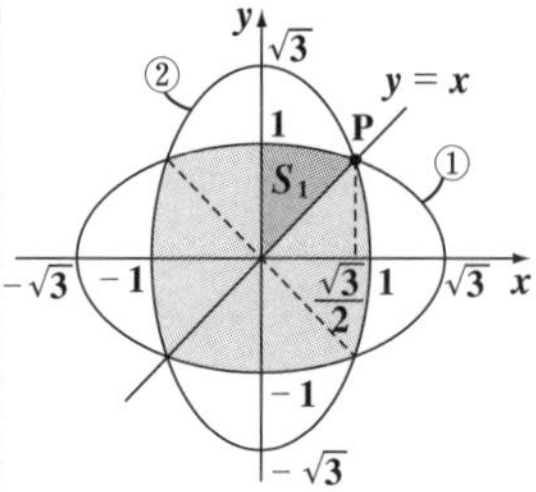

⇦ ①を変形して,
$y^2=1-\frac{x^2}{3}$
$y=\pm\sqrt{1-\frac{x^2}{3}}$

⊕, ⊖により, 上半だ円, 下半だ円を表す。

⇦ $\int_0^{\frac{\sqrt{3}}{2}}\sqrt{1-\frac{x^2}{3}}\,dx$ は, $x=\sqrt{3}\sin\theta$ とおくと,

$\begin{cases} x:0\to\frac{\sqrt{3}}{2} \\ \theta:0\to\frac{\pi}{6}\end{cases}$

$dx=\sqrt{3}\cos\theta\,d\theta$ だね。

2曲線の共接条件と面積

演習問題 52 難易度 ★★ CHECK1 CHECK2 CHECK3

2つの曲線 $y=ax^2$ と $y=\log x$ が点Pで接しているとき，定数 a の値，点Pの座標，および2曲線と x 軸とで囲まれる部分の面積 S を求めよ。

(島根大＊)

ヒント！ 2曲線の共接条件から a の値とPの座標を求めるんだね。後は，グラフから面積をうまく計算していくといいよ。頑張れ！

解答＆解説

$y=f(x)=ax^2,\ y=g(x)=\log x$ とおく。

微分して，$f'(x)=2ax,\ g'(x)=\dfrac{1}{x}$

$y=f(x)$ と $y=g(x)$ が $x=t$（点Pの x 座標）で接するものとすると，

$at^2=\log t$ ……① （$f(t)=g(t)$），$2at=\dfrac{1}{t}$ ……② （$f'(t)=g'(t)$）

①，②より，$a=\dfrac{1}{2e}$，$\mathrm{P}\left(\sqrt{e},\ \dfrac{1}{2}\right)$ ………………(答)
（$t=\sqrt{e}$，$f(\sqrt{e})=g(\sqrt{e})=\dfrac{1}{2}$）

図1より，求める図形の面積 S は，

$$S=\int_0^{\sqrt{e}}\frac{1}{2e}x^2dx-\int_1^{\sqrt{e}}\log x\,dx$$

$$=\frac{1}{2e}\left[\frac{1}{3}x^3\right]_0^{\sqrt{e}}-\Big[x\log x-x\Big]_1^{\sqrt{e}}$$

$\int\log x\,dx=x\log x-x$ だ！

$$=\frac{\sqrt{e}}{6}-\left(\sqrt{e}\cdot\frac{1}{2}-\sqrt{e}+1\right)=\frac{2}{3}\sqrt{e}-1$$ ………(答)
（$\log\sqrt{e}=\dfrac{1}{2}$）

別解 これを y で積分すると，図2の上下関係より，

$$S=\int_0^{\frac{1}{2}}(e^y-\sqrt{2ey})dy=\int_0^{\frac{1}{2}}(e^y-\sqrt{2e}\cdot y^{\frac{1}{2}})dy$$

（y 軸方向から見ている。e^y：上側，$\sqrt{2ey}$：下側）

$$=\left[e^y-\sqrt{2e}\cdot\frac{2}{3}y^{\frac{3}{2}}\right]_0^{\frac{1}{2}}=e^{\frac{1}{2}}-\frac{2\sqrt{2}}{3}\cdot\frac{1}{2\sqrt{2}}\sqrt{e}-1$$

$=\dfrac{2}{3}\sqrt{e}-1$ と，同じ結果が導ける。

ココがポイント

⇦ 2曲線 $y=f(x),\ y=g(x)$ が $x=t$ で接するとき，
$\begin{cases}f(t)=g(t)\\ f'(t)=g'(t)\end{cases}$

⇦ ②より，$at^2=\dfrac{1}{2}$ …②′
②′を①に代入して，
$\log t=\dfrac{1}{2}$ ∴ $t=\sqrt{e}$
②′より，$ae=\dfrac{1}{2}$
∴ $a=\dfrac{1}{2e}$

⇦ 図1
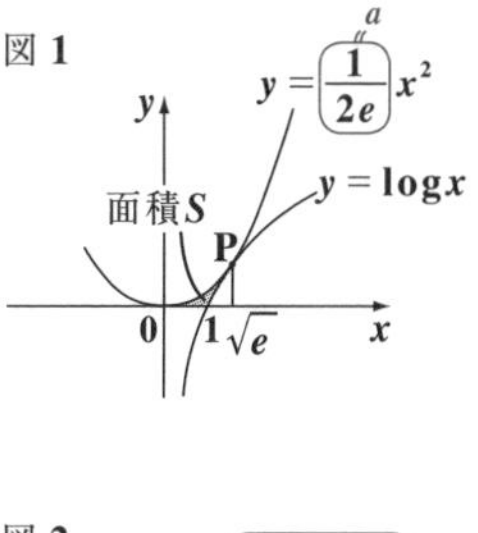

⇦ 図2
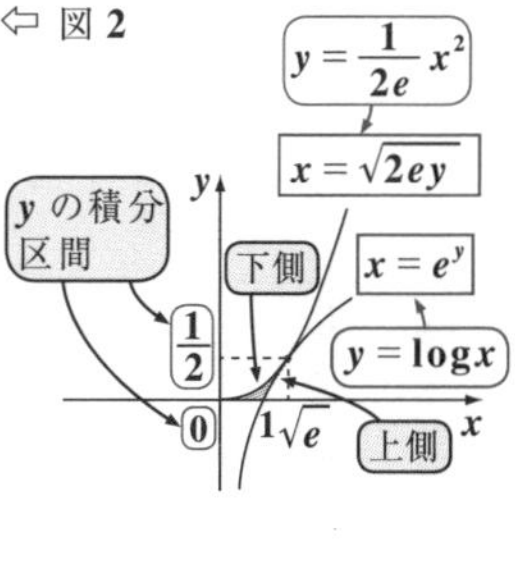

交点の x 座標が未知の場合の面積計算

演習問題 53 難易度 ★★ CHECK 1 CHECK 2 CHECK 3

曲線 $y=\cos x$ $\left(0 \leqq x \leqq \frac{\pi}{2}\right)$ と x 軸，y 軸とで囲まれる部分の面積を $y=a\sin x$ が 2 等分するとき，正の数 a の値を求めよ。（青山学院大＊）

ヒント！ $y=\cos x$ と $y=a\sin x$ との交点の x 座標 α がわからないことが，この問題の特徴だ。こういう場合，$\sin\alpha$，$\cos\alpha$，$\tan\alpha$ を a の式でまず表してから，面積の計算に入るとうまくいく。

解答＆解説

$y=\cos x$ ……①，　$y=a\sin x$ ……②

①，②より y を消去して，（$\cos x \neq 0$ より）

$$\cos x = a\sin x,\quad \frac{\sin x}{\cos x}=\frac{1}{a},\quad \tan x=\frac{1}{a}$$

これをみたす x で，$0<x<\frac{\pi}{2}$ をみたすものを α とおくと，

$$\tan\alpha=\frac{1}{a}\quad \therefore \sin\alpha=\frac{1}{\sqrt{a^2+1}},\quad \cos\alpha=\frac{a}{\sqrt{a^2+1}}\ (\text{右図})$$

全体の面積を S_T とおくと，

$$S_T=\int_0^{\frac{\pi}{2}}\cos x\,dx=[\sin x]_0^{\frac{\pi}{2}}=1$$

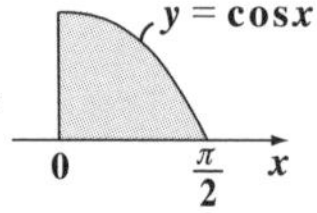

曲線 $y=a\sin x$ が 2 等分する上側の部分の面積を S_1 とおくと，$S_1=\frac{1}{2}\cdot S_T=\frac{1}{2}$ ……③

$$S_1=\int_0^{\alpha}(\underbrace{\cos x}_{\text{上側}}-\underbrace{a\sin x}_{\text{下側}})dx=[\sin x+a\cos x]_0^{\alpha}$$

$$=\sqrt{a^2+1}-a \ ……④$$

③，④より，（a を右辺に移項して 2 乗した！）

$$\sqrt{a^2+1}-a=\frac{1}{2},\quad a^2+1=\left(a+\frac{1}{2}\right)^2$$

$$\cancel{a^2}+1=\cancel{a^2}+a+\frac{1}{4}\quad \therefore a=\frac{3}{4} \ ………………(\text{答})$$

ココがポイント

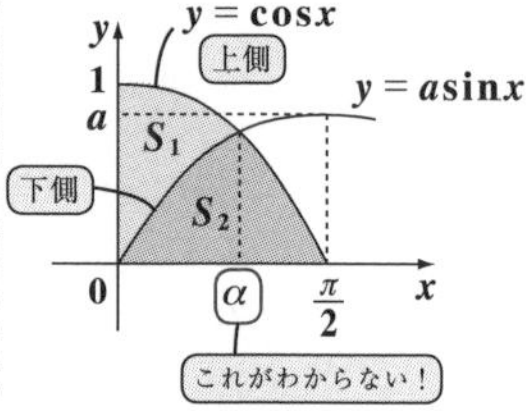

⇦ $\tan\alpha=\frac{1}{a}$ より，

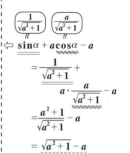

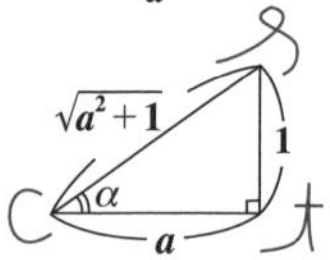

これから $\sin\alpha$，$\cos\alpha$ も a の式で表される。準備 OK だ！

⇦ $\sin\alpha+a\cos\alpha-a$（$\sin\alpha=\frac{1}{\sqrt{a^2+1}}$，$\cos\alpha=\frac{a}{\sqrt{a^2+1}}$）

$$=\frac{1}{\sqrt{a^2+1}}+a\cdot\frac{a}{\sqrt{a^2+1}}-a$$

$$=\frac{a^2+1}{\sqrt{a^2+1}}-a$$

$$=\sqrt{a^2+1}-a$$

サイクロイドと x 軸の囲む部分の面積

演習問題 54 難易度 ★★★ CHECK 1 CHECK 2 CHECK 3

曲線 $x = a(\theta - \sin\theta)$, $y = a(1 - \cos\theta)$ $(0 \leqq \theta \leqq 2\pi)$ (a：正の定数) と x 軸とで囲まれる部分の面積を求めよ。 (山口大＊)

ヒント！ 一般に，媒介変数表示された曲線の囲む面積を求める場合，まず，$y = f(x)$ の形で表されたものとして，面積計算の式を立てる。その後，媒介変数 θ での積分に置換するのがポイントだ！

解答＆解説

(これは，講義で解説したサイクロイド曲線だ。)

$$\begin{cases} x = a(\theta - \sin\theta) \\ y = a(1 - \cos\theta) \end{cases} \quad (0 \leqq \theta \leqq 2\pi)$$

x を θ で微分して，$\dfrac{dx}{d\theta} = a(1 - \cos\theta)$ ……①

この図 1 の曲線が，まず $y = f(x)$ の形で表されたものとすると，求める面積 S は，$S = \int_0^{2\pi a} y\,dx$ だ。

図より，$x : 0 \to 2\pi a$ のとき，$\theta : 0 \to 2\pi$ であることに注意して，この積分を θ での積分に変えると，

$$S = \int_0^{2\pi a} y\,dx = \int_0^{2\pi} y\frac{dx}{d\theta}\,d\theta$$

$$= \int_0^{2\pi} a(1 - \cos\theta) \cdot a(1 - \cos\theta)\,d\theta$$

$$= a^2\int_0^{2\pi} (1 - 2\cos\theta + \cos^2\theta)\,d\theta \qquad \left(\cos^2\theta = \frac{1 + \cos 2\theta}{2}\right)$$

$$= a^2\int_0^{2\pi} \left(\frac{3}{2} - 2\cos\theta + \frac{1}{2}\cos 2\theta\right)d\theta$$

($\sin 2\pi = 0, \sin 0 = 0$) ($\sin 4\pi = 0, \sin 0 = 0$)

$$= a^2\left[\frac{3}{2}\theta - 2\sin\theta + \frac{1}{4}\sin 2\theta\right]_0^{2\pi}$$

$$= a^2 \cdot \frac{3}{2} \cdot 2\pi = 3\pi a^2$$ ……(答)

ココがポイント

⇦ 図1 サイクロイド曲線

$y = f(x)$ と表されたものとして，

$$S = \int_0^{2\pi a} y\,dx = \int_0^{2\pi} y\frac{dx}{d\theta}\,d\theta$$

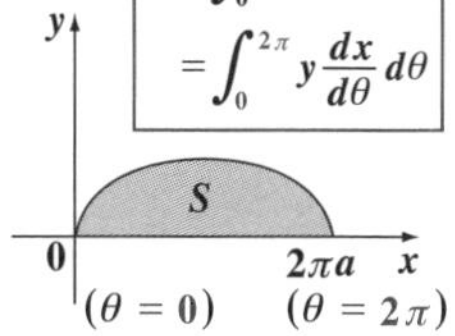

⇦ y，$\dfrac{dx}{d\theta}$ 共に θ の式より，θ の関数 $y \cdot \dfrac{dx}{d\theta}$ を θ で積分する。積分区間 $0 \leqq \theta \leqq 2\pi$ にも注意しよう！

アステロイド曲線と面積計算

演習問題 55 難易度 ★★ CHECK 1 CHECK 2 CHECK 3

アステロイド曲線 $x = a\cos^3\theta$, $y = a\sin^3\theta$ $\left(a：正の定数，0 \leqq \theta \leqq \frac{\pi}{2}\right)$ と x 軸，y 軸で囲まれる図形の面積を求めよ。ただし，$I_n = \int_0^{\frac{\pi}{2}} \sin^n x dx$ $(n = 0, 1, 2, \cdots)$ について，$I_n = \frac{n-1}{n} I_{n-2}$ $(n = 2, 3, 4, \cdots)$ は公式として用いてよい。

演習問題 42(P115) 参照

ヒント！ まず，$y = f(x)(\geqq 0)$ と表されたものとして，面積を求める積分の式を立て，それを θ での積分に切り替えるんだね。また，I_n の公式もうまく使おう！

解答＆解説

アステロイド曲線 $\begin{cases} x = a\cos^3\theta \\ y = a\sin^3\theta \end{cases}$ $\left(0 \leqq \theta \leqq \frac{\pi}{2}\right)$ と

x 軸，y 軸とで囲まれる図形の面積を S とおくと，

$$S = \int_0^a y dx = \int_{\frac{\pi}{2}}^0 \underbrace{y}_{a\sin^3\theta} \cdot \underbrace{\frac{dx}{d\theta}}_{3a\cos^2\theta\cdot(-\sin\theta)} d\theta = -3a^2 \int_{\frac{\pi}{2}}^0 \sin^4\theta\cos^2\theta d\theta$$

まず，$y = f(x)$ と表されたものとして，面積 S を求める積分の式を立て，それを θ で置換積分する。$\left(x：0 \to a のとき，\theta：\frac{\pi}{2} \to 0\right)$

$$= 3a^2 \int_0^{\frac{\pi}{2}} \sin^4\theta \underbrace{\cos^2\theta}_{(1-\sin^2\theta)} d\theta = 3a^2 \int_0^{\frac{\pi}{2}} \sin^4\theta(1 - \sin^2\theta) d\theta$$

$$= 3a^2\left(\underbrace{\int_0^{\frac{\pi}{2}} \sin^4\theta d\theta}_{I_4} - \underbrace{\int_0^{\frac{\pi}{2}} \sin^6\theta d\theta}_{I_6}\right)$$

ここで，$I_n = \int_0^{\frac{\pi}{2}} \sin^n\theta d\theta$ とおくと，$I_n = \frac{n-1}{n} I_{n-2}$ より

$$S = 3a^2(I_4 - I_6) = 3a^2\left(\frac{3}{4}\cdot\frac{1}{2}\cdot\frac{\pi}{2} - \frac{5}{6}\cdot\frac{3}{4}\cdot\frac{1}{2}\cdot\frac{\pi}{2}\right)$$

$$= 3a^2 \frac{3\pi}{16}\left(1 - \frac{5}{6}\right)$$

$$= \frac{3}{32}\pi a^2 \quad \cdots\cdots(答)$$

ココがポイント

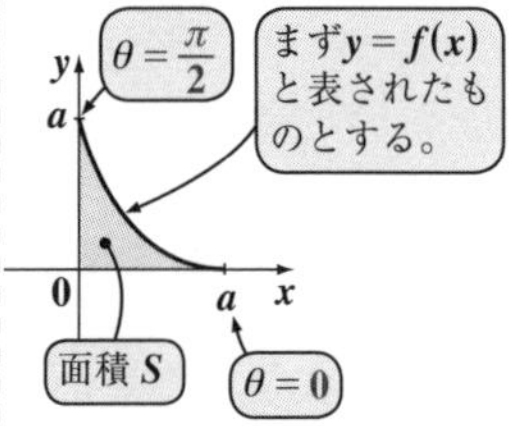

この公式の証明は，演習問題 42(P115) でやった！

$I_n = \frac{n-1}{n} I_{n-2}$ より，

$I_4 = \frac{3}{4}\cdot I_2 = \frac{3}{4}\cdot\frac{1}{2}\cdot I_0$ 　$\left(I_0 = \int_0^{\frac{\pi}{2}} 1 d\theta = \frac{\pi}{2}\right)$

$= \frac{3}{4}\cdot\frac{1}{2}\cdot\frac{\pi}{2}$

同様に，

・$I_6 = \frac{5}{6} I_4$

$= \frac{5}{6}\cdot\frac{3}{4}\cdot\frac{1}{2}\cdot\frac{\pi}{2}$

$r=f(\theta)$ の極方程式と面積公式

演習問題 56 難易度 ★★★ CHECK 1 CHECK 2 CHECK 3

らせん $x=e^{-\theta}\cos\theta$, $y=e^{-\theta}\sin\theta$ $(0\leqq\theta\leqq\pi)$ と x 軸とで囲まれた部分の面積 S を求めよ。

レクチャー 極方程式 $r=f(\theta)$ で表された曲線と，2 直線 $\theta=\alpha$，$\theta=\beta$ で囲まれる部分の面積 S を求める公式も覚えておくと便利だ。右図より，微小面積 dS は，近似的に次のように表されるね。

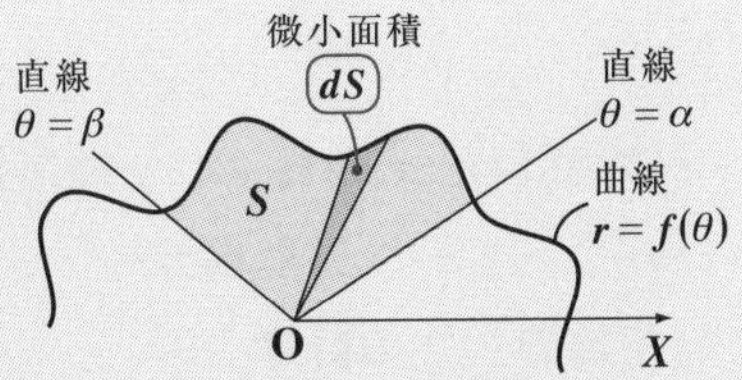

(扇形の面積の公式通りだ！)

$dS=\dfrac{1}{2}r^2d\theta$ これを $S=\displaystyle\int_\alpha^\beta dS$ に代入して

公式 $S=\dfrac{1}{2}\displaystyle\int_\alpha^\beta r^2d\theta$

が導かれる！ これも役に立つ公式だ。

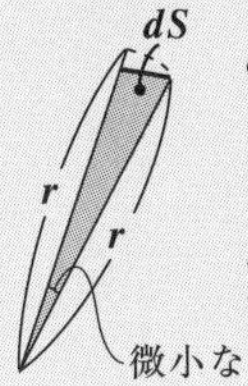

dS を微小な扇形の面積と考えて，

$dS=\dfrac{1}{2}r^2d\theta$

解答＆解説

ココがポイント

$x=e^{-\theta}\cos\theta$ ……① $y=e^{-\theta}\sin\theta$ ……②

①^2＋②^2 より，

$$\underbrace{x^2+y^2}_{r^2}=e^{-2\theta}(\underbrace{\cos^2\theta+\sin^2\theta}_{1})\qquad r^2=e^{-2\theta}$$

よって，このらせんは，次の極方程式で表せる。

$r=e^{-\theta}$ ⇦ $r=f(\theta)$ の形の極方程式

今回の求める面積の微小面積 dS は次式で表される。

$$dS=\frac{1}{2}r^2d\theta=\frac{1}{2}e^{-2\theta}d\theta$$

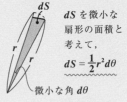

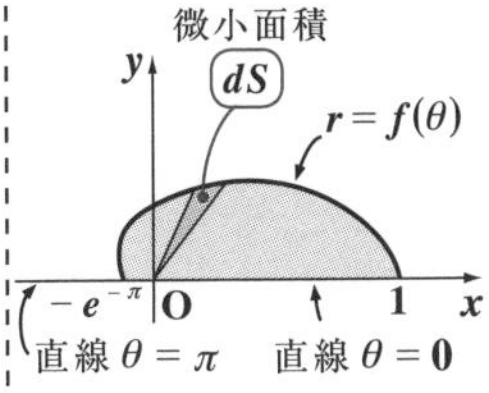

$dS=\dfrac{1}{2}r^2d\theta$
$=\dfrac{1}{2}e^{-2\theta}d\theta$

以上より，求める面積 S は，

$$S=\frac{1}{2}\int_0^\pi r^2d\theta=\frac{1}{2}\int_0^\pi e^{-2\theta}d\theta$$

$$=\frac{1}{2}\left[-\frac{1}{2}e^{-2\theta}\right]_0^\pi=-\frac{1}{4}(e^{-2\pi}-e^0)$$

$$=\frac{1}{4}(1-e^{-2\pi})\ \cdots\cdots\cdots\cdots(\text{答})$$

§5. 体積と曲線の長さを求めよう！

積分計算も，いよいよ大詰めだね。最後に学習するテーマは，"**体積計算**"だ。ここまでマスターすると，微分・積分もほぼパーフェクトと言える。それでは，これから勉強する主要テーマを列挙するから，まず頭に入れておこう。

- **体積計算（x 軸および y 軸のまわりの回転体の体積）**
- **バウムクーヘン型積分**
- **曲線の長さの計算**

まだ，マスターすべきことが沢山あるけれど，ステップ・バイ・ステップに勉強していこう！

● 体積計算では，まず断面積を求めよう！

面積のときと同様に，体積計算でも一番基本となる公式は次の通りだ。

体積計算の基本公式

体積 $\underline{V} = \int dV$ ……① （dV：微小体積）

（積分定数 C は無視している！）

これは，$V = \int 1dV$ と書くと，積分定数 C を無視すれば，"**1** を V で積分したら V になる"という当たり前の式なんだね。ここで，この微小体積 dV のとり方によって，さまざまな体積の積分公式が産み出されるんだ。

まず，一番よく出てくる例から示そう。図 **1** のように，ある立体が与えられたとき，x 軸を定めて，それと垂直な平面で切った断面積を $S(x)$ とおく。

断面積 $S(x)$ に微小な厚さ dx をかけると，微小体積 dV は，$dV = S(x)dx$ …②となる。

（これは立体を薄くスライスしているので“薄切りハム・モデル”と呼ぼう。）

②を①に代入して，次の頻出の体積公式の出来上がりだ。

図 1　体積計算
（薄切りハム・モデル）

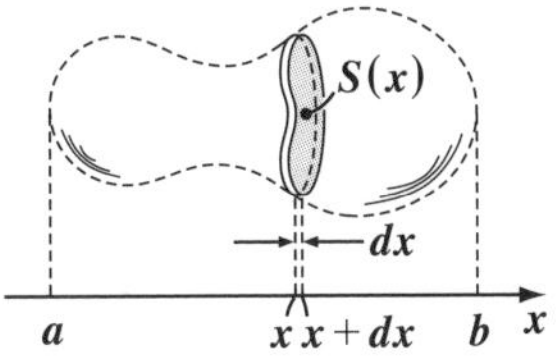

体積 $V = \int_a^b S(x)dx$

● 回転体の体積公式も断面積が鍵だ！

それでは，x 軸のまわりの回転体，および y 軸のまわりの回転体の体積を求める公式を下に示す。

回転体の体積計算の公式

(i) x 軸のまわりの回転体の体積 V_x

$$V_x = \underbrace{\pi}\int_a^b \underbrace{y^2}dx = \underbrace{\pi}\int_a^b \underbrace{\{f(x)\}^2}dx$$

（π と y^2 → $S(x)$，π と $\{f(x)\}^2$ → $S(x)$）

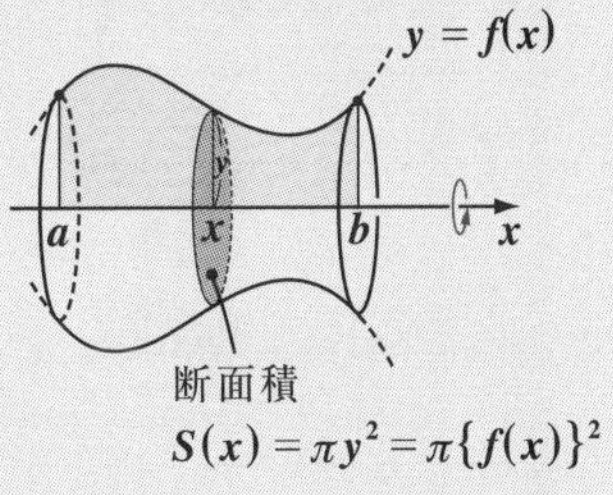

(ii) y 軸のまわりの回転体の体積 V_y

$$V_y = \underbrace{\pi}\int_c^d \underbrace{x^2}dy = \underbrace{\pi}\int_c^d \underbrace{\{g(y)\}^2}dy$$

（π と x^2 → $S(y)$，π と $\{g(y)\}^2$ → $S(y)$）

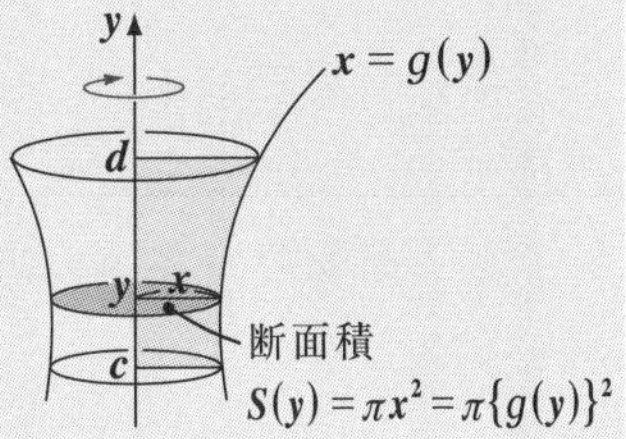

(i) は断面積 $S(x)$ を x で，また (ii) は断面積 $S(y)$ を y で積分する“薄切りハム・モデル”の体積計算の公式なんだね。納得いった？

◆例題 13◆

曲線 $y = \sin x \left(0 \leqq x \leqq \frac{\pi}{2}\right)$ と直線 $y = \frac{2}{\pi}x$ で囲まれる部分を x 軸のまわりに回転してできる回転体の体積 V を求めよ。

解答

右図より，中身がかなり空っぽな回転体になるね。この体積計算は，外側の曲線 $y = \sin x$ によってできる回転体の体積から，中の円すいの体積を文字通りくり抜いて（引いて）求めればいいんだよ。

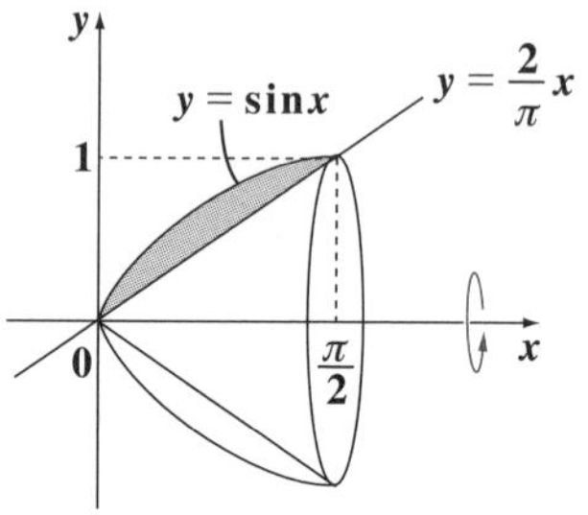

求める回転体の体積 V は，

$\frac{1}{2}(1-\cos 2x)$

円すいの体積 $\frac{1}{3}\cdot\pi r^2\cdot h$ （r：底円の半径，h：高さ）

$$V = \pi\int_0^{\frac{\pi}{2}} (\sin x)^2 dx - \frac{1}{3}\cdot\pi\cdot 1^2\cdot\frac{\pi}{2} \quad [= \text{（図）} - \text{（図）}]$$

$$= \frac{\pi}{2}\int_0^{\frac{\pi}{2}} (1-\cos 2x)dx - \frac{\pi^2}{6}$$

$\sin\pi = 0, \sin 0 = 0$

$$= \frac{\pi}{2}\left[x - \frac{1}{2}\sin 2x\right]_0^{\frac{\pi}{2}} - \frac{\pi^2}{6} = \frac{\pi^2}{4} - \frac{\pi^2}{6} = \frac{\pi^2}{12}$$ ……………………………(答)

次，媒介変数表示された曲線 $x = f(\theta)$，$y = g(\theta)$ （θ：媒介変数）と x 軸とではさまれた部分を x 軸のまわりに回転してできる回転体の体積の求め方についても話しておこう。

まず，この曲線が $y = f(x)$ の形で表されたものとして，x 軸のまわりの回転体の体積を求める式を作り，それを積分変数 x から変数 θ に切り替えればいいんだね。

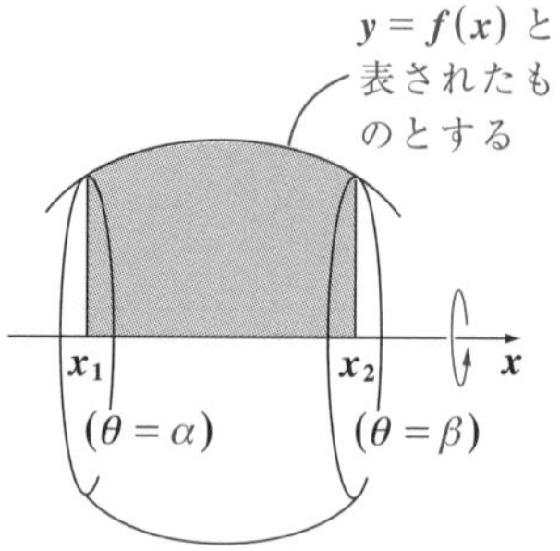

$$体積\ V=\pi\int_{x_1}^{x_2}y^2dx=\pi\int_{\alpha}^{\beta}y^2\frac{dx}{d\theta}d\theta\quad\left[y^2\ も\ \frac{dx}{d\theta}\ も,共に\ \theta\ の式\right]$$

($x:x_1\to x_2$ のとき，$\theta:\alpha\to\beta$ とする。)

これって，演習問題 **54**(**P139**) でやった面積計算のときと方法が同じだね。

● バウムクーヘン型積分は確かにオイシイ！

前に話した通り，一般に y 軸のまわりの回転体の体積 V_y は，

$V_y=\pi\int_c^d x^2dy=\pi\int_c^d\{g(y)\}^2dy$ でも計算できるんだけれど，この場合 $x=g(y)$ の形で表さないといけないね。でも，これから話す**バウムクーヘン型積分**では，y 軸のまわりの回転体の体積を $y=f(x)$ の形のままで求めることができるんだ。文字通り，オイシイ公式だ。

バウムクーヘン型積分

(y 軸のまわりの回転体の体積)

$y=f(x)$　$(a\leqq x\leqq b)$ と x 軸とではさまれる部分を，y 軸のまわりに回転してできる回転体の体積 V は，

$$V=2\pi\int_a^b xf(x)dx\quad[f(x)\geqq 0]$$

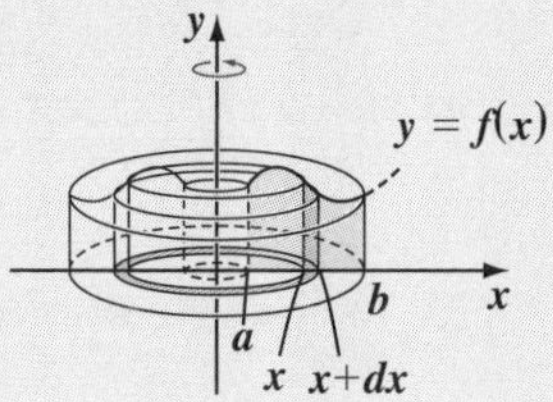

エッ，難しいって？ 大丈夫。これから，ゆっくり話すから。

体積計算の一番元となる基本公式は，$V=\int dV$ (dV：微小体積) と言ったね。今回，バウムクーヘン型積分では，この微小体積 dV を次のように見るんだ。

x と $x+dx$ の間で，曲線 $y=f(x)$ と x 軸がはさむ微小部分を，y 軸のまわりに 1 回転させたものを，微小体積 dV とおいているんだ。図 2 の (i)(ii) に示した微小体積の形が，お菓子のバウムクーヘンの 1 枚の薄皮に見えるから，こう呼ぶんだ。

この微小体積に，図 (ii) のように切り目を入れて広げたものが，図 (iii) なんだね。このとき，外側にシワが入るんじゃないかと心配する必要はないよ。厚さ dx は本当は紙よりもずっとずっと薄いからだ。以上より，この微小体積 dV は，図 (iii) より，次のように近似的に表される。

図 2　バウムクーヘン型積分

(i)

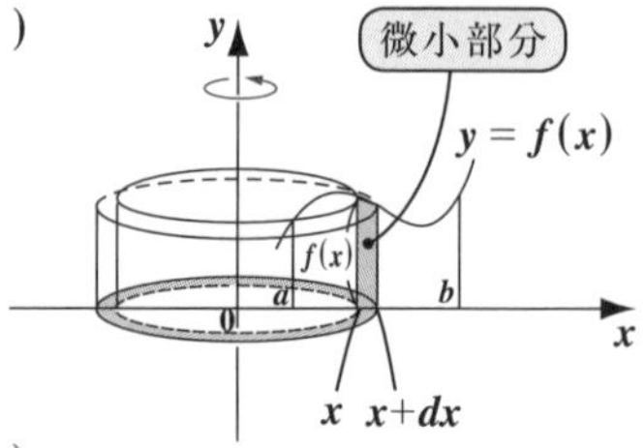

(ii)

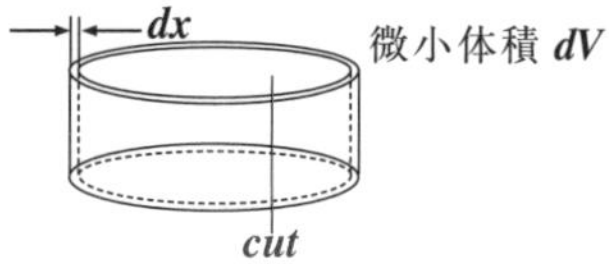

(iii)

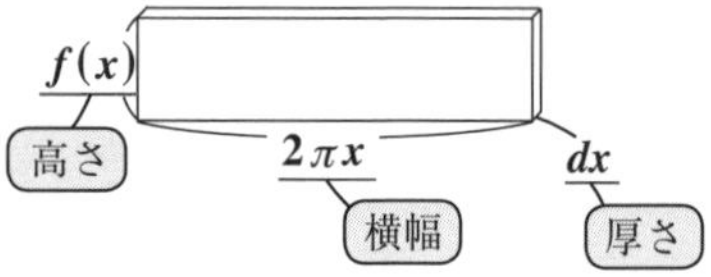

微小体積 $dV=\underbrace{2\pi x}_{\text{横幅}}\cdot\underbrace{f(x)}_{\text{高さ}}\cdot\underbrace{dx}_{\text{厚さ}}$　　これを $V=\int dV$ に代入して，x での積分区間が，$a\leqq x\leqq b$ であることも考慮して，次のバウムクーヘン型積分の公式が出来上がるんだ。

$$V=\int dV=\int_a^b 2\pi x f(x)dx=2\pi\int_a^b xf(x)dx$$

例題を 1 つ。$y=f(x)=-x^2+x$ と x 軸とで囲まれる部分の y 軸のまわりの回転体の体積 V は，バウムクーヘンで一発で計算できる。

$$V=2\pi\int_0^1 xf(x)dx=2\pi\int_0^1(-x^3+x^2)dx$$

$$=2\pi\left[-\frac{1}{4}x^4+\frac{1}{3}x^3\right]_0^1=2\pi\left(-\frac{1}{4}+\frac{1}{3}\right)$$

$$=2\pi\times\frac{1}{12}=\frac{\pi}{6}$$ と，本当に簡単だね。

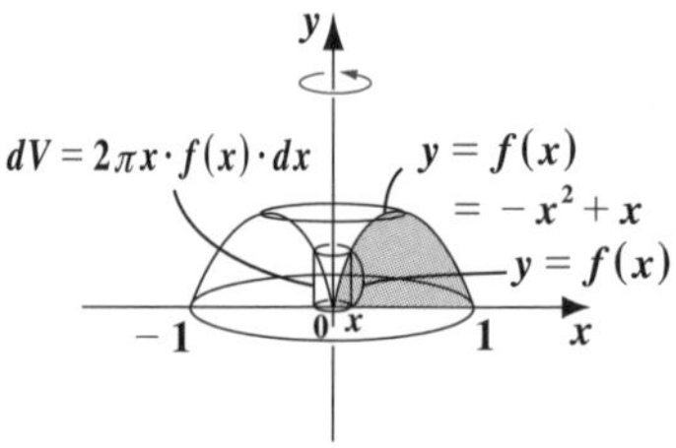

● 曲線の長さの公式には，2 つのタイプがある！

次，曲線の長さ l を求める公式を下に示すよ。これは，(ⅰ) $y=f(x)$ 型と，(ⅱ) 媒介変数表示型の 2 つのタイプがあるので，区別して覚えてくれ。

曲線の長さの積分公式

(ⅰ) $y=f(x)$ の場合，曲線の長さ l は，

$$l=\int_a^b\sqrt{1+(y')^2}\,dx=\int_a^b\sqrt{1+\{f'(x)\}^2}\,dx$$

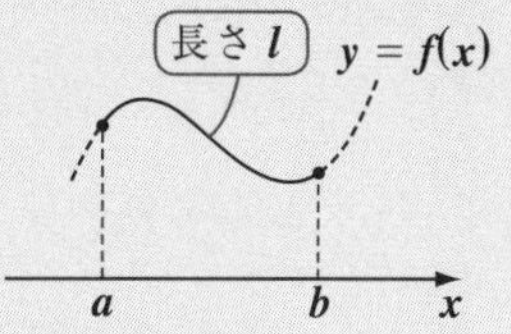

(ⅱ) $\begin{cases}x=f(\theta)\\ y=g(\theta)\end{cases}$ (θ：媒介変数) の場合，

曲線の長さ l は，

$$l=\int_\alpha^\beta\sqrt{\left(\frac{dx}{d\theta}\right)^2+\left(\frac{dy}{d\theta}\right)^2}\,d\theta$$

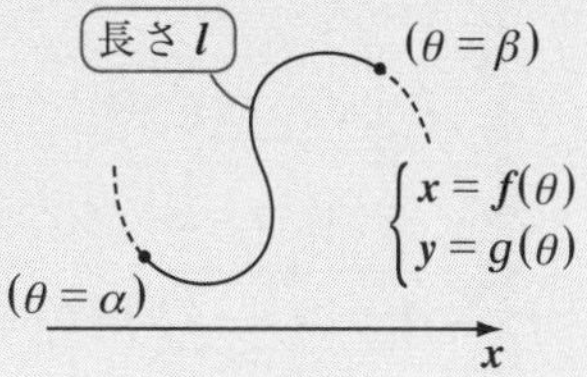

これらの公式も基本公式 $l=\int dl$ …⑤ (dl：微小長さ) から導けるんだよ。

図 3 の曲線の微小長さ dl を拡大すると微小な直角三角形ができるので，これに三平方の定理を用いると，

$$dl=\sqrt{(dx)^2+(dy)^2}\quad\cdots\cdots⑥$$

⑥を⑤に代入して，

$$l=\int\sqrt{(dx)^2+(dy)^2}\quad\cdots\cdots⑦$$

$$=\int\sqrt{\left\{1+\left(\frac{dy}{dx}\right)^2\right\}(dx)^2}$$

← $(dx)^2$ をムリヤリくくり出す！

$\frac{dy}{dx}$：$y'=f'(x)$ のこと

図 3

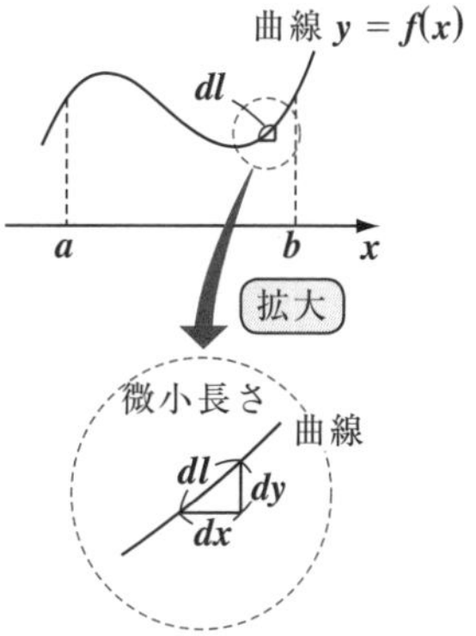

よって，(ⅰ) の公式 $l=\int_a^b\sqrt{1+\{f'(x)\}^2}\,dx$ が導けるんだよ。

⑦より，$l=\int_\alpha^\beta\sqrt{\left\{\left(\frac{dx}{d\theta}\right)^2+\left(\frac{dy}{d\theta}\right)^2\right\}(d\theta)^2}$ とすると，(ⅱ) の公式が導けるのも大丈夫だね。

← $(d\theta)^2$ をムリヤリくくり出す！

◆例題 14 ◆

曲線 $y = \frac{2}{3}(x-1)^{\frac{3}{2}}$ の $1 \leqq x \leqq 2$ における曲線の長さ l を求めよ。

解答

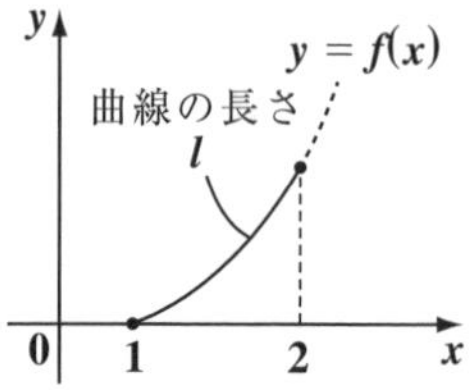

$y = f(x) = \frac{2}{3}(x-1)^{\frac{3}{2}}$ とおくと,

$f'(x) = \frac{2}{3}\cdot\frac{3}{2}(x-1)^{\frac{1}{2}}\cdot 1 = \sqrt{x-1}$

よって，求める曲線の長さ l は,

$$l = \int_1^2 \sqrt{1+\{f'(x)\}^2}\,dx$$

← $y=f(x)$ の場合の曲線の長さの公式だ！

$1+x-1=x$

$$= \int_1^2 \sqrt{1+(\sqrt{x-1})^2}\,dx = \int_1^2 x^{\frac{1}{2}}\,dx$$

$$= \left[\frac{2}{3}x^{\frac{3}{2}}\right]_1^2 = \frac{2}{3}\left(2^{\frac{3}{2}} - 1^{\frac{3}{2}}\right) = \frac{2}{3}(2\sqrt{2}-1) \cdots\cdots(答)$$

● 曲線の長さは，道のり l の計算でもある！

媒介変数 θ の代わりに，時刻 t を用いて，動点 $P(x,\ y)$ が xy 座標平面上を運動するとき，時刻 $t=\alpha$ から $t=\beta$ まで P が描く曲線の長さ l は,

$$l = \int_\alpha^\beta \sqrt{\left(\frac{dx}{dt}\right)^2 + \left(\frac{dy}{dt}\right)^2}\,dt \quad \cdots\cdots(*1)$$ となる。

← P147 の曲線の長さの公式 $l = \int_\alpha^\beta \sqrt{\left(\frac{dx}{d\theta}\right)^2 + \left(\frac{dy}{d\theta}\right)^2}\,d\theta$ の θ が t に変わっただけで本質的にまったく同じ公式なんだね。

動点P の速度ベクトル $\vec{v} = \left(\frac{dx}{dt},\ \frac{dy}{dt}\right)$ の大きさ,

つまり速さ $|\vec{v}|$ は $|\vec{v}| = \sqrt{\left(\frac{dx}{dt}\right)^2 + \left(\frac{dy}{dt}\right)^2}$ なので,

$(*1)$ は,

$$l = \int_\alpha^\beta |\vec{v}|\,dt \quad \cdots\cdots(*1)'$$ と表すこともできる。大丈夫？

また，もっとシンプルに，動点 $P(x)$ が x 軸上を運動する場合,

その速度 v は $v=\dfrac{dx}{dt}$ であり，速さ $|v|$ は $|v|=\left|\dfrac{dx}{dt}\right|$ より，時刻 $t=\alpha$ から $t=\beta$ までに P が x 軸上を移動する道のり l は

$$l=\int_{\alpha}^{\beta}|v|dt=\int_{\alpha}^{\beta}\left|\frac{dx}{dt}\right|dt \quad \cdots\cdots(*2)$$

で計算できるんだね。

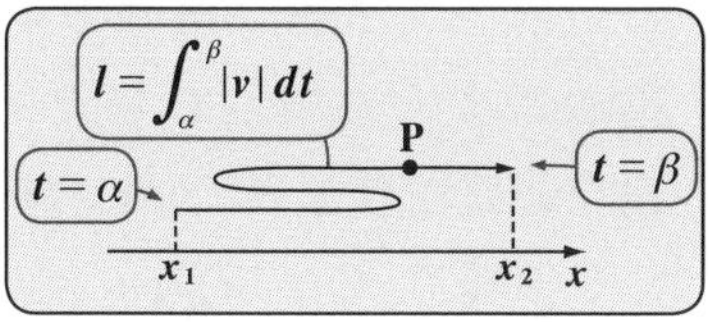

● 微分方程式は，変数分離形で解こう！

微分方程式とは，x や y や y' などの関係式で表される方程式のことで，たとえば，$y'=y$，$y'=\dfrac{y}{x}$ など…，が微分方程式の例なんだね。そして，このような微分方程式をみたす関数を"**微分方程式の解**"と呼び，この解である関数 y を求めることを"**微分方程式を解く**"というんだね。

この微分方程式の種類と解法には，実に様々なものがあるんだけれど，大学受験レベルでは，次に示す"**変数分離形**"の解法のみをシッカリ覚えておいてくれたらいい。

変数分離形による解法

与えられた微分方程式 $y'=\dfrac{g(x)}{f(y)}$ を変形して，

$\dfrac{dy}{dx}=\dfrac{g(x)}{f(y)}$ より，$\underbrace{f(y)dy}_{y\text{のみの式}}=\underbrace{g(x)dx}_{x\text{のみの式}}$ と変数を分離し，

両辺の不定積分をとって，$\int f(y)dy=\int g(x)dx$ として，解を求める。

たとえば，$y'=y$ のとき $\dfrac{dy}{dx}=y$ より，$\dfrac{1}{y}dy=1\cdot dx$ ←変数分離形

よって，$\int\dfrac{1}{y}dy=\int 1dx$ より，$\log|y|=x+C_1$ （C_1：積分定数）

これから，$y=(x\text{の式})$ の形にまとめれば，これが解になる。続きは，演習問題 **69(P168)**，**70(P169)** でやろう。

立体の体積

演習問題 57　難易度 ★★　CHECK 1　CHECK 2　CHECK 3

右図に示すような底面の半径が $\mathbf{2}$，高さが $\mathbf{2}$ の直円柱 $\boldsymbol{C}$ がある。この底面の直径を含み底面と $\mathbf{45°}$ の角をなす平面で，この円柱 $\boldsymbol{C}$ を切ったときにできる小さい方の立体を $\boldsymbol{T}$ とおく。立体 $\boldsymbol{T}$ の体積を求めよ。

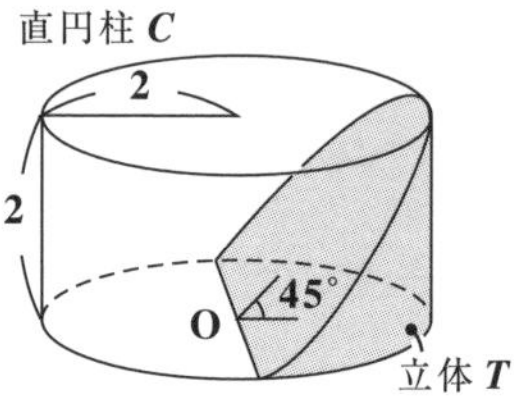

ヒント！ 立体 T の底面の直径に沿って x 軸を定め，平面 $x=t$ で切ったときの立体 T の断面積 $S(t)$ を求めて，これを積分すればいいんだね。

解答＆解説

図(ⅰ)のように，円柱の中心 $\mathbf{O}$ を原点として，立体 T の底面の直径に沿って x 軸を，またこれと直交するように y 軸を定める。このとき，立体 T を平面 $x=t\ (-2<t<2)$ で切ったときにできる切り口の断面は，図(ⅰ)，(ⅲ)に示すように，直角二等辺三角形になる。

図(ⅱ)は，円柱を真上から見たものであり，これから，$x=t$ のとき，円：$x^2+y^2=4$ より

$y^2=4-t^2$，　$y=\underline{\sqrt{4-t^2}}\ (y\geqq 0)$ となる。

（これが，直角二等辺三角形の斜辺でない 1 辺の長さ）

よって，この切り口の断面積を $S(t)$ とおくと，

$$S(t)=\frac{1}{2}\sqrt{4-t^2}\cdot\sqrt{4-t^2}=\frac{1}{2}(4-t^2)\quad(-2\leqq t\leqq 2)$$

より，求める立体 T の体積を V とおくと，V は，$S(t)$ を積分区間 $[-2,\ 2]$ で積分して求まる。

$$\therefore V=\int_{-2}^{2}S(t)\,dt=\frac{1}{2}\cdot 2\int_0^2\underbrace{(4-t^2)}_{\text{偶関数}}\,dt$$

$$=\left[4t-\frac{1}{3}t^3\right]_0^2=8-\frac{8}{3}=\frac{16}{3}\ \cdots\cdots\cdots\cdots\cdots\cdots(\text{答})$$

ココがポイント

図(ⅰ)

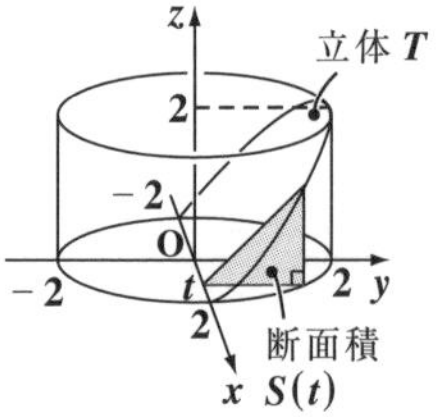

図(ⅱ)

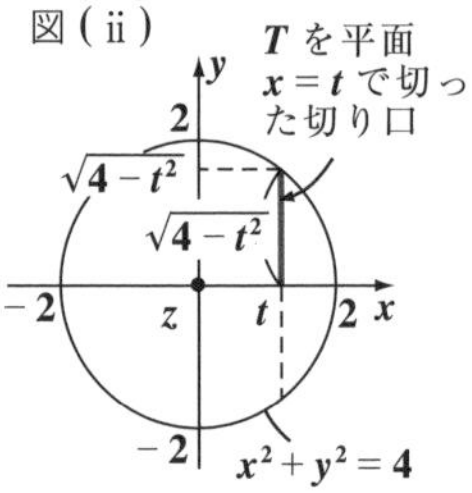

図(ⅲ)

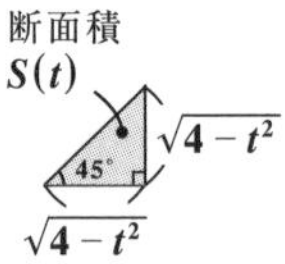

空洞部分をもつ回転体の体積

演習問題 58 難易度 ★★ CHECK 1 CHECK 2 CHECK 3

曲線 C : $y = \log x$ と，C 上の点 $(e, 1)$ における接線 l および x 軸で囲まれた図形を D とおく。

(1) D を x 軸のまわりに回転してできる立体の体積 V_1 を求めよ。

(2) D を y 軸のまわりに回転してできる立体の体積 V_2 を求めよ。

(宇都宮大＊)

ヒント！ (1), (2) 共に空洞部分をもつ回転体の体積を計算するんだね。全体の体積からこの空洞部の体積を引いて計算するといい。

解答＆解説

ココがポイント

$y = f(x) = \log x$ とおく。$f'(x) = \dfrac{1}{x}$

$y = f(x)$ 上の点 $(e, 1)$ における接線 l の方程式は，

$y = \dfrac{1}{e}(x - e) + 1 \quad \therefore l : y = \dfrac{1}{e}x$

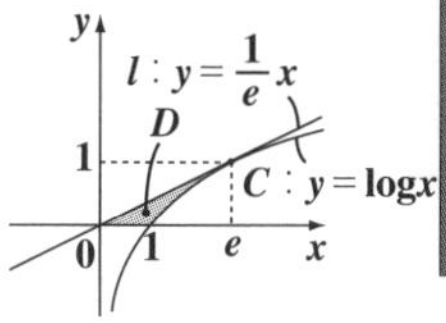

(1) x 軸のまわりの回転体の体積 V_1 は，

$$V_1 = \frac{1}{3}\cdot\underbrace{\pi\cdot 1^2}_{\text{底面積}}\cdot\underbrace{e}_{\text{高さ}} - \pi\underbrace{\int_1^e (\log x)^2 dx}_{㋐}$$

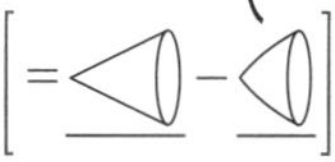

⇦ x 軸のまわりの回転体

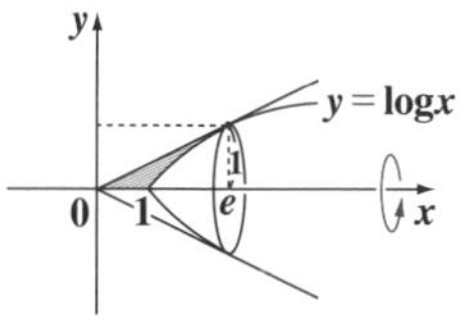

ここで，㋐ $\displaystyle\int_1^e (\log x)^2 dx = \int_1^e x'\cdot(\log x)^2 dx$ 　部分積分だ！

$$= \left[x\cdot(\log x)^2\right]_1^e - \int_1^e x\cdot 2(\log x)\cdot\frac{1}{x}dx \quad (2(\log x)\cdot\tfrac{1}{x} = \{(\log x)^2\}')$$

$$= e - 2\left[x\log x - x\right]_1^e$$

$$= e - 2(e - e + 1) = e - 2$$

⇦ 積分計算の必要な部分を㋐とおいて，別に計算したんだ！

$$\therefore V_1 = \frac{1}{3}\pi e - \pi(e - 2) = \frac{2\pi}{3}(3 - e) \quad \cdots\cdots\cdots\cdots(\text{答})$$

(2) y 軸のまわりの回転体の体積 V_2 は，

$$V_2 = \pi\int_0^1 \underbrace{e^{2y}}_{x^2} dy - \frac{1}{3}\underbrace{\pi e^2}_{\text{底面積}}\cdot\underbrace{1}_{\text{高さ}}$$

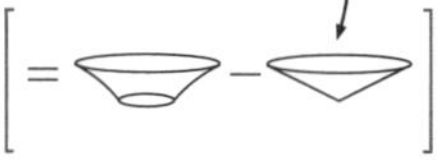

$$= \pi\left[\frac{1}{2}e^{2y}\right]_0^1 - \frac{\pi}{3}e^2 = \frac{\pi}{6}(e^2 - 3) \quad \cdots\cdots\cdots\cdots(\text{答})$$

⇦ y 軸のまわりの回転体

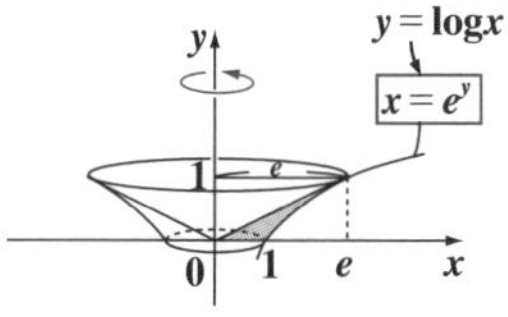

サイクロイド曲線の x 軸のまわりの回転体の体積

演習問題 59　難易度 ★★　CHECK 1　CHECK 2　CHECK 3

サイクロイド曲線 $x = a(\theta - \sin\theta)$, $y = a(1 - \cos\theta)$ $(0 \leqq \theta \leqq 2\pi)$ (a：正の定数) と x 軸とで囲まれる部分を x 軸のまわりに回転して得られる立体の体積を求めよ。　(日本女子大＊)

ヒント！ 媒介変数表示された曲線の場合，まずこれが $y = f(x)$ の形で表されたものとして，回転体の体積計算の式を立てるんだね。その後で，θ での積分に置き換えるとうまく計算できる。

解答&解説

サイクロイド曲線 $\begin{cases} x = a(\theta - \sin\theta) \\ y = a(1 - \cos\theta) \end{cases}$ $(0 \leqq \theta \leqq 2\pi)$

ここで，$\dfrac{dx}{d\theta} = a(1 - \cos\theta)$

この曲線と x 軸とで囲まれた部分の回転体の体積 V は，

$$V = \pi\int_0^{2\pi a} y^2 dx = \pi\int_0^{2\pi} y^2 \frac{dx}{d\theta} d\theta$$

$$= \pi\int_0^{2\pi} a^2(1 - \cos\theta)^2 \cdot a(1 - \cos\theta) d\theta$$

$$= \pi a^3\int_0^{2\pi} (1 - 3\cos\theta + 3\cos^2\theta - \cos^3\theta) d\theta$$

$$\cos^2\theta = \frac{1 + \cos 2\theta}{2}, \quad \cos^3\theta = \frac{1}{4}(\cos 3\theta + 3\cos\theta)$$

3倍角の公式
$\cos 3\theta = 4\cos^3\theta - 3\cos\theta$

$$= \pi a^3\int_0^{2\pi} \left(\frac{5}{2} - \frac{15}{4}\cos\theta + \frac{3}{2}\cos 2\theta - \frac{1}{4}\cos 3\theta\right) d\theta$$

$\sin 2\pi = 0, \sin 0 = 0$　$\sin 4\pi = 0, \sin 0 = 0$　$\sin 6\pi = 0, \sin 0 = 0$

$$= \pi a^3\left[\frac{5}{2}\theta - \frac{15}{4}\sin\theta + \frac{3}{4}\sin 2\theta - \frac{1}{12}\sin 3\theta\right]_0^{2\pi}$$

$$= \pi a^3 \times \frac{5}{2} \times 2\pi = 5\pi^2 a^3$$

∴求める x 軸のまわりの回転体の体積 V は，

$V = 5\pi^2 a^3$ ……………………………………(答)

ココがポイント

⇦ サイクロイド曲線

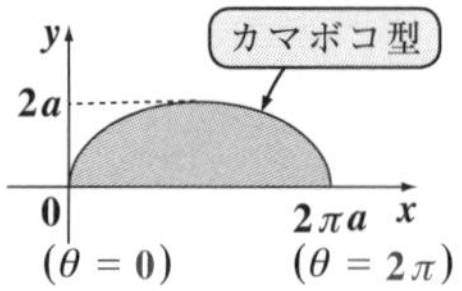

⇦ まず，この曲線が $y = f(x)$ の形で表されているものとして，回転体の体積の式を立て，θ での積分に切り替えるんだ！

$$V = \pi\int_0^{2\pi a} y^2 dx$$

$$= \pi\int_0^{2\pi} y^2 \frac{dx}{d\theta} d\theta$$

(y^2：θ の式，$\dfrac{dx}{d\theta}$：θ の式)

$\begin{cases} x : 0 \to 2\pi a \\ \theta : 0 \to 2\pi \end{cases}$

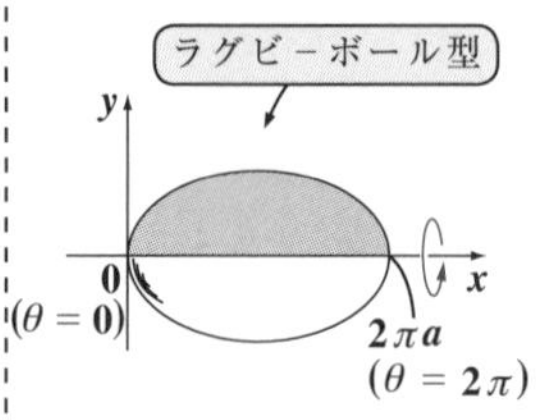

バウムクーヘン型積分(Ⅰ)

演習問題 60 難易度 ★★★ CHECK 1 CHECK 2 CHECK 3

曲線 $y = f(x) = x\sqrt{1-x^2}$ $(0 \leqq x \leqq 1)$ と x 軸とで囲まれた図形を y 軸の周りに 1 回転してできる回転体の体積 V を求めよ。 (弘前大＊)

レクチャー $y = f(x) = x\sqrt{1-x^2}$ $(0 \leqq x \leqq 1)$ は，直線 $y = x$ と，4 分の 1 円 $y = \sqrt{1-x^2}$ との積より，$f(0) = f(1) = 0$ で，かつ $0 < x < 1$ で $f(x) > 0$ であり，そのグラフは，右図のようになる。$y = f(x)$ と x 軸とで囲まれる図形の y 軸の周りの回転体の体積 V はバウムクーヘン型積分を利用して，$V = 2\pi\int_0^1 x\cdot f(x)dx$ で求められるんだね。

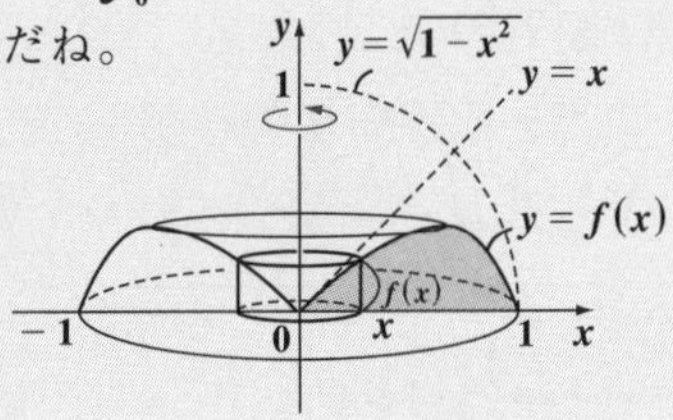

解答＆解説

ココがポイント

$y = f(x) = x\sqrt{1-x^2}$ $(0 \leqq x \leqq 1)$ と x 軸とで囲まれる図形を y 軸の周りに 1 回転してできる回転体の体積を V とおくと，その微小体積 dV は次式で表される。

$$dV = 2\pi x\cdot f(x)dx$$

⇦ 微小体積 dV

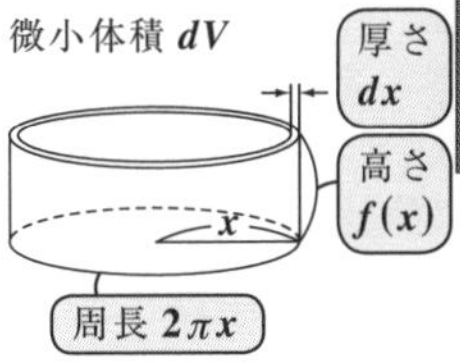

バウムクーヘン型積分を使う場合，このように簡単に説明を入れておくといいと思う。

よって，求める体積 V は，

$$V = 2\pi\int_0^1 x\cdot f(x)dx = 2\pi\int_0^1 x^2\sqrt{1-x^2}\,dx$$

ここで，$x = \sin\theta$ とおくと，$x : 0 \to 1$ のとき，$\theta : 0 \to \frac{\pi}{2}$，$dx = \cos\theta d\theta$ より，

⇦ $\int x^2\sqrt{a^2-x^2}\,dx$ は，$x = a\sin\theta$ (または $a\cos\theta$) とおく。

$$V = 2\pi\int_0^{\frac{\pi}{2}} \sin^2\theta\sqrt{1-\sin^2\theta}\cdot\cos\theta d\theta$$

$\sqrt{\cos^2\theta} = |\cos\theta| = \cos\theta$

⇦ $0 \leqq \theta \leqq \frac{\pi}{2}$ より，$\cos\theta \geqq 0$

$\sin^2\theta\cos^2\theta = (\sin\theta\cos\theta)^2 = \left(\frac{1}{2}\sin 2\theta\right)^2 = \frac{1}{4}\cdot\frac{1-\cos 4\theta}{2}$

⇦ $\sin 2\theta = 2\sin\theta\cos\theta$
$\sin^2\theta = \frac{1-\cos 2\theta}{2}$

$$= \frac{\pi}{4}\int_0^{\frac{\pi}{2}}(1-\cos 4\theta)d\theta = \frac{\pi}{4}\left[\theta - \frac{1}{4}\sin 4\theta\right]_0^{\frac{\pi}{2}}$$

$$= \frac{\pi}{4}\cdot\frac{\pi}{2} = \frac{\pi^2}{8}$$ ……………………(答)

バウムクーヘン型積分(Ⅱ)

演習問題 61	難易度 ★★★	CHECK 1	CHECK 2	CHECK 3

右図に示すように，曲線 $y = f(x) = x\cdot\cos x$ $\left(0 \leqq x \leqq \frac{\pi}{2}\right)$ と x 軸とで囲まれる図形を D とおく。

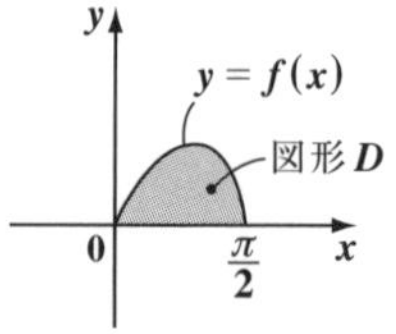

(1) 図形 D を x 軸のまわりに回転してできる回転体の体積 V_x を求めよ。

(2) 図形 D を y 軸のまわりに回転してできる回転体の体積 V_y を求めよ。

ヒント！ (1) D の x 軸のまわりの回転体の体積 V_x は $V_x = \pi\int_0^{\frac{\pi}{2}}\{f(x)\}^2dx$ で求め，(2) D の y 軸のまわりの回転体の体積 V_y は，バウムクーヘン型積分を利用して，$V_y = 2\pi\int_0^{\frac{\pi}{2}}x\cdot f(x)dx$ から求めればいいんだね。シッカリ計算しよう。

解答&解説

ココがポイント

曲線 $y = f(x) = x\cdot\cos x$ $\left(0 \leqq x \leqq \frac{\pi}{2}\right)$ と x 軸とで囲まれる図形 D について，

(1) 図形 D を x 軸のまわりに回転してできる回転体の体積 V_x は，

⇦

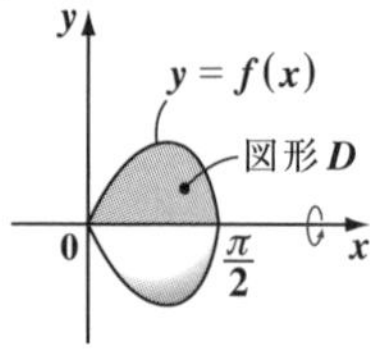

$$V_x = \pi\int_0^{\frac{\pi}{2}}\{f(x)\}^2dx = \pi\int_0^{\frac{\pi}{2}}x^2\cdot\underline{\cos^2x}\,dx$$

$\cos^2 x = \frac{1}{2}(1+\cos 2x)$ ← 半角の公式

$$= \frac{\pi}{2}\int_0^{\frac{\pi}{2}}x^2\cdot(1+\cos 2x)dx$$

$$= \frac{\pi}{2}\Bigg(\underbrace{\int_0^{\frac{\pi}{2}}x^2dx}_{㋐} + \underbrace{\int_0^{\frac{\pi}{2}}x^2\cos 2x\,dx}_{㋑}\Bigg) \cdots\cdots ①$$ となる。

ここで，

$$㋐\int_0^{\frac{\pi}{2}}x^2dx = \frac{1}{3}\left[x^3\right]_0^{\frac{\pi}{2}} = \frac{1}{3}\cdot\left(\frac{\pi}{2}\right)^3 = \frac{\pi^3}{24} \cdots\cdots ②$$

$$ⓘ \int_0^{\frac{\pi}{2}} x^2\cos 2x\,dx = \int_0^{\frac{\pi}{2}} x^2\left(\frac{1}{2}\sin 2x\right)'dx$$

> ⇦ 部分積分を 2 回行う。

$$= \frac{1}{2}\underbrace{\left[x^2\sin 2x\right]_0^{\frac{\pi}{2}}}_{0} - \frac{1}{2}\int_0^{\frac{\pi}{2}} 2x\cdot\sin 2x\,dx$$

> ⇦ $\left[x^2\sin 2x\right]_0^{\frac{\pi}{2}} = \left(\frac{\pi}{2}\right)^2\underbrace{\sin\pi}_{0} - 0^2\sin 0 = 0$

$$= -\int_0^{\frac{\pi}{2}} x\cdot\left(-\frac{1}{2}\cos 2x\right)'dx$$

$$= -\left\{-\frac{1}{2}\left[x\cos 2x\right]_0^{\frac{\pi}{2}} + \underbrace{\frac{1}{2}\int_0^{\frac{\pi}{2}}\cos 2x\,dx}_{0}\right\}$$

> ⇦ $\int_0^{\frac{\pi}{2}}\cos 2x\,dx = \frac{1}{2}\left[\sin 2x\right]_0^{\frac{\pi}{2}} = \frac{1}{2}(\underbrace{\sin\pi}_{0} - \underbrace{\sin 0}_{0}) = 0$

$$= \frac{1}{2}\cdot\frac{\pi}{2}\underbrace{\cos\pi}_{-1} = -\frac{\pi}{4} \quad \cdots\cdots③$$

以上②, ③を①に代入して,

$$V_x = \frac{\pi}{2}\left(\frac{\pi^3}{24} - \frac{\pi}{4}\right) = \frac{\pi^2}{48}(\pi^2 - 6) \quad \cdots\cdots\cdots\cdots\cdots\cdots(答)$$

(2) 図形 D を y 軸のまわりに回転してできる回転体の体積 V_y は, バウムクーヘン型積分で求めると,

> ⇦

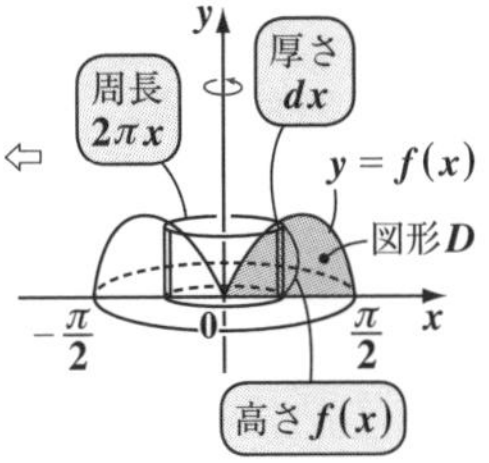

微小体積
$dV_y = 2\pi x\cdot f(x)dx$

$$V_y = 2\pi\int_0^{\frac{\pi}{2}} x\cdot\underbrace{f(x)}_{x\cdot\cos x}dx = 2\pi\int_0^{\frac{\pi}{2}} x^2\cdot\cos x\,dx$$

$$= 2\pi\int_0^{\frac{\pi}{2}} x^2\cdot(\sin x)'dx \quad \leftarrow \boxed{部分積分を 2 回行う!}$$

$$= 2\pi\left\{\left[x^2\sin x\right]_0^{\frac{\pi}{2}} - \int_0^{\frac{\pi}{2}} 2x\cdot\sin x\,dx\right\}$$

$$= 2\pi\left\{\frac{\pi^2}{4}\cdot\underbrace{\sin\frac{\pi}{2}}_{1} - 2\int_0^{\frac{\pi}{2}} x\cdot(-\cos x)'dx\right\}$$

$$= \frac{\pi^3}{2} - 4\pi\left\{-\underbrace{\left[x\cos x\right]_0^{\frac{\pi}{2}}}_{0} + \int_0^{\frac{\pi}{2}} 1\cdot\cos x\,dx\right\}$$

> ⇦ $\left[x\cos x\right]_0^{\frac{\pi}{2}} = \frac{\pi}{2}\underbrace{\cos\frac{\pi}{2}}_{0} - 0\cdot\cos 0 = 0$

$$= \frac{\pi^3}{2} - 4\pi\left[\sin x\right]_0^{\frac{\pi}{2}} = \frac{\pi^3}{2} - 4\pi\cdot\underbrace{\sin\frac{\pi}{2}}_{1}$$

$$= \frac{\pi^3}{2} - 4\pi = \frac{\pi}{2}(\pi^2 - 8) \quad \cdots\cdots\cdots\cdots\cdots\cdots\cdots\cdots(答)$$

バウムクーヘン型積分(Ⅲ)

演習問題 62 難易度 ★★★ CHECK 1 CHECK 2 CHECK 3

関数 $y=f(x)=x\cdot\log x$ ……① $(x>0)$ について，次の各問いに答えよ。

(1) $y=f(x)$ の増減と極値，および極限値 $\lim_{x\to+0} f(x)$ を求めて，$y=f(x)$ のグラフの概形を描け。$\left(\text{ただし，} \lim_{x\to\infty}\frac{\log x}{x}=0 \text{ は用いてもよい。}\right)$

(2) 曲線 $y=f(x)$ と x 軸および直線 $x=b$ (b は，$0<b<1$ をみたす定数) とで囲まれる図形を y 軸のまわりに回転してできる回転体の体積を $V(b)$ とおく。$V(b)$ と極限 $\lim_{b\to+0} V(b)$ を求めよ。 (東北大＊)

ヒント！ (1) $\lim_{x\to\infty}\frac{\log x}{x}=\frac{(\text{弱い}\infty)}{(\text{中位の}\infty)}=0$ より，$\lim_{x\to+0} f(x)=\lim_{x\to+0} x\cdot\log x$ は，$x=\frac{1}{t}$ とおけばいい。(2) は，バウムクーヘン型積分により，$V(b)=2\pi\int_b^1 x\cdot\{-f(x)\}dx$ となるんだね。

解答＆解説

ココがポイント

(1) $y=f(x)=x\cdot\log x$ ……① $(x>0)$ を x で微分して，

$f'(x)=1\cdot\log x+x\cdot\frac{1}{x}=\log x+1$ より，

$f'(x)=0$ のとき，$\log x+1=0$　$\log x=-1$

$x=e^{-1}=\frac{1}{e}$

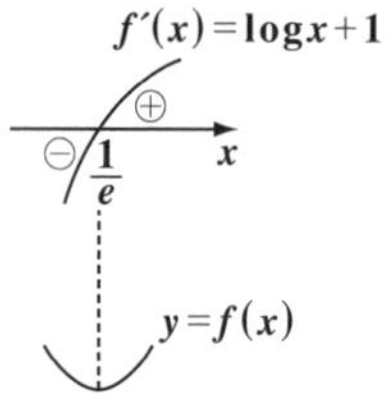

よって，$y=f(x)$ の増減表は，右のようになる。………(答)

増減表 $(x>0)$

x	(0)		$\frac{1}{e}$	
$f'(x)$	／	$-$	0	$+$
$f(x)$	／	↘	$-\frac{1}{e}$	↗

また，$x=\frac{1}{e}$ のとき，

極小値 $f\left(\frac{1}{e}\right)=\frac{1}{e}\cdot\underbrace{\log e^{-1}}_{-1}$

$=-\frac{1}{e}$ をとる。……………………(答)

さらに，極限として，

$\cdot\lim_{x\to\infty} f(x)=\lim_{x\to\infty}\underbrace{x}_{\infty}\cdot\underbrace{\log x}_{\infty}=\infty$ であり，

・$\displaystyle\lim_{x\to+0}f(x)=\lim_{x\to+0}x\cdot\log x$ については，$x=\dfrac{1}{t}$ とおくと，

$x\to+0$ のとき，$t\to+\infty$ となる。よって，

$$\lim_{x\to+0}f(x)=\lim_{t\to\infty}\frac{1}{t}\underbrace{\log\frac{1}{t}}_{\log t^{-1}=-\log t}=\lim_{t\to\infty}\left(-\frac{\log t}{t}\right)=0 \text{ である。}$$ ………(答)

⇦ $\displaystyle\lim_{x\to+0}x\cdot\log x=+0\times(-\infty)$ の不定形

⇦ $\displaystyle\lim_{t\to\infty}\left(-\frac{\log t}{t}\right)=-\frac{(弱い\infty)}{(中位の\infty)}=-0$

$f(x)=0$ のとき，$\underbrace{x}_{\oplus}\underbrace{\log x}_{0}=0$ より，

$\log x=0\quad\therefore x=1$

以上より，関数 $y=f(x)=x\cdot\log x\ (x>0)$ のグラフの概形は右図のようになる。……(答)

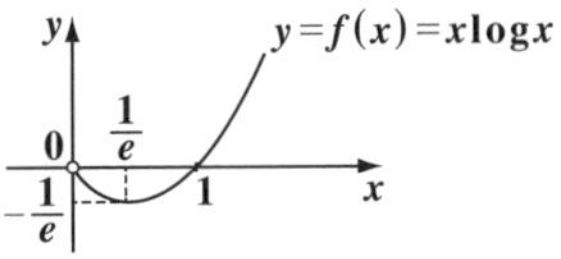

(2) 次に，曲線 $y=f(x)=x\cdot\log x$ と x 軸と直線 $x=b\ (0<b<1)$ とで囲まれる図形を y 軸のまわりに回転してできる回転体の体積 $V(b)$ は，

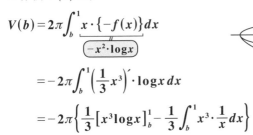

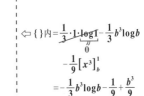

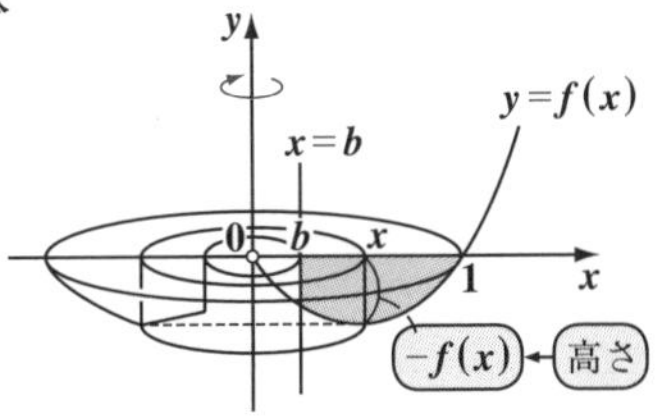

$$V(b)=2\pi\int_b^1 \underbrace{x\cdot\{-f(x)\}}_{-x^2\cdot\log x}dx$$

$$=-2\pi\int_b^1\left(\frac{1}{3}x^3\right)'\cdot\log x\,dx$$

$$=-2\pi\left\{\frac{1}{3}\left[x^3\log x\right]_b^1-\frac{1}{3}\int_b^1 x^3\cdot\frac{1}{x}dx\right\}$$

⇦ $\{\ \}$内$=\dfrac{1}{3}\cdot1\cdot\underbrace{\log1}_{0}-\dfrac{1}{3}b^3\log b-\dfrac{1}{9}\left[x^3\right]_b^1=-\dfrac{1}{3}b^3\log b-\dfrac{1}{9}+\dfrac{b^3}{9}$

$$=-2\pi\left(-\frac{1}{3}b^3\log b-\frac{1}{9}+\frac{b^3}{9}\right)$$

$\therefore V(b)=\dfrac{2}{9}\pi(3b^3\log b+1-b^3)$ ………………(答)

よって，極限 $\displaystyle\lim_{b\to+0}V(b)$ は，

$$\lim_{b\to+0}V(b)=\lim_{b\to+0}\frac{2}{9}\pi(\underbrace{3b^2}_{0}\cdot\underbrace{b\log b}_{0}+1-\underbrace{b^3}_{0})$$

⇦ $\displaystyle\lim_{x\to+0}x\cdot\log x=0$ より，$\displaystyle\lim_{b\to+0}b\cdot\log b=0$

$=\dfrac{2}{9}\pi$ である。………………………(答)

演習問題 63

難易度 ★★ CHECK 1 CHECK 2 CHECK 3

xyz 座標空間上の円柱面 C：$x^2+y^2=4$ と，xy 平面と，平面 π：$z=y+2$ とで囲まれる立体の体積 V を求めよ。

ヒント！ xyz 座標空間において，方程式 C：$x^2+y^2=4$ は，z 軸方向には自由に動けるので，これは円ではなくて，z 軸方向の円柱面を表す。これと $z=0$ (xy 平面) と平面 π：$z=y+2$ とで囲まれる立体の体積については，y 軸に垂直な平面 $y=t$ で，この立体を切ったときの断面積 $S(t)$ を求め，これを $-2\leqq t\leqq 2$ の区間で積分すればいい。図を描きながら解いていこう。

解答＆解説

ココがポイント

円柱面 C：$x^2+y^2=4$ ……① と，

xy 平面　：$z=0$ …………② と，

平面 π　：$z=y+2$ ………③ とで

囲まれる立体の図を右に示す。

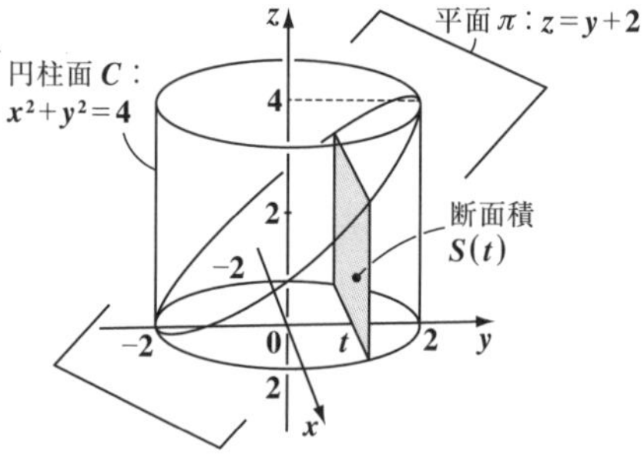

この立体の体積 V を求めるために，y 軸と垂直な平面：

$y=t$ ……④ $(-2\leqq t\leqq 2)$ で

この立体を切ったときの切り口の断面積を $S(t)$ とおいて，これを求める。

(i) x 軸の正の側 (真横) からこの立体を見て，平面 $y=t$ で切った切り口の断面の高さは，$t+2$ となることが分かる。

図(i)

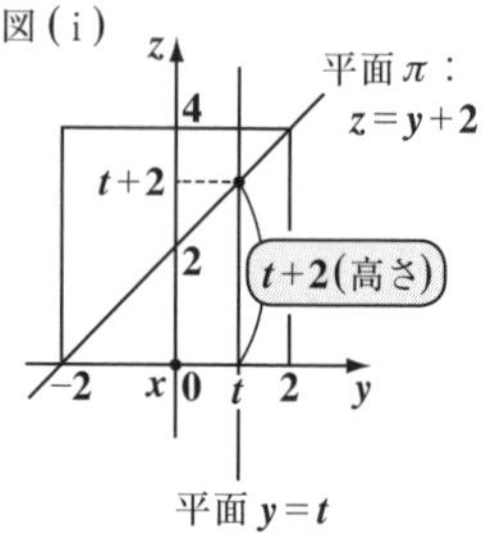

(ii) 次に，z 軸の正の側 (真上) からこの立体を見て，平面 $y=t$ で切った切り口の断面の横幅は，$x^2+y^2=4$ ……① に $y=t$ を代入すると，$x^2=4-t^2$　$x=\pm\sqrt{4-t^2}$ となるので，$2\sqrt{4-t^2}$ である。

図(ii)

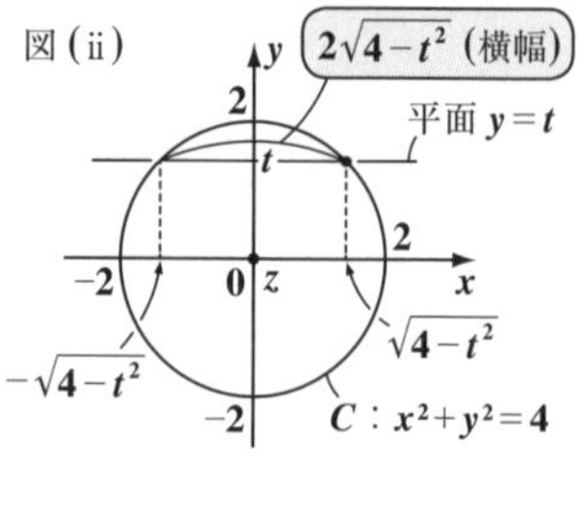

したがって，この立体を平面 $y=t$ $(-2 \leqq t \leqq 2)$ で切った切り口の断面積 $S(t)$ は，

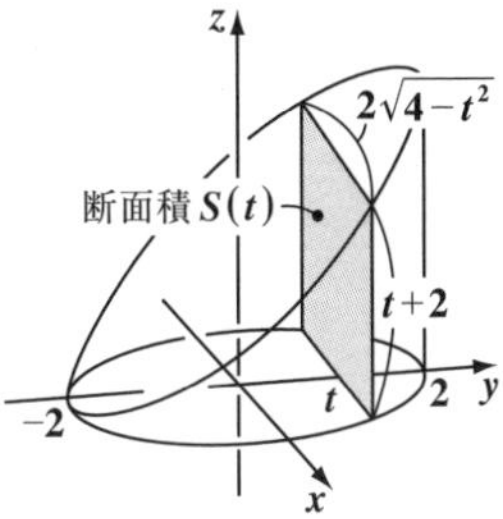

$S(t)=\underbrace{(t+2)}_{\text{高さ}}\cdot\underbrace{2\sqrt{4-t^2}}_{\text{横幅}}$

$=2(t+2)\sqrt{4-t^2}$ ……⑤ となる。

この $S(t)$ を積分区間 $-2 \leqq t \leqq 2$ で積分すると，この立体の体積 V が次のように求められる。

$V=\int_{-2}^{2}S(t)\,dt=2\int_{-2}^{2}(t+2)\sqrt{4-t^2}\,dt$

$=2\Big(\underbrace{\int_{-2}^{2}t\cdot\sqrt{4-t^2}\,dt}_{0}+2\int_{-2}^{2}\sqrt{4-t^2}\,dt\Big)$

⇦ $g(t)=t\sqrt{4-t^2}$ とおくと，
$g(-t)=-t\sqrt{4-(-t)^2}$
$=-t\sqrt{4-t^2}=-g(t)$
よって，$g(t)$ は奇関数より，
$\int_{-2}^{2}g(t)\,dt=0$ となる。

$=4\int_{-2}^{2}\sqrt{4-t^2}\,dt$ ← $\int_{-2}^{2}\sqrt{4-t^2}\,dt$ は，半径 2 の円の上半円の面積

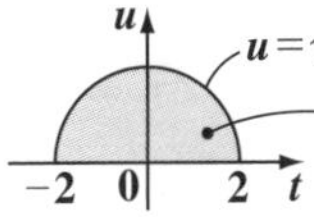

$\int_{-2}^{2}\sqrt{4-t^2}\,dt=\frac{1}{2}\cdot\pi\cdot 2^2=2\pi$

$=4\times 2\pi=8\pi$ となる。…………………………………(答)

演習問題 64	難易度 ★★★	CHECK 1	CHECK 2	CHECK 3

xyz 座標空間上に 3 点 A(1, 0, 0), B(0, 1, 1), C(0, 0, 1) がある。この 3 点を頂点とする三角形 ABC を z 軸のまわりに回転してできる回転体の体積 V を求めよ。 (茨城大＊)

ヒント！ 座標空間において，△ABC を z 軸のまわりに回転してできる回転体の形状がどのようなものであるのか，イメージがとらえにくいと思うが，それで構わない。いずれにせよ，この回転体は，$0 \leqq z \leqq 1$ の範囲に存在するので，この立体を平面 $z=t$ $(0 \leqq t \leqq 1)$ で切ったときの切り口の断面積 $S(t)$ を求めれば，後は，これを積分区間 $0 \leqq t \leqq 1$ で積分して，体積 V を $V=\int_0^1 S(t)dt$ で求めればいいだけだからね。

解答＆解説

ココがポイント

座標空間上の 3 点 A(1, 0, 0), B(0, 1, 1), C(0, 0, 1) を頂点にもつ△ABC を z 軸のまわりに回転してできる回転体の体積 V を求める。

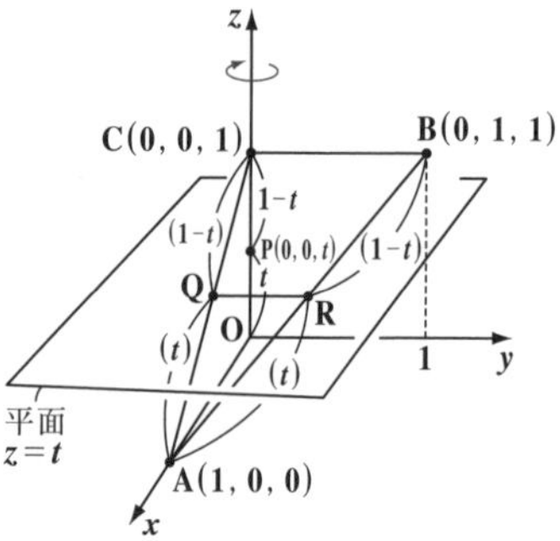

まず，△ABC を，平面 $z=t$ $(0 \leqq t \leqq 1)$ で切ったときにできる線分の端点を右図に示すように，Q，R とおいて，この座標を求める。

O を原点として，

$\overrightarrow{OA}=(1,0,0)$, $\overrightarrow{OB}=(0,1,1)$, $\overrightarrow{OC}=(0,0,1)$ であり，

・点 Q は，線分 AC を $t:1-t$ に内分する点なので，

$$\overrightarrow{OQ}=(1-t)\overrightarrow{OA}+t\overrightarrow{OC}=(1-t)\cdot(1,0,0)+t(0,0,1)$$
$$=(1-t,0,0)+(0,0,t)=(1-t,0,t)$$

・点 R は，線分 AB を $t:1-t$ に内分する点なので，

$$\overrightarrow{OR}=(1-t)\overrightarrow{OA}+t\overrightarrow{OB}=(1-t)\cdot(1,0,0)+t(0,1,1)$$
$$=(1-t,0,0)+(0,t,t)=(1-t,t,t)$$

以上より，点 $\mathbf{Q}(1-t,\ 0,\ t)$，点 $\mathbf{R}(1-t,\ t,\ t)$ であり，
また，平面 $z=t$ と z 軸との交点を $\mathbf{P}$ とおくと，
$\mathbf{P}(0,\ 0,\ t)$ である。
よって，これら3点を z 軸の正の側（真上）から見ると，図(i)のようになり，この線分 $\mathbf{QR}$ を z 軸のまわりに回転してできる円環が，この回転体を平面 $z=t$ で切ってできる切り口の断面である。

図(i)

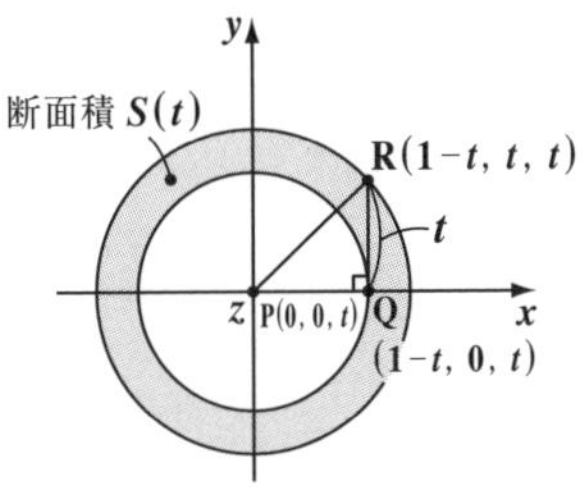

したがって，この断面積 $S(t)$ は，

$$S(t)=\pi\overline{\mathbf{PR}}^2-\pi\overline{\mathbf{PQ}}^2$$

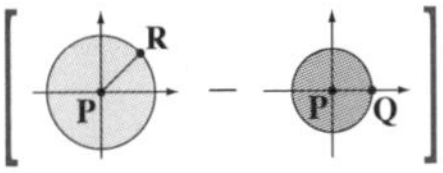

$$=\pi\left(\overline{\mathbf{PR}}^2-\overline{\mathbf{PQ}}^2\right)=\pi\overline{\mathbf{QR}}^2=\pi t^2 \text{ である。}$$

（$\overline{\mathbf{PR}}^2-\overline{\mathbf{PQ}}^2=\overline{\mathbf{QR}}^2$（三平方の定理より））

⇦ 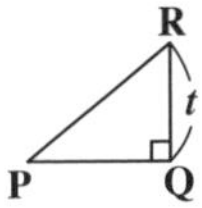

よって，求める△**ABC** を z 軸のまわりに回転してできる回転体の体積 V は，

$$V=\int_0^1 S(t)\,dt=\pi\int_0^1 t^2\,dt=\pi\cdot\frac{1}{3}\left[t^3\right]_0^1$$

（$\left[t^3\right]_0^1 = 1-0$）

$$=\frac{\pi}{3} \text{ である。}$$ ……………………………………(答)

演習問題 65	難易度 ★★★	CHECK 1	CHECK 2	CHECK 3

xy 平面上の曲線 C : $y = e^x\ (\log\sqrt{3} \leqq x \leqq \log\sqrt{15})$ を考える。
ここで，対数は自然対数とする。

(1) 曲線 C，x 軸，直線 $x = \log\sqrt{3}$ および直線 $x = \log\sqrt{15}$ で囲まれた図形を x 軸のまわりに 1 回転してできる立体の体積 V を求めよ。

(2) 曲線 C の長さ L を求めよ。　　(東京医大)

ヒント！ $\alpha = \log\sqrt{3}$，$\beta = \log\sqrt{15}$，$y = f(x) = e^x$ とおくと，(1) x 軸のまわりの回転体の体積 V は，$V = \pi\int_\alpha^\beta \{f(x)\}^2 dx$ で，(2) 曲線 C の長さ L は，$L = \int_\alpha^\beta \sqrt{1 + \{f'(x)\}^2}\, dx$ で求めればいいんだね。ただし，(2) の積分計算は，少しメンドウだけれど，頑張ろう！

解答＆解説

$\alpha = \log\sqrt{3}$，$\beta = \log\sqrt{15}$，また，$y = f(x) = e^x$ とおくと，
曲線 C : $y = f(x) = e^x\ (\alpha \leqq x \leqq \beta)$ となる。

(1) 曲線 C と x 軸，および2 直線 $x = \alpha$，$x = \beta$ とで囲まれる図形を x 軸のまわりに1回転してできる回転体の体積 V を求めると

$$V = \pi\int_\alpha^\beta \{\underbrace{f(x)}_{e^x}\}^2 dx = \pi\int_\alpha^\beta e^{2x} dx$$

$$= \pi\left[\frac{1}{2}e^{2x}\right]_\alpha^\beta = \frac{\pi}{2}(e^{2\beta} - e^{2\alpha})$$

ここで，$\begin{cases} e^{2\alpha} = e^{2\log\sqrt{3}} = e^{\log(\sqrt{3})^2} = e^{\log 3} = 3 \\ e^{2\beta} = e^{2\log\sqrt{15}} = e^{\log(\sqrt{15})^2} = e^{\log 15} = 15 \end{cases}$

よって，

$$V = \frac{\pi}{2}(\underbrace{e^{2\beta}}_{15} - \underbrace{e^{2\alpha}}_{3}) = \frac{\pi}{2} \times 12 = 6\pi \quad \cdots\cdots\cdots\cdots(答)$$

ココがポイント

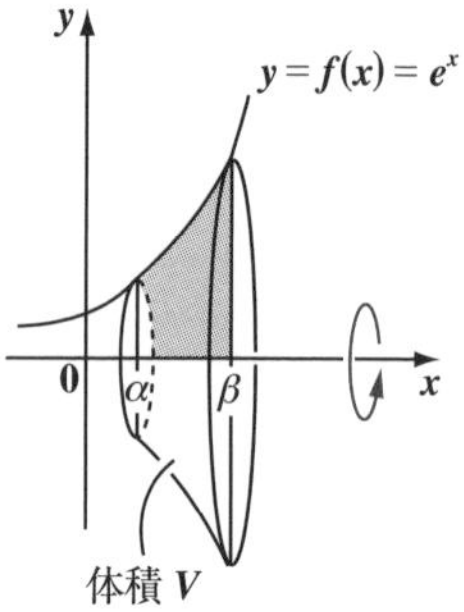

⇦ 一般に，$e^{\log p} = p$ $(p > 0)$ となる。

$e^{\log p} = x$ とおいて，両辺の自然対数をとると
$\log e^{\log p} = \log x$
$\log p \cdot \underbrace{\log e}_{1} = \log x$
$\therefore x = p$ となるからね。

(2) $f'(x) = (e^x)' = e^x$ より，

曲線 C：$y = f(x)$　$(\alpha \leqq x \leqq \beta)$ の長さ L を求めると

$$L = \int_\alpha^\beta \sqrt{1 + \underbrace{\{f'(x)\}^2}_{e^x}}\,dx = \int_\alpha^\beta \sqrt{1 + e^{2x}}\,dx \quad \cdots\cdots ①$$

となる。

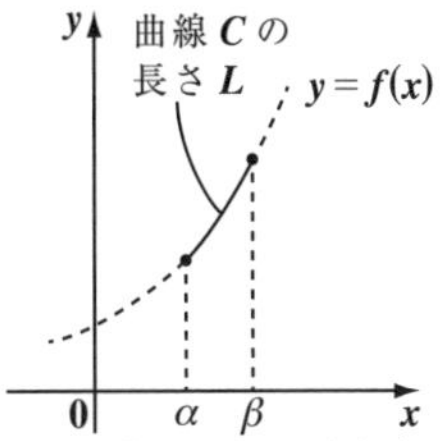

ここで，　$\sqrt{1 + e^{2x}} = t$ ……②とおくと，　⇦置換積分にもち込もう！

x：$\alpha \longrightarrow \beta$ のとき，　t：$2 \longrightarrow 4$

⇦ t：$\sqrt{1 + \underbrace{e^{2\alpha}}_{3}} \longrightarrow \sqrt{1 + \underbrace{e^{2\beta}}_{15}}$ より，t：$2 \longrightarrow 4$

また，②の両辺を2乗して，$1 + e^{2x} = t^2$ ……②´より

$$\underbrace{2e^{2x}}_{(1+e^{2x})'}dx = \underbrace{2t}_{(t^2)'}dt \qquad dx = \frac{t}{\underbrace{e^{2x}}_{t^2 - 1(②´より)}}dt$$

以上より，

$$L = \int_2^4 \frac{t^2}{\underbrace{t^2 - 1}}dt$$

⇦ $L = \int_2^4 \underbrace{t}_{\sqrt{1+e^{2x}}} \cdot \underbrace{\frac{t}{t^2 - 1}dt}_{dx}$

$$\frac{t^2 - 1 + 1}{t^2 - 1} = 1 + \frac{1}{t^2 - 1} = 1 + \frac{1}{(t-1)(t+1)} = 1 + \frac{1}{2}\left(\frac{1}{t-1} - \frac{1}{t+1}\right)$$

$$= \int_2^4 \left\{1 + \frac{1}{2}\left(\frac{1}{t-1} - \frac{1}{t+1}\right)\right\}dt$$

$$= \left[t + \frac{1}{2}(\log|t-1| - \log|t+1|)\right]_2^4$$

$$= 4 + \frac{1}{2}(\log 3 - \log 5) - 2 - \frac{1}{2}(\log 1 - \log 3)$$

$$= 2 + \frac{1}{2}(\log 3 - \log 5 + \log 3)$$

⇦ $\log 3 - \log 5 + \log 3 = \log\dfrac{3 \times 3}{5} = \log\dfrac{9}{5}$

$$= 2 + \frac{1}{2}\log\frac{9}{5}$$ である。……………………………(答)

けんすい曲線の曲線の長さ

演習問題 66　難易度 ★★★　CHECK 1　CHECK 2　CHECK 3

正の数 t に対して，曲線 $y=\frac{1}{2}(e^x+e^{-x})$ の $0 \leqq x \leqq t$ の部分の長さを $S(t)$ とする。$S(t)$ を求め，極限 $\lim_{t\to\infty}\{t-\log S(t)\}$ を求めよ。(広島大＊)

ヒント！ この曲線を，**けんすい曲線**という。$y=f(x)$ の形の曲線の長さ $S(t)$ は，公式：$S(t)=\int_0^t\sqrt{1+\{f'(x)\}^2}\,dx$ で求めればいいんだね。

解答＆解説

$y=f(x)=\frac{1}{2}(e^x+e^{-x})$ ……① とおいて，

これを x で微分すると，

$f'(x)=\frac{1}{2}(e^x-1\cdot e^{-x})=\frac{1}{2}(e^x-e^{-x})$ より，

$$1+\{f'(x)\}^2=1+\left\{\frac{1}{2}(e^x-e^{-x})\right\}^2$$

$$=\frac{1}{4}(e^x+e^{-x})^2$$ ……② となる。

よって，$y=f(x)$ の $0 \leqq x \leqq t$ の部分の長さ $S(t)$ は，②を用いて，

$$S(t)=\int_0^t\sqrt{1+\{f'(x)\}^2}\,dx=\frac{1}{2}\int_0^t(e^x+e^{-x})\,dx$$

$$=\frac{1}{2}\left[e^x-e^{-x}\right]_0^t=\frac{e^t-e^{-t}}{2}$$ ……………………(答)

よって，求める極限は，

$$\lim_{t\to\infty}\{t-\log S(t)\}=\lim_{t\to\infty}\left(\log e^t-\log\frac{e^t-e^{-t}}{2}\right)$$

$$=\lim_{t\to\infty}\log\frac{2e^t}{e^t-e^{-t}}$$

$$=\lim_{t\to\infty}\log\frac{2}{1-e^{-2t}}$$

（分子・分母を e^t で割った。）（$e^{-2t}\to 0$）

$$=\log 2$$ ……………………………………(答)

ココがポイント

⇦ けんすい曲線

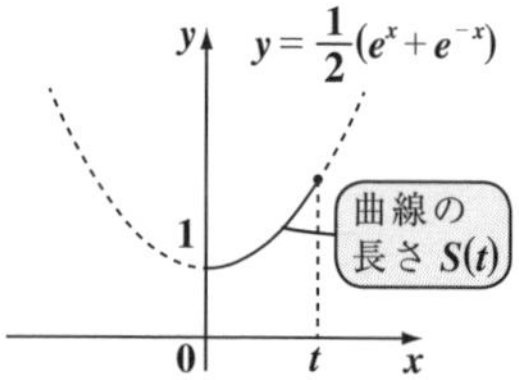

⇦ $1+\{f'(x)\}^2$

$=1+\frac{1}{4}(e^{2x}-2\cdot e^x\cdot e^{-x}+e^{-2x})$

$=\frac{1}{4}(4+e^{2x}-2+e^{-2x})$

$=\frac{1}{4}(e^{2x}+2e^xe^{-x}+e^{-2x})$

$=\frac{1}{4}(e^x+e^{-x})^2$ より，

$S(t)=\int_0^t\sqrt{1+\{f'(x)\}^2}\,dx$

$=\int_0^t\sqrt{\frac{1}{4}(e^x+e^{-x})^2}\,dx$

$=\frac{1}{2}\int_0^t(e^x+e^{-x})\,dx$

$=\frac{1}{2}\left[e^x-e^{-x}\right]_0^t$

$=\frac{1}{2}(e^t-e^{-t}-1+1)$

アステロイド曲線の長さ

演習問題 67	難易度 ★★★	CHECK *1*	CHECK*2*	CHECK*3*

a を正の定数とする。次の曲線の長さ l を求めよ。

$x = a\cos^3 t,\ y = a\sin^3 t\ \ (0 \leq t \leq 2\pi)$ （小樽商科大＊）

ヒント！ この曲線は，お星様キラリの形のアステロイド曲線だね。媒介変数表

示された曲線の長さの公式： $l = \displaystyle\int_0^{2\pi} \sqrt{\left(\dfrac{dx}{dt}\right)^2 + \left(\dfrac{dy}{dt}\right)^2}\, dt$ を使って求めよう。

解答＆解説

アステロイド曲線

$\begin{cases} x = a\cos^3 t \\ y = a\sin^3 t \end{cases} \quad (0 \leq t \leq 2\pi)$ の長さ l を求める。

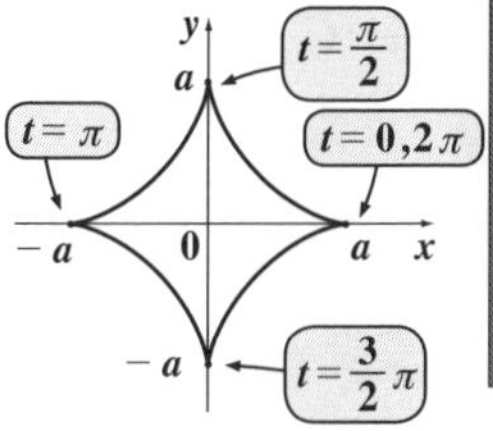

$\begin{cases} \dfrac{dx}{dt} = a \cdot 3\cos^2 t \cdot (-\sin t) = -3a\sin t\cos^2 t \\ \dfrac{dy}{dt} = a \cdot 3\sin^2 t \cdot \cos t = 3a\sin^2 t\cos t \end{cases}$ より，

$\left(\dfrac{dx}{dt}\right)^2 + \left(\dfrac{dy}{dt}\right)^2 = (-3a\sin t\cos^2 t)^2 + (3a\sin^2 t\cos t)^2$
$\qquad\qquad\qquad\qquad = 9a^2\sin^2 t\cos^2 t$

よって，求める曲線の長さ l は，曲線の対称性も考
慮に入れて， | x 軸，y 軸に関して対称な曲線 |

$l = 4\displaystyle\int_0^{\frac{\pi}{2}} \sqrt{\left(\dfrac{dx}{dt}\right)^2 + \left(\dfrac{dy}{dt}\right)^2}\, dt$

$\qquad$ | $0 \leq t \leq \dfrac{\pi}{2}$ より， $\begin{cases} \sin t \geq 0 \\ \cos t \geq 0 \end{cases}$ |

$= 4\displaystyle\int_0^{\frac{\pi}{2}} \sqrt{9a^2\sin^2 t\cos^2 t}\, dt$

$= 4 \cdot 3a\displaystyle\int_0^{\frac{\pi}{2}} \underset{f}{\underline{\sin t}} \cdot \underset{f'}{\underline{\cos t}}\, dt$

$= 12a\left[\dfrac{1}{2}\sin^2 t\right]_0^{\frac{\pi}{2}} = 6a\left(\underset{1^2}{\underline{\sin^2 \dfrac{\pi}{2}}} - \underset{0^2}{\underline{\sin^2 0}}\right)$

$= 6a$ ……………………………………………（答）

ココがポイント

⇦ アステロイド曲線

⇦ $9a^2\sin^2 t\cos^4 t + 9a^2\sin^4 t\cos^2 t$
$= 9a^2\sin^2 t\cos^2 t(\underset{1}{\underline{\cos^2 t + \sin^2 t}})$

⇦ $4 \times$

⇦ $\displaystyle\int_0^{\frac{\pi}{2}} f \cdot f'\, dt = \left[\dfrac{1}{2}f^2\right]_0^{\frac{\pi}{2}}$
の形だね。

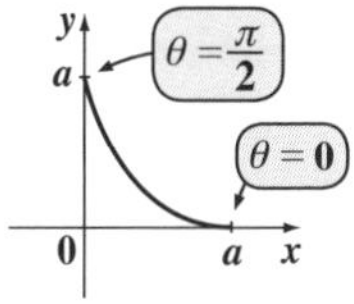

媒介変数表示された曲線の長さ

演習問題 68	難易度 ★★★	CHECK 1	CHECK 2	CHECK 3

原点 **O** を中心とする半径 **3** の円を **A** とする。半径 **1** の円 (以下,「動円」と呼ぶ) は, 円 **A** に外接しながら, すべることなく転がる。ただし, 動円の中心は円 **A** の中心に関し反時計回りに動く。動円上の点 **P** の始めの位置を $(3,\ 0)$ とする。動円の中心と原点を結ぶ線分が x 軸の正の向きとなす角を θ として, θ を $0 \leqq \theta \leqq \dfrac{2\pi}{3}$ の範囲で動かしたときの **P** の軌跡を C とする。

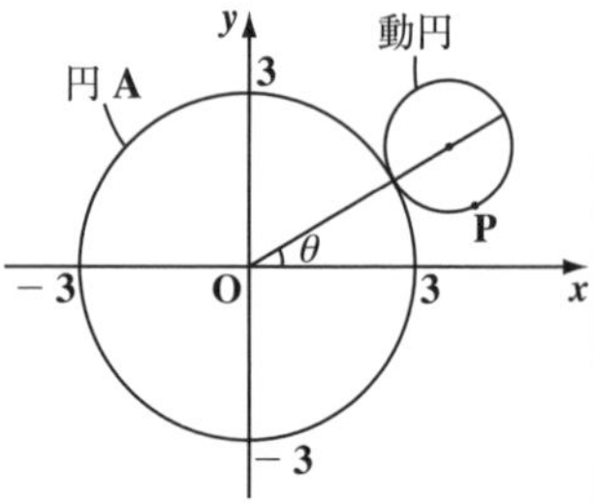

(1) C を媒介変数 θ を用いて表せ。

(2) 曲線 C の長さを求めよ。

ヒント！ (1) 動円の中心を **Q** とおいて, $\overrightarrow{OP} = \overrightarrow{OQ} + \overrightarrow{QP}$ として, 曲線 C を媒介変数 θ で表せばいい。この考え方は,「**Part1**」の **P107** で既に解説している。(2) 曲線 C の長さを L とおいて, $L = \displaystyle\int_0^{\frac{2}{3}\pi} \sqrt{\left(\frac{dx}{d\theta}\right)^2 + \left(\frac{dy}{d\theta}\right)^2}\, d\theta$ で計算すればいい。

解答＆解説

ココがポイント

(1) 右図のように, 固定された円 **A** のまわりを動円がすべることなく回転するものとする。ここで, 動円の中心を **Q** とおき, $\angle QOx = \theta$ だけ回転しているとき, 円 **A** と動円との接点を **R** とおく。

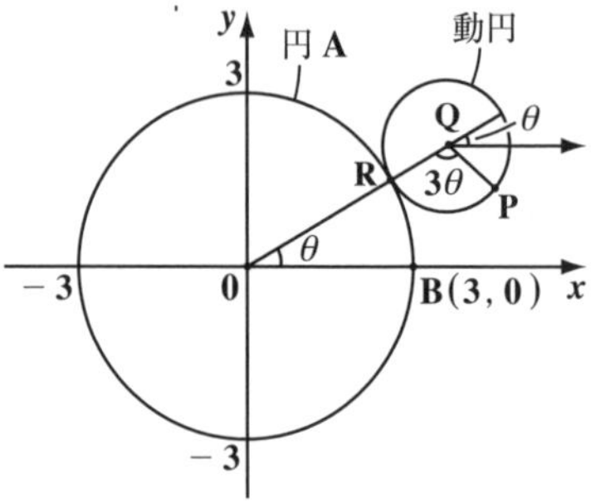

このとき, 初め点 $B(3,\ 0)$ にあった動円の周上の点 **P** を $P(x,\ y)$ とおくと

$\overrightarrow{OP} = \overrightarrow{OQ} + \overrightarrow{QP}$ ……①となる。

(i) $\overrightarrow{OQ}$ は, 長さ **4** の動径が原点 **0** のまわりに θ だけ回転したものと考えて

$\overrightarrow{OQ} = (4\cos\theta,\ 4\sin\theta)$ ……②となる。

⇦
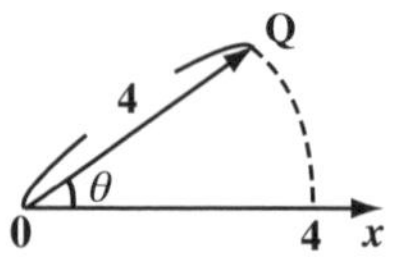

(ii) 次に，$\overrightarrow{QP}$ は，点 Q を中心に考えると，長さ 1 の動径が Q のまわりに $\pi+4\theta(=\theta+\pi+3\theta)$ だけ回転したものと考えて，

$$\overrightarrow{QP}=(1\cdot\underbrace{\cos(\pi+4\theta)}_{-\cos4\theta},\ 1\cdot\underbrace{\sin(\pi+4\theta)}_{-\sin4\theta})$$

$$=(-\cos4\theta,\ -\sin4\theta)\ \cdots\cdots③$$

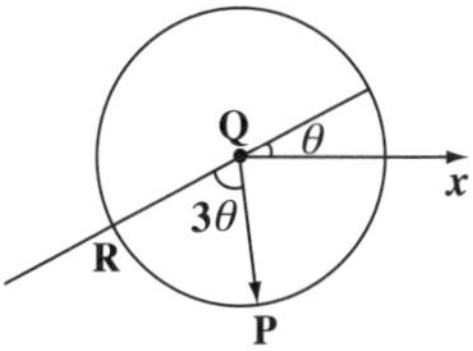

円 A の弧 $\widehat{RB}$ と動円の弧 $\widehat{RP}$ の長さは等しいので

$\underbrace{3\cdot\theta}_{\widehat{RB}}=\underbrace{1\cdot3\theta}_{\widehat{RP}}$

$\angle RQP=3\theta$ となる。

以上 (i)(ii) より②，③を①に代入して，

$$\overrightarrow{OP}=(x,\ y)=(4\cos\theta-\cos4\theta,\ 4\sin\theta-\sin4\theta)$$

∴曲線 C を，媒介変数 θ で表すと，次のようになる。

$$\begin{cases} x=4\cos\theta-\cos4\theta \\ y=4\sin\theta-\sin4\theta \quad \left(0\leqq\theta\leqq\frac{2}{3}\pi\right)\cdots\cdots\cdots(答)\end{cases}$$

(2) $$\begin{cases}\dfrac{dx}{d\theta}=-4\cdot\sin\theta+4\cdot\sin4\theta \\ \dfrac{dy}{d\theta}=4\cdot\cos\theta-4\cdot\cos4\theta \end{cases}$$ より

$$\cdot\left(\frac{dx}{d\theta}\right)^2+\left(\frac{dy}{d\theta}\right)^2$$

$$=32-32(\underbrace{\cos4\theta\cdot\cos\theta+\sin4\theta\cdot\sin\theta}_{\cos(4\theta-\theta)=\cos3\theta})$$

$\cos(\alpha-\beta)=\cos\alpha\cos\beta+\sin\alpha\sin\beta$ を使った！

$$=32(\underbrace{1-\cos3\theta}_{2\sin^2\frac{3\theta}{2}})=64\cdot\sin^2\frac{3}{2}\theta$$

$\sin^2\alpha=\dfrac{1-\cos2\alpha}{2}$ を使った

$\Leftarrow \left(\dfrac{dx}{d\theta}\right)^2+\left(\dfrac{dy}{d\theta}\right)^2$

$=(-4\sin\theta+4\sin4\theta)^2$

$\quad+(4\cos\theta-4\cos4\theta)^2$

$=16\cdot(\underbrace{\sin^2\theta+\cos^2\theta}_{1})$

$\quad+16(\underbrace{\sin^24\theta+\cos^24\theta}_{1})$

$\quad-32(\cos4\theta\cos\theta$

$\quad+\sin4\theta\sin\theta)$ となる。

よって，求める曲線 C の長さを L とおくと，

$$L=\int_0^{\frac{2}{3}\pi}\sqrt{\left(\frac{dx}{d\theta}\right)^2+\left(\frac{dy}{d\theta}\right)^2}\,d\theta$$

$$=8\int_0^{\frac{2}{3}\pi}\sin\frac{3}{2}\theta d\theta=8\cdot\frac{2}{3}\left[-\cos\frac{3}{2}\theta\right]_0^{\frac{2}{3}\pi}$$

$$=\frac{16}{3}\cdot(-\underbrace{\cos\pi}_{(-1)}+\underbrace{\cos0}_{1})=\frac{32}{3}$$ となる。……(答)

$\Leftarrow \sqrt{\left(\dfrac{dx}{d\theta}\right)^2+\left(\dfrac{dy}{d\theta}\right)^2}$

$=\sqrt{64\cdot\sin^2\dfrac{3}{2}\theta}$

$=8\underbrace{\left|\sin\dfrac{3}{2}\theta\right|}_{0以上}$

$=8\sin\dfrac{3}{2}\theta$

$\left(\because 0\leqq\theta\leqq\dfrac{2}{3}\pi\right)$

微分方程式(Ⅰ)

演習問題 69	難易度 ★★	CHECK 1	CHECK 2	CHECK 3

(1) 微分方程式 $y' = y$ …① を解け。

(2) 微分方程式 $\dfrac{dy}{dx} = x(2y-1)$ …② $\left(y \neq \dfrac{1}{2}\right)$ を条件「$x = 0$ のとき $y = 1$」のもとで解け。 (神奈川大)

ヒント！ (1), (2) いずれも，変数分離形 $\int f(y)\,dy = \int g(x)\,dx$ の形で解ける微分方程式の問題だ。(2) では，$x = 0$ のとき $y = 1$ の条件があるので，積分定数 C がある値に決定されるんだね。

解答＆解説

(1) ①より，$\dfrac{dy}{dx} = y$ よって，$\dfrac{1}{y}dy = 1\cdot dx$ より

$\int \dfrac{1}{y}\,dy = \int 1\,dx$ $\log|y| = x + C_1$ となる。

よって，$|y| = e^{x+C_1}$ より，$y = \underbrace{\pm e^{C_1}}\cdot e^x$ (これを，定数 C とおく)

∴①の解は，$y = C\cdot e^x$ である。 ………………(答)

(2) ②より，$\dfrac{1}{2y-1}dy = x\,dx$ ←(変数分離形)

よって，$\dfrac{1}{2}\int \dfrac{2}{2y-1}\,dy = \int x\,dx$

$\dfrac{1}{2}\log|2y-1| = \dfrac{1}{2}x^2 + C_1$ これをまとめて，

$y = \dfrac{1}{2}(Ce^{x^2} + 1)$ ……③ $(C = \pm e^{2C_1})$

ここで，条件：$x = 0$ のとき $y = 1$ を③に代入して，

$1 = \dfrac{1}{2}(C\cdot \underbrace{e^0}_{1} + 1)$ より，$C + 1 = 2$ ∴ $C = 1$ ← (C の値が決まった！)

∴求める解は，$y = \dfrac{1}{2}(e^{x^2} + 1)$ ………………(答)

ココがポイント

⇦ 変数分離形 $f(y)dy = g(x)dx$

⇦ $\log|y| + C_1{}' = x + C_2{}'$ より，まとめて，$\log|y| = x + C_1$ とした。(C_1 は $C_2{}' - C_1{}'$ のこと)

⇦ 微分方程式の解法では，この積分定数の扱い方に気を付けよう。

⇦ $\log|2y-1| = x^2 + C_2$ ($C_2 = 2C_1$)

$|2y-1| = e^{x^2+C_2} = e^{C_2}\cdot e^{x^2}$

$2y - 1 = \underbrace{\pm e^{C_2}}_{C}\cdot e^{x^2}$

$2y - 1 = Ce^{x^2}$

$y = \dfrac{1}{2}(Ce^{x^2} + 1)$

微分方程式（Ⅱ）

演習問題 70　難易度 ★★　CHECK 1　CHECK 2　CHECK 3

次の微分方程式を各条件の下で解き，そのグラフの概形を描け。

(1) $y' = -\dfrac{4x}{y}$ ……①　（$y \neq 0$，条件：$x=0$ のとき，$y=2$）

(2) $y' = \dfrac{x-1}{2y}$ ……②　（$y \neq 0$，条件：$x=1$ のとき，$y=1$）

ヒント！ (1), (2) いずれも，変数分離形 $\int f(y)dy = \int g(x)dx$ の形で解いていこう。これらは，いずれも条件が付いているので，積分定数 C の値を決定することができる。(1) は，たて長だ円を表し，(2) は上下の双曲線を表すことが，導けるはずだ。頑張ろう！

解答＆解説

ココがポイント

(1) ①より，$\dfrac{dy}{dx} = -\dfrac{4x}{y}$　$(y \neq 0)$

よって，$y\,dy = -4x\,dx$ より，$\int y\,dy = -\int 4x\,dx$

⇦ 変数分離形 $\int f(y)dy = \int g(x)dx$ にもち込んだ。

$\dfrac{1}{2}y^2 = -2x^2 + C_1$　（C_1：定数）となる。

この両辺を 2 で割って，まとめると，

$x^2 + \dfrac{y^2}{4} = C$ ……③　$\left(C = \dfrac{C_1}{2},\ y \neq 0\right)$ となる。

⇦ だ円の式の形が出てきた。$\dfrac{x^2}{a^2} + \dfrac{y^2}{b^2} = 1$ で $b > a > 0$ のとき，たて長だ円になる。

ここで，条件：$x=0$ のとき，$y=2$ より，

これらを③に代入して，

$0^2 + \dfrac{2^2}{4} = C$　$\therefore C = 1$

これを③に代入すると，①の微分方程式の解は，

$\dfrac{x^2}{1^2} + \dfrac{y^2}{2^2} = 1$ ……④　$(y \neq 0)$　である。……(答)

⇦ ④のグラフの概形

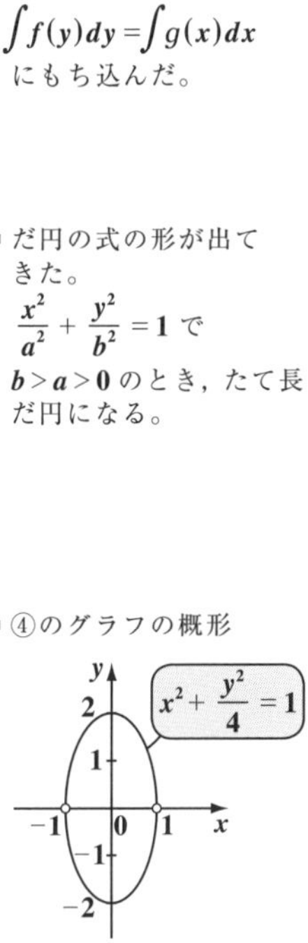

④は，たて長だ円の方程式（ただし，2 点 $(1,\ 0)$ $(-1,\ 0)$ を除く）であり，このグラフの概形を示すと右図のようになる。……………………………(答)

(2) ②より，$\dfrac{dy}{dx}=\dfrac{x-1}{2y}$　$(y\neq 0)$　よって，

$2y\,dy=(x-1)dx$ より，$\int 2y\,dy=\int(x-1)dx$

⇦ 変数分離形
$\int f(y)dy=\int g(x)dx$

$y^2=\dfrac{1}{2}(x-1)^2+C_1$　(C_1：定数)　となる。

これをまとめると，

$\dfrac{(x-1)^2}{2}-y^2=C$ ……⑤　$(C=-C_1)$　となる。

⇦ 双曲線の式の形が出てきた

ここで，条件：$x=1$ のとき，$y=1$ より，

これらを⑤に代入して，

$\dfrac{0^2}{2}-1^2=C$　$\therefore C=-1$

これを⑤に代入すると，②の微分方程式の解は，

$\dfrac{(x-1)^2}{(\sqrt{2})^2}-\dfrac{y^2}{1^2}=-1$ ……⑥　である。……(答)

⇦ ⑥式では，$y=0$ になり得ないので，$y\neq 0$ の条件は不要

⑥は，上下の双曲線 $\dfrac{x^2}{(\sqrt{2})^2}-\dfrac{y^2}{1^2}=-1$ $\left(\text{漸近線 } y=\pm\dfrac{1}{\sqrt{2}}x\right)$ を x 軸方向に 1 だけ平行移動したものである。

よって，⑥のグラフの概形は右図のようになる。

…………(答)

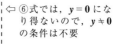

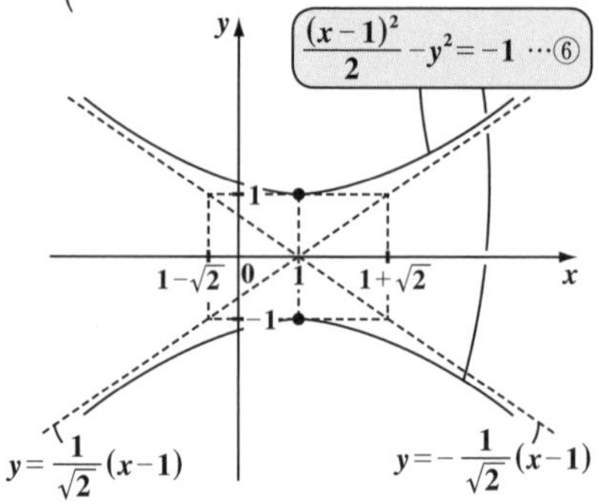

微分方程式（Ⅲ）

演習問題 71 難易度 ★★★ CHECK1 CHECK2 CHECK3

微分方程式：$y' = \dfrac{3y-2x}{x}$ ……① $(x \neq 0)$ について，

次の各問いに答えよ。

(1) $\dfrac{y}{x} = u$ とおいて，y' を x と u と u' の式で表せ。

(2) u を x の関数 $u(x)$ として，$u(x)$ を求めよ。

(3) ①の解で，$x=1$ のとき $y=3$ をみたすものを求めよ。

レクチャー ①は，変数分離形ではないけれど，$y' = 3\cdot\dfrac{y}{x} - 2$ となって，$y' = f\left(\dfrac{y}{x}\right)$ の形になっている。これを"**同次形**(どうじけい)"の微分方程式といい，この場合 $\dfrac{y}{x} = u$ とおくと，$y = xu$ より，この両辺を x で微分して，

$y' = (xu)' = x'u + xu' = u + xu'$ となる。これを，$y' = f(u)$ に代入すると，（$x' = 1$）

$u + xu' = f(u)$ より，$x\cdot\dfrac{du}{dx} = f(u) - u$　$\dfrac{du}{dx} = \dfrac{f(u)-u}{x}$ となって，変数分離形になるんだね。これから $u(x)$ を求めて，y を求めよう。

解答＆解説

(1) ①より，$y' = 3\cdot\dfrac{y}{x} - 2$ ……①′ $(x \neq 0)$ となる。

ここで，$\dfrac{y}{x} = u$ ……② とおくと，

$y = x\cdot u$ …②′ より，この両辺を x で微分すると，

$y' = (xu)' = 1\cdot u + xu' = u + xu'$ ……③ となる。

……(答)

(2) ②と③を①′に代入して，

$u + x\cdot u' = 3u - 2$ となる。よって，

$x\cdot u' = 2(u-1)$ より，

$\dfrac{du}{dx} = \dfrac{2(u-1)}{x}$ となる。よって，$u \neq 1$ のとき，

$\displaystyle\int\frac{1}{u-1}du = 2\int\frac{1}{x}dx$ より，

ココがポイント

⇦ $y' = f\left(\dfrac{y}{x}\right)$ の形の同次形の微分方程式では，$\dfrac{y}{x} = u$ とおいて u と x の変数分離形の微分方程式にもち込むんだね。

⇦ x と u の変数分離形の微分方程式になった。

$\log|u-1| = 2\cdot\log|x| + C_1$

$\log|u-1| = \log C_2 x^2$ $(\log C_2 = C_1)$ となる。

よって，真数同士を比較して，

$|u-1| = C_2 x^2$ より，

$u - 1 = \underbrace{\pm C_2}_{C\text{とおく}} \cdot x^2$ となるので，

$u(x) = Cx^2 + 1$ ……④ $(C = \pm C_2(\neq 0))$

$u = 1\left(= \dfrac{y}{x}\right)$，すなわち $y = x$ のとき，

$y' = x' = 1$ より，$y = x$ は①の解の 1 つである。

以上より，求める関数 $u(x)$ は，

$u(x) = Cx^2 + 1$ ……④′ となる。………………(答)

（ただし，C は任意の実数定数）

(3) ここで，$y = x\cdot \underbrace{u}_{u(x)}$ ……②′ より，

④′ を②′ に代入すると，

$y = x(Cx^2 + 1) = Cx^3 + x$ ……⑤ となる。

ここで，$x = 1$ のとき $y = 3$ の条件をみたすものは，これらを⑤に代入して，

$3 = C\cdot 1^3 + 1$ $\therefore C = 3 - 1 = 2$

よって，求める①の解（特殊解）は，⑤より，

$y = 2x^3 + x$ である。 ………………………(答)

⇦ 右辺 $= \log\underbrace{|x|^2}_{x^2} + \underbrace{\log C_2}_{C_1}$
$= \log C_2 x^2$
（真数条件 $C_2 > 0$）

⇦ $y' = 1$ と $y = x$ を①の両辺に代入して成り立つから，$y = x$ は①の解の 1 つだね。

⇦ $C = 0$ のとき，④′ は，$u = 1$
$\therefore \dfrac{y}{x} = 1$ より，$\underline{y = x}$ が導かれる。（①の解の 1 つ）

⇦ これは，微分方程式：
$y' = \dfrac{3y - 2x}{x}$ …① の一般解なんだね。

> これで，同次形の微分方程式：$y' = f\left(\dfrac{y}{x}\right)$ の解法パターン，すなわち $\dfrac{y}{x} = u$ とおいて u と x の変数分離形の微分方程式にもち込んで，まず $u(x)$ を求め，そして一般解 $y = x\cdot u(x)$ を求める手法も理解できたでしょう？
> これも，受験問題で出題されるかも知れないので，よく練習しておこう！

講義 3 ● 積分法とその応用　公式エッセンス

1. 部分積分法

$$\int_a^b f' \cdot g\, dx = \left[f \cdot g\right]_a^b - \int_a^b f \cdot g'\, dx \qquad \left(\begin{array}{l} \text{ただし,} \\ f = f(x), \\ g = g(x) \end{array}\right)$$

複雑な積分　　　　　簡単化！

2. 置換積分のパターン公式　(a：正の定数)

(1) $\displaystyle\int \sqrt{a^2 - x^2}\, dx$ などの場合，$x = a\sin\theta$ とおく。

$x = a\cos\theta$ とおいても OK

(2) $\displaystyle\int \frac{1}{a^2 + x^2}\, dx$ の場合，$x = a\tan\theta$ とおく。

3. 区分求積法

$$\lim_{n\to\infty} \frac{1}{n} \sum_{k=1}^{n} f\left(\frac{k}{n}\right) = \int_0^1 f(x)\, dx \quad \left[\text{または,}\ \lim_{n\to\infty} \frac{1}{n} \sum_{k=0}^{n-1} f\left(\frac{k}{n}\right) = \int_0^1 f(x)\, dx\right]$$

4. 面積計算

面積 $\displaystyle S = \int_a^b \{f(x) - g(x)\}dx$ （ただし，$a \leqq x \leqq b$ で，$f(x) \geqq g(x)$)

5. 体積の積分公式

体積 $\displaystyle V = \int_a^b S(x)dx$ （$S(x)$：断面積）

6. バウムクーヘン型積分　(y 軸のまわりの回転体の体積)

曲線 $y = f(x)$ $(a \leqq x \leqq b)$ と x 軸とではさまれる部分を y 軸のまわりに回転してできる回転体の体積 V は，

$$V = 2\pi \int_a^b x f(x)dx \qquad [f(x) \geqq 0]$$

7. 曲線の長さ l

(i) $\displaystyle l = \int_a^b \sqrt{1 + \{f'(x)\}^2}\, dx$ 　　　　　($y = f(x)$ の場合)

(ii) $\displaystyle l = \int_\alpha^\beta \sqrt{\left(\frac{dx}{d\theta}\right)^2 + \left(\frac{dy}{d\theta}\right)^2}\, d\theta$ 　　　($x = f(\theta),\ y = g(\theta)$ の場合)

◆ Term · Index ◆

スバラシクよくわかると評判の
合格！数学 III・C Part2
新課程

マセマ

著　者　馬場 敬之
発行者　馬場 敬之
発行所　マセマ出版社
〒 332-0023 埼玉県川口市飯塚 3-7-21-502
TEL 048-253-1734　FAX 048-253-1729
Email：info@mathema.jp
https://www.mathema.jp

編　集　山﨑 晃平
校閲・校正　高杉 豊　秋野 麻里子　馬場 貴史
制作協力　久池井 茂　久池井 努　印藤 治
滝本 隆　栄 瑠璃子　真下 久志
間宮 栄二　町田 朱美
カバーデザイン　児玉 篤　児玉 則子
ロゴデザイン　馬場 利貞
印刷所　中央精版印刷株式会社

令和 5 年 3 月 13 日　初版発行

ISBN978-4-86615-291-2 C7041